罗克韦尔自动化技术丛书

PLC 原理与应用——
罗克韦尔 Micro800 系列

于金鹏　张　良　何文雪　等编著

机 械 工 业 出 版 社

本书内容全面，涵盖了罗克韦尔 Micro800 系列全部产品及相关技术：软件安装技术、产品选型技术、编程技术、可靠性技术和应用技术等。为罗克韦尔 Micro800 系列产品设计提供了先进的设计理念和设计方法。本书注重理论与实用的结合，给出了罗克韦尔 Micro800 系列产品很多实际工程案例和在具体应用（如电梯的设计、交通灯、流水灯、温度控制器和步进电动机控制等）中得到的罗克韦尔 Micro800 系列现场应用经验。

　　本书的很多数据是基于实验室和现场应用的实测结果。在电气控制篇中对罗克韦尔低压产品做了详细的介绍，包括罗克韦尔的熔断器、开关电器、主令电器、接触器和继电器等。在 PLC 基础篇中对 Micro800 系列控制器做了详细的介绍，表述言简意赅、通俗易懂。通过了解控制器的硬件，理解产品的优势；通过学习编程示例和指令，使读者和用户能够熟练地掌握并迅速运用该系列控制器。在实例应用篇中通过具体项目详细介绍了速度控制系统、位置控制系统和温度控制系统的设计，使读者能够更加灵活地使用 Micro800 系列控制器。

　　本书可作为高等院校自动化、电气工程及自动化、机电一体化及相关专业的教材，可供高职高专相应专业选用，也可作为电气工程技术人员培训及自学用书。

图书在版编目（CIP）数据

PLC 原理与应用：罗克韦尔 Micro800 系列/于金鹏
等编著 . —北京：机械工业出版社，2016.8（2024.1 重印）
（罗克韦尔自动化技术丛书）
ISBN 978-7-111-54864-5

Ⅰ．①P… Ⅱ．①于… Ⅲ．①PLC 技术 Ⅳ．①TB4

中国版本图书馆 CIP 数据核字（2016）第 222682 号

机械工业出版社（北京市百万庄大街 22 号　邮政编码 100037）
策划编辑：林春泉　　责任编辑：林春泉
封面设计：鞠　杨　　责任校对：李锦莉
责任印制：单爱军
北京虎彩文化传播有限公司印刷
2024 年 1 月第 1 版·第 4 次印刷
184mm×260mm · 23 印张 · 558 千字
标准书号：ISBN 978-7-111-54864-5
定价：69.00 元

前　言

罗克韦尔自动化公司在小型 PLC 创新方面层出不穷，不断有新产品上市。罗克韦尔自动化公司推出了新一代小型 PLC Micro800 系列控制器，该控制器体积小、功能强、配置灵活、兼容性强、性价比高，非常适合于高校开展教学实训，更为 OEM 设备制造商提供了高性价比的控制应用方案。

本书分为电气控制篇、PLC 基础篇、实例应用篇，三篇共 13 章。其中第 1 章系统地介绍了常用低压电器的基本结构和工作原理；第 2 章介绍了典型电器控制电路的分析方法和简单设计，它们是 PLC 和其他电气控制技术的基础；第 3 章概述了 PLC 的特点、性能指标；第 4 章介绍了 PLC 的指令，包括基本指令和功能指令；第 5 章介绍了 PLC 的程序设计方法；第 6 章介绍了 CCW 软件的安装使用以及流水灯的实例程序设计；第 7 章和第 8 章介绍了交通灯实例，自定义功能块的应用，功能模块图表和结构化文本编程；第 9 章介绍了 Micro830 与变频器的应用；第 10 章介绍了基于 Micro830、触摸屏的电梯控制实例；第 11 章介绍了罗克韦尔温度控制器及其应用；第 12 章介绍了步进电动机建设和温度双系统的独立控制系统；第 13 章介绍了 Micro850 与 Kinetix 3 伺服控制系统的设计步骤及示例。

本书的目的是立足于提高从事自动化专业的工程技术人员和自动化专业的学生对罗克韦尔自动化公司 Micro800 系列控制器产品的综合运用能力，教会读者如何将 Micro800 系列控制器的功能特点融入工艺中，本书的读者对象是产品技术支持人员、项目开发调试人员、现场设备维护人员，同时也适合作为大专生、本科生、研究生的在校学习及培训教材。

本书由于金鹏、张良、何文雪编写。何文雪编写了第 2 章，张良编写了第 3 章，其余各章均由于金鹏编写，李琪炜和吴贺荣参与了部分内容的编写。全书由于金鹏统稿。

本书在编写过程中得到罗克韦尔自动化公司的大力支持，感谢罗克韦尔（中国）有限公司的各位同仁提供的大量资料和提出的宝贵建议，在此一并表示感谢。

因作者水平有限，书中难免有错误及疏忽之处，恳请读者批评指正。

作　者

目　　录

第一篇　电气控制篇

第1章　常用低压电器

在工农业生产中，各种机械设备大多数是由电动机拖动的，通过对电动机的起停、正反转、调速和制动等控制，来实现对生产机械的控制。由各种有触点的控制电器（如继电器、接触器、按钮等）组成的控制系统称为继电接触器控制系统。目前，基于 PLC 或计算机的控制系统已经成为工业控制的主流，但是传统的继电接触器控制技术是 PLC 控制的基础，且仍被广泛应用。

前两章内容将从应用方面介绍常用低压电器的用途、基本结构、工作原理、主要技术参数和选用方法，并介绍由这些器件组成的电气控制基本线路的组成与工作原理，举例说明电气控制线路的阅读分析方法。这部分内容是正确选择和合理使用电器与培养电气控制线路分析与设计基本能力的基础。

本章主要介绍了各种常用低压控制电器的用途、基本结构、工作原理、主要技术参数和选用方法。

1.1　概述

1.1.1　电器的分类

电器按工作电压等级可分为低压电器和高压电器。低压电器指工作电压在交流 1200V 或直流 1500V 以下的各种电器，如接触器、继电器、刀开关和按钮等；高压电器指工作电压高于交流 1200V 或直流 1500V 以上的各种电器，如高压熔断器、高压隔离开关、高压断路器等。

低压电器产品主要包括刀开关、熔断器、断路器、控制器、接触器、启动器、继电器、主令电器、电阻器及变阻器、调整器、电磁铁和其他低压电器（如触电保护器、信号灯与接线盒）等，按照不同的方式可以分为不同的类型。

1. 按用途分

1）控制电器：用于各种控制电路和控制系统的电器，如接触器、各类继电器、启动器等。对控制电器的要求是：工作准确可靠，操作频率高，寿命长等。

2）主令电器：用于自动控制系统中发出控制指令的电器，如控制按钮、主令开关、行程开关等。

3）保护电器：用于保护电路及电气设备的电器，如熔断器、热继电器、断路器、避雷器等。

4）配电电器：用于电能的输送和分配的电器，如各类刀开关、断路器等。配电系统对电器的要求是：在系统发生故障的情况下，动作准确，工作可靠，有足够的热稳定性和电稳定性。

5）执行电器：用于完成某种动作或传动功能的电器，如电磁铁、电磁阀、电磁离合器等。

2. 按工作原理分

1）电磁式电器：依据电磁感应原理来工作的电器，如交直流接触器、各种电磁式继电器和电磁阀等。

2）非电量控制电器：这类电器是靠外力或某种非电物理量的变化而动作的，如行程开关、按钮、压力继电器和温度继电器等。

此外，按照动作原理，低压电器还可以分为手动电器和自动电器等。

1.1.2　电磁式低压电器的基本结构和工作原理

电气控制电路中使用最多的各种电磁式电器的工作原理和基本结构是类似的，主要由电磁机构、触头系统和灭弧装置等部分组成。

1. 电磁机构

电磁机构是电磁式电器的信号检测部分，其主要作用是将电磁能量转换为机械能量并带动触头动作，从而完成电路的接通或分断。

电磁机构由吸引线圈、铁心、衔铁等几部分组成。常用的磁路结构可分为图 1-1 所示的三种形式：

1）衔铁沿棱角转动的拍合式铁心，如图 1-1a 所示，这种形式广泛应用于直流电器中。

2）衔铁沿轴转动的拍合式铁心，如图 1-1b 所示，其铁心形状有 E 形和 U 形两种，此种结构多用于触头容量较大的交流电器中。

3）衔铁直线运动的双 E 形直动式铁心，如图 1-1c 所示，多用于交流接触器、继电器中。

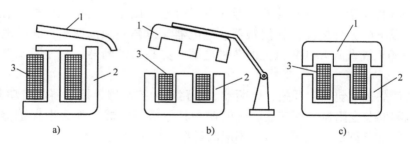

图 1-1　磁路结构示意图
1—衔铁　2—铁心　3—吸引线圈

电磁式电器分为直流与交流两大类，都是基于电磁铁的原理设计的。通常交流电磁机构的铁心由硅钢片叠铆而成，有磁滞和涡流损耗，由于铁心和线圈都发热，所以在铁心和线圈之间设有骨架，铁心、线圈整体做成矮胖型，利于各自散热；而直流电磁机构的铁心由整块钢材或工程纯铁制成，无磁滞和涡流损耗，线圈发热铁心不发热，所以线圈直接接触铁心并通过铁心散热，铁心、线圈整体做成瘦高型。

2. 触头系统

触头是电器的执行部分，起接通和分断电路的作用。因此，要求触头的导电、导热性能良好，通常用铜制成，也有些如继电器和小容量的电器等，触头采用银质材料，其导电和导热性能均优于铜质触头，且具有较小和稳定的接触电阻。

触头有点接触、面接触、线接触三种结构形式，如图 1-2 所示，接触面越大则通电电流越大。图 1-2a 是两个点接触的桥式触头，点接触形式适用于电流不大且触头压力小的场合；图 1-2b 是两个面接触的桥式触头，面接触形式适用于大电流的场合；图 1-2c 为指形触头，其接触面为一直线，触头接通或分断时产生滚动摩擦，以利于去掉氧化膜，此种形式适用于通电次数多、电流大的场合。

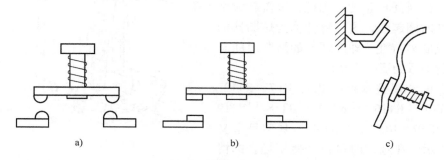

图 1-2　触头的结构形式

a）点接触　b）面接触　c）线接触

为了消除触头在接触时的振动，使触头接触得更加紧密，减小接触电阻，在触头上装有接触弹簧，该弹簧在触头刚闭合时产生较小的压力，随着触头闭合增大触头压力。

3. 灭弧

在空气中断开电路时，若被断开电路的电流超过某一数值，断开后加在触头间隙两端的电压超过某一数值（12 ~ 20V 之间）时，触头间隙中就会产生电弧。电弧实际上是触头间气体在强电场作用下产生的电离放电现象，即当触头间刚出现分断时，两触头间距离极小，电场强度极大，在高热和强电场作用下，金属内部的自由电子从阴极表面逸出，奔向阳极，这些自由电子在电场中运动时撞击中性气体分子，使之激励和游离，产生正离子和电子。因此，在触头间隙中产生大量的带电粒子，使气体导电形成了炽热的电子流，即电弧。

电弧产生后，引起高温并发出强光，将触头烧损，且使电路的切断时间延长，严重时还会引起火灾或其他事故。因此，在电器中应采取适当措施熄灭电弧。常用的灭弧方法有以下几种：电动力灭弧、磁吹灭弧、窄缝灭弧和栅片灭弧。

1.2　熔断器

熔断器用于配电线路的严重过载和短路保护。熔断器中的熔体是由电阻率较高的易熔合金制作的，将其串联于电路中，当过载或短路电流通过熔体时，因其自身发热而熔断，从而分断电路。

由于结构简单、体积小、使用维护方便、具有较高的分断能力和良好的限流性能等优点，熔断器获得了广泛的应用。

1.2.1　熔断器的基本结构

熔断器主要由熔体（熔丝）和熔管（熔座）组成。熔体由易熔金属材料铅、锌、锡、银、铜及其合金制成，通常制成丝状和片状。熔管是装熔体的外壳，由陶瓷、绝缘钢纸制成，在熔体熔断时兼有灭弧作用。熔断器的结构如图 1-3a 所示，其图形符号和文字符号如图 1-3b 所示。

电流通过熔体时产生的热量与电流的平方和电流通过的时间成正比。因此，电流越大则熔体熔断的时间越短，这一特性称为熔断器的保护特性或安秒特性，即熔断器的熔断时间与熔断电流的关系为反时限特性。

熔断器的常用型号有：RL6、RL7、RT12、RT14、RT15、RT16（NT）、RT18、RT19（AM3）、RO19、RO20、RTO 等，其型号含义如图 1-4 所示，在选用时可根据使用场合酌情选择。

关于低压电器的型号，请根据相关选型手册进行查看，此后不再赘述。

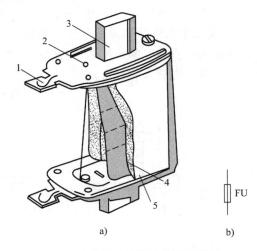

图 1-3　熔断器结构示意图和符号
a）结构示意图　b）符号
1—盖板　2—指示器　3—触角　4—熔体　5—熔管

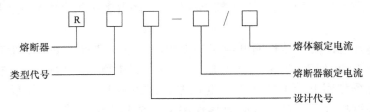

图 1-4　熔断器型号含义
C—瓷插式　S—快速　L—螺旋式　T—有填料封闭管式

1.2.2　熔断器的技术参数

熔断器的技术参数主要包括：

1）额定电压　指熔断器长期工作时和熔断后所能承受的电压。熔断器的交流额定电压（单位为 V）有：220、380、415、500、600、1140 等；直流额定电压有：110、220、440、800、1000、1500 等。

2）额定电流　熔断器在长期工作之下，各部件温升不超过极限允许温升所能承载的电流值，习惯上，把熔体支持件的额定电流简称为熔断器额定电流。熔体额定电流规定有 2A、4A、6A、8A、10A 等。

3）极限分断能力　指熔断器在规定的使用条件下，能可靠分断的最大短路电流值。

4）截断电流特性　指在规定的条件下，截断电流与预期电流的关系特性。截断电流是指熔断器分断期间电流到达的最大瞬时值。

5）时间-电流特性　熔断器的时间-电流特性亦称保护特性，是熔断器的基本特性，表示熔断器的熔断时间与流过熔体电流的关系，为反时限特性，即流过熔体的电流越大，熔化（或熔断）时间越短。

6）I^2t 特性　当分断电流很大时，以弧前时间-电流特性表征熔断器的性能已经不够，当熔断器弧前时间小于 0.1s 时，熔断器的保护特性用 I^2t 特性表示。

1.2.3　熔体的材料与形状

熔断器的熔体材料有低熔点和高熔点金属两类。低熔点材料有锡、锌、铅及其合金，高熔点材料有铜、银，近年来也采用铝来代替银。

熔体的形状大体有两种：丝状和片状。丝状熔体多用于小电流场合，片状的熔体是用薄金属片冲成，有宽窄不等的变截面，也有的是在带形薄片上冲出一些孔，不同的熔体形状可以改变熔断器的时间-电流特性。对变截面熔体而言，其狭窄部分的段数取决于额定电流和电压，熔断器额定电压高时，要求狭窄部分的段数就多。

在绝缘管中装入填充材料（简称填料）是加速灭弧，提高熔断器分断能力的有效措施。目前，常用的填料有石英砂和三氧化二铝砂。

熔管是熔断器主要零件之一，起包容熔体和填料并起散热和隔弧的作用，因而要求熔管机械强度高，耐热性及耐弧性好。熔管的形状以方管形和圆管形为主，但熔管的内型腔均为圆形或近似圆形，以能在相同的几何尺寸下，有最大的容积，同时圆形的内腔能均匀承受电弧能量造成的压力，有利于提高熔断器的分断能力。

1.2.4　熔断器的选择

熔断器的选择主要考虑以下几方面因素：

1）熔断器类型应根据线路要求、使用场合、安装条件和各类熔断器的适用范围来确定。例如，作电网配电用，应选择一般工业用熔断器；作硅元件保护用，应选择保护半导体器件熔断器；供家庭使用，宜选用螺旋式或半封闭插入式熔断器。

2）熔断器额定电压应大于或等于线路的工作电压。

3）熔体的额定电流与负载的大小及性质有关，其选择方法是：

①电灯支线的熔丝

$$熔丝额定电流 \geqslant 支线上所有电灯的工作电流$$

②一台电动机的熔丝

为了防止电动机起动时电流较大而将熔丝烧断，熔丝不能按电动机的额定电流来选择，应按下式计算

$$熔丝的额定电流 \geqslant \frac{电动机的起动电流}{2.5}$$

如果电动机起动频繁，则为

$$熔丝的额定电流 \geqslant \frac{电动机的起动电流}{1.6 \sim 2}$$

③几台电动机合用的总熔丝

一般可粗略地按下式计算

$$熔丝额定电流 = (1.5 \sim 2.5) \times (容量最大的电动机的额定电流$$
$$+ 其余电动机的额定电流之和)$$

4）为了防止越级熔断、扩大停电事故范围，各级熔断器间应有良好的协调配合，使下一级熔断器比上一级的先熔断，从而满足选择性保护要求。选择时，上下级熔断器应根据其保护特性曲线上的数据及实际误差来选择。

罗克韦尔公司的熔断器分为 140F 熔断器和 1492-FB 熔断器，如图 1-5 及图 1-6 所示。

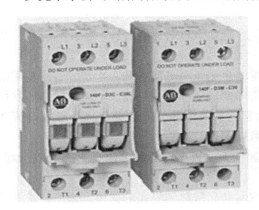

图 1-5　140F 熔断器

图 1-6　1492-FB 熔断器

5）140F 熔断器　140F 熔断器可用于 UL CC 类或小型熔断器以及 IEC 10×38mm 熔断器，带或不带熔断器熔断指示。这些熔断器可在打开位置锁定，并与 140M 附件兼容。140F 熔断器具有的特性是：①100-C 和 100-K 接触器的紧凑型母排和连接器；②一个常开或常闭辅助触点-延时接通常开，提前断开常闭。

6）1492-FB 熔断器　1492-FB 熔断器座适合很多 OEM 应用项目。通过这些熔断器座，可以安全方便地安装 CC 类、J 类和小型熔断器。CC 类和 J 类熔断器座可用于分支电路保护。它们非常适合导线保护、小型电机负载保护和小型电机负载的成组保护。1492-FB 熔断器具有的特性是：①无须特殊工具，即可轻松插入和取下熔断器；②安装在标准 35mm DIN 导轨上；③尺寸小，所需的面板空间减少。

1.3　开关电器

1.3.1　刀开关

刀开关是一种最简单的手动电器，作为电源的隔离开关广泛用于各种配电设备和供电线路中。

刀开关按触刀片数多少可分为单极、双极、三极等几种，每种又有单投和双投之别。图 1-7a 及图 1-7b 是刀开关结构示意图，图 1-7c 是其符号。刀开关由操作手柄、触刀、静插座和绝缘底板组成。依靠手动来实现触刀插入插座或脱离插座，完成电接通与分断控制。

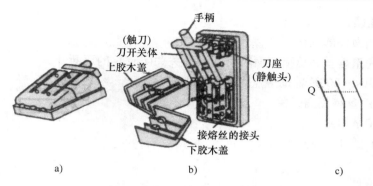

图 1-7　刀开关的结构示意图及符号

a) 刀开关示意图　b) 刀开关的内部结构　c) 符号

用刀开关分断感应电路时，在触刀和静触头之间可能产生电弧，大电流的刀开关应设有灭弧罩。安装刀开关时，要把电源进线接在静触头上，负载接在可动的触刀一侧。这样，当断开电源时触刀就不会带电。刀开关一般垂直安装在开关板上，静触头应在上方。

刀开关的主要技术参数有额定电压、额定电流、操作次数、电稳定性电流、热稳定性电流等。刀开关额定电流的选择一般应大于或等于所分断电路中各个负载电流的总和。对于电动机负载，应考虑到其起动电流，同时还要考虑到电路中出现的短路电流等。

选用刀开关时主要考虑以下几方面：

1）根据使用场合去选择合适的产品型号和操作方式。

2）应使其额定电压等于或大于电路的额定电压，其额定电流应等于或大于电路的额定电流。

3）考虑安装方式、外形尺寸与定位尺寸等。

罗克韦尔公司的刀开关分为 IEC、UL 旋转刀开关、NEMA 开关和 NEMA 旋转开关。其中 IEC 和 UL 旋转刀开关。如图 1-8 所示。

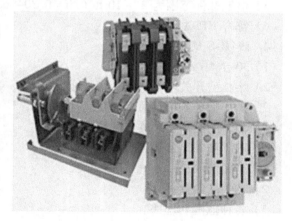

图 1-8　IEC 和 UL 旋转隔离开关

IEC 和 UL 旋转隔离开关包含各种熔丝型和无熔丝型开关，电流范围 20～1250A。无熔丝型开关允许使用自己的熔断器盒。熔丝型开关带集成熔丝架，面板空间要求较低。可以将这些开关安装到喷漆钢、不锈钢或非金属外壳中，所有这些外壳均被认定为防冲洗或防油和切削液。新系列开关性能优异，体积小巧，功能提高。

IEC 和 UL 旋转刀开关产品包括：

1. 194R 熔丝型隔离开关

1）20～1250 A IEC；

2）20～800 A UL；

3）触摸保护设计；

4）OSHA 挂锁；

5）正面或侧面外部操作；

6）适用于完整熔丝和负荷侧面隔离（当开关关闭时）的双断开关；

7）使用 Bulletin 800F 辅助触点块帮助减少库存。

2. 194R 无熔丝型隔离开关

1）20 ~ 1250 A IEC；

2）20 ~ 800 A UL；

3）高性能；

4）紧凑型设计；

5）通用 IEC/UL 开关体；

6）严格使用类别（AC-22 和 AC-23）；

7）高耐湿性。

3. 194R-FC 电缆操作柄

1）熔丝型开关版本认证：UL-J 类、UL-CC 类；

2）30 A 规格；

3）使用 Bulletin 1494F 固定柄：IP66（类型 3R、3、12、4、4X）；

4）预装的具有互锁的电缆操作隔离开关；

5）电缆选件范围为 3 ~ 10 ft（1ft = 0.3048m）；

6）符合 NFPA 2002。

4. 194R-S 侧面安装套件

1）30 至 60 A 规格；

2）熔丝型开关版本认证：UL-J 类、UL-CC 类；

3）操作柄准入额定值：IP66（类型 3R、3、12、4、4X）；

4）预装的侧面安装支架式隔离互锁。

5. IEC 和 UL 旋转刀开关特性

1）预装选件；

2）挂锁固定柄；

3）各种范围和规格。

6. IEC 和 UL 旋转刀开关应用项目

1）食品加工；

2）电气设备；

3）物料输送操作。

1.3.2 组合开关

在一些控制电路中，组合开关常用于电气设备中非频繁地通断电路、换接电源和负载、测量三相电压以及直接控制小容量感应电动机的运行状态等。

组合开关是一种多触点、多位置式可以控制多个回路的控制电器，如图 1-9 所示是一种组合开关的结构示意图。它有多对静触片 2 分别装在各层绝缘垫板上，静触片与外部的连接是通过接线端子 1 实现的。各层的动触片 3 套在装有手柄的绝缘转动轴 4 上，而且不同层的动触片可以互相错开任意一个角度。转动手柄 5 时，各动触片均转过相同的角度，一些动、静触片相互接通，另一些动、静触片断开。根据实际需要，组合开关的动、静触片的个数可以随意组合。常用的组合开关有单极、双极、三极、四极等多种，其图形符号同刀开关，文字符号为 Q。

罗克韦尔公司的组合开关产品主要有 800T-H2 2 档 1A1B 、800T-H4 1NC + 1NO、800T-H5A 复位 2 档 1NC + 1NO、800T-H18A 复位 2 档 1NO + 1NC、800T-H19A 复位 2 档 1NO + 1NC、800T-J20A 复位 3 档 2NO 和 800T-J2KA7B 3 档黑色 2NO + 2NC 等型号，如图 1-10 所示。

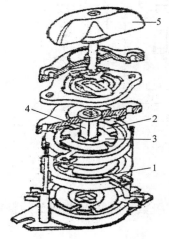

图 1-9　组合开关结构示意图

图 1-10　组合开关

其中 800T-H2 2 档 1A1B 产品参数见表 1-1。

表 1-1　800T-H2 2 档 1A1B 产品参数

绝缘电压	30MM 2 档 1A +1B（V）	使用环境	可在镀金接点、油厂等恶劣环境使用
额定电流	QUALITY（A）	极数	2 档 1NO +1NC

1.3.3　断路器

断路器又称自动空气开关，是一种常用的低压控制电器，不仅具有开关作用，还有短路、失电压和过载保护的功能。断路器可用来分配电能、不频繁起动异步电动机、对电动机及电源线路进行保护，当发生严重过载、短路或欠电压等故障时能自动切断电源，相当于熔断式断路与过电流、过电压、热继电器等的组合，而且在分断故障电流后，一般不需要更换零部件。

断路器的种类繁多，按其用途和结构特点可分为框架式断路器、塑料外壳式断路器、直流快速断路器和限流式断路器等。框架式断路器主要用作配电网络的保护开关，而塑料外壳式断路器除可用作配电网络的保护开关外还可用作电动机、照明电路及电热电路的控制开关。

1. 断路器的基本结构和工作原理

断路器主要由 3 个基本部分组成：触头、灭弧系统和各种脱扣器，包括过电流脱扣器、失压（欠电压）脱扣器、热脱扣器、分励脱扣器和自由脱扣器。图 1-11 所示为其原理示意图。图中，主触点是由手动操作机构使之闭合的。断路器的工作原理为：正常情况下，将连杆和锁钩扣在一起，过电流脱扣器的衔铁释放，欠电压脱钩器的衔铁吸合；过电流时，过电流脱扣器的衔铁吸合，顶开锁钩，使主触点断开以切断主电路；欠电压或失电压时，欠电压脱扣器的衔铁释放，顶开锁钩使主电路切断，如图 1-11 所示。

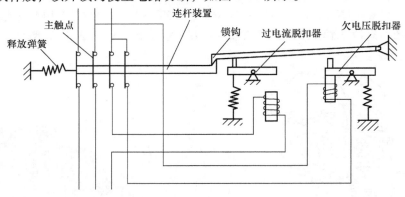

图 1-11　断路器结构示意图

2. 断路器的技术参数

断路器的主要技术参数有：额定电压、额定电流、极数、脱扣器类型及其整定电流范围、分断能力、动作时间等。

3. 断路器的选择与使用

（1）选择断路器时应注意

1）断路器的额定电流和额定电压应大于或等于线路、设备的正常工作电压和工作电流；

2）断路器的极限分断能力应大于或等于电路最大短路电流；

3）欠电压脱扣器的额定电压等于线路的额定电压；

4）过电流脱扣器的额定电流大于或等于线路的最大负载电流；

5）断路器的类型应根据线路及电气设备的额定电流及对保护的要求来选择。若额定电流较小（600A 以下），短路电流不太大，可选用塑壳式断路器；若短路电流相当大，则应选用限流式断路器；若额定电流很大，或需要选择型断路器时，则应选择万能式断路器；若有漏电电流保护要求时，应选用带漏电保护功能的断路器等；控制和保护硅整流装置及晶闸管的断路器，应选用直流快速断路器。

（2）使用断路器应注意

1）断路器投入使用前应先进行整定，按照要求整定热脱扣器的动作电流，以后就不要随意旋动有关螺钉和弹簧。

2）在安装断路器时，应注意把来自电源的母线接到开关灭弧罩一侧的端子上，来自电气设备的母线接到另外一侧的端子上。

3）在正常情况下，应每半年对断路器进行一次检修，清除灰尘。

4）发生断、短路事故的动作后，应立即对触点进行清理，检查有无熔坏，清除金属熔粒、粉尘，特别要把散落在绝缘体上的金属粉尘清理干净。

使用断路器实现短路保护比熔断器好，因为三相电路短路时，可能只有一相熔断器熔断，造成缺相运行。而对断路器来说，只要造成短路就会跳闸，将三相同时切断。断路器还有其他自动保护作用，性能优越，但其结构复杂，操作频率低，价格高，因此适合于要求较高的场合，如电源总配电盘。罗克韦尔公司的断路器产品包括 140U 塑壳断路器、140UE 断路器、1489 工业 DIN 导轨断路器等，如图 1-12 及图 1-13 所示。

图 1-12　140U 塑壳断路器

图 1-13　140UE 断路器

表 1-2　140U 塑壳断路器产品参数

电流范围/A	15 ~ 100	15 ~ 125	70 ~ 250	180 ~ 400	300 ~ 600	300 ~ 800	600 ~ 1200
最大值/A	100	125	250	400	600	800	1200
框架类型	G	H	J	K	L	M	N
高/mm	124	140	178	258	257	406	406
宽/mm	70	76	105	140	140	210	210
长/mm	81	76	103	104	136	111	140

（3）140U 塑壳断路器产品特性

详见表 1-2。

1）15 ~ 1200 A 塑壳断路器；

2）125 ~ 1200 A 塑壳开关；

3）工厂预安装或现场安装附件；

4）柔性电缆操作机构；

5）旋转式可变深度操作机构；

6）尺寸紧凑，切断标称值高；

7）经过认定和认证，此产品线可在全球范围内应用；

8）体积更小，所占用的面板空间减少（仅限 Bulletin 140U-D）。

（4）140UE 断路器

详见表 1-3。

表 1-3　140UE 断路器产品参数

电流范围/A	16～160	50～250	250～630	300～800	400～1250
最大值/A	160	250	630	800	1250
框架类型	H	J	L	M	N
极数	3，4	3，4	3，4	3	3，4
高/mm	140	178	258	406	406
宽/mm	76	105	140	210	210
长/mm	76	103	104	140	140

（5）140UE 断路器产品特性

1）固定或可调整热敏；

2）固定或可调整磁敏；

3）3 极和 4 极型；

4）防护等级为 IP66（类型 4/4X）的旋转操作机构；

5）柔性电缆操作机构。

1.3.4　漏电保护断路器

漏电保护断路器是一种安全保护电器，在电路中作为触电和漏电保护之用。在线路或设备出现对地漏电或人身触电时，能迅速自动断开电路，有效地保证人身和线路安全。

以电流动作型漏电保护断路器为例，其主要由电子线路、零序电路互感器、漏电脱扣器、触头、试验按钮、操作机构及外壳等组成。漏电保护断路器有单相式和三相式等形式。漏电保护断路器的额定漏电动作电流为 30～100mA，漏电脱扣器动作时间小于 0.1s。

漏电保护断路器接入电路时，应接在电能表和熔断器后面，安装时应按开关规定的标志接线。接线完毕后应按动试验按钮，检查保护断路器是否可靠动作。漏电保护断路器投入正常运行后，应定期校验，一般每月需在合闸通电状态下按动试验按钮一次，检查漏电保护断路器是否正常工作，以确保其安全性。

1.3.5　MCS 断路器

断路器主要在不频繁操作的低压配电电路或开关柜中作为电源开关使用，并对电路、电气设备及电动机等实行保护，它主要实现的是短路保护作用。MCS 模块化电动机控制系统中包括 140M 和 140U 两个系列的断路器。

1. 140M 系列断路器

140M 系列断路器的电流范围是 0.1～1200A，能够提供电动机保护和电路保护，符合 IEC 标准，具有明显的脱扣指示、大电流限制能力、开关容量高以及节省面板空间与安装空间等特点。

2. 140U 系列塑壳断路器

140U 系列塑壳断路器的电流范围是 15～1200A，具有热过载保护和短路保护功能，符合 IEC 60947-2 断路器标准，并通过 CE 认证和 KEMA-KEUR 第三方测试与认证。另外，

140U 系列塑壳断路器还具有现场或工厂安装附件、旋转或者弯曲电缆操作机构以及节省面板空间、分断能力高等特点，如图 1-14 所示。

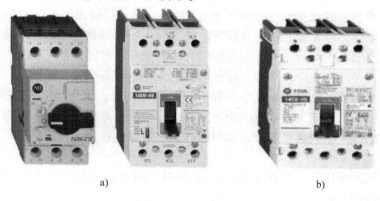

a)　　　　　　　　　　　b)

图 1-14　140U 系列塑壳断路器

a）140M　b）140U

1.4　主令电器

1.4.1　按钮

按钮是广泛使用的控制电器，一般由按钮、复位弹簧、触点和外壳等组成。按钮按其结构形式可分为旋钮式（用手动旋钮进行操作），指示灯式（按钮内装有信号灯显示信号状态）和紧急式（装有蘑菇型钮帽，以示紧急动作）几种。

图 1-15a 所示是一种按钮的结构示意图，图 1-15b 是一种按钮的外形，图 1-15c 为其符号。

在未按动按钮之前，上面一对静触点与动触点接通，称为常闭触点；下面一对静触点与动触点是断开的，称为常开触点。

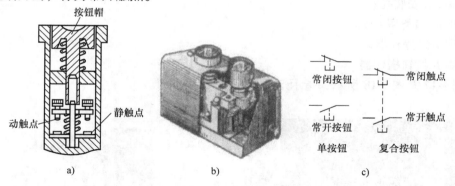

a)　　　　　　　　　　b)　　　　　　　　c)

图 1-15　按钮的结构示意图及符号

a）按钮的结构　b）按钮的外形　c）按钮的符号

只具有常闭触点或只具有常开触点的按钮称为单按钮。既有常闭触点、也有常开触点的按钮称为复合按钮。按钮松开后，触点恢复原来的状态，则称为瞬时型按钮，若触点仍保持按下按钮时的状态，则称为自锁型按钮或者保持型按钮。

图 1-15 所示是一种复合按钮。当按下按钮时，动触点与上面的静触点分开（称常闭触点断开）而与下面的静触点接通（称常开触点闭合）。当松开按钮时按钮复位，在弹簧的作用下动触头恢复原位，即常开触点恢复断开，常闭触点恢复闭合。各触点的通断顺序为：当按动按钮时，常闭触点先断开，常开触点后闭合；当松开按钮时，常开触点先断开，常闭触点后闭合。了解这个动作顺序，对分析控制电路的工作原理是非常有用的。

控制按钮的选用要考虑其使用场合，对于控制直流负载，因直流电弧熄灭比交流困难，故在同样的工作电压下直流工作电流应小于交流工作电流，并根据具体控制方式和要求选择控制按钮的结构形式、触头数目及按钮的颜色等。一般以红色表示停止按钮，绿色表示起动按钮。

罗克韦尔公司的按钮产品包括 800B 16mm 按钮、800F 按钮操作器和 800T/H 按钮等。

1. 800B 16mm 按钮

罗克韦尔按钮开关操作器包括复位型按钮开关/标准操作器、保持型按钮开关操作器、2段式选择器开关操作器、3段式选择器开关操作器和紧急停止按钮操作器，如图 1-16 所示。

图 1-16   800B 16mm 按钮

800B 16mm 按钮产品特性：

1）IEC 样式；

2）16mm 安装孔；

3）IP66 和类型 4/13；

4）国际级操作器。

2. 800F 按钮操作器

如图 1-17 及图 1-18 所示，指示灯颜色及含义见表 1-4。

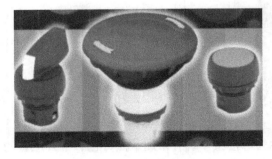

图 1-17   800F 按钮操作器

图 1-18   800T/H 按钮

表 1-4　IEC 60204-1 标准所规定的指示灯颜色编码及其含义

颜色	含义	说　　明	操作人员须采取的行动
红	紧急	危险状态	发生危险时，立即动作以处理危险状态（也就是通过紧急停止）
黄	异常	异常状态 迫近危险状态	检测或干预（例如重启等）
绿	正常	正常状态	可选
蓝	强制	指示一个状态表明当前需要操作人员动作	强制动作
白	中立	其他状态：当使用红、黄、绿、蓝等状态出现异议时，可能将使用白色	检测

800F 按钮操作器产品特性：

1）22.5mm 安装孔；

2）IP65/66，类型 4/4X/13（塑料）和类型 4/13（金属）；

3）工程级热塑性塑料；

4）耐化学腐蚀，可在恶劣环境中使用；

5）压铸金属结构；

6）镀铬。

800T/H 按钮产品特性：

1）危险场所按钮和工作站；

2）Ⅰ、Ⅱ和Ⅲ类，1 和 2 分类；

3）0.75in（1in = 0.025 4m 1.91cm）–14 NPSM 圆柱形；

4）类型 7 和 9；

5）防爆型操作器。

1.4.2　万能转换开关

万能转换开关实际是一种多档位、控制多回路的组合开关，用于控制电路发布控制指令或用于远距离控制。也可作为电压表、电流表的换相开关，或小容量电动机的起动、调速和换向控制开关。因其换接电路多，用途广泛，故称为万能转换开关。

以 LW6 系列万能转换开关为例，其主要由操作机构、面板、手柄及触点座等部件组成，操作位置有 2 ~ 12 个，触点底座有 1 ~ 10 层，其中每层底座均可装三对触点，并由底座中间的凸轮进行控制。由于每层凸轮可做成不同的形状，因此当手柄转动到不同位置时，通过凸轮的作用，可使各对触点按所需要的规律接通和分断。图 1-19 所示为 LW6 系列转换开关中某一层的结构示意图。

万能转换开关各档位电路通断状况表示有两种方法：一种是图形表示法，另一种是列表表示法。图形表示时，

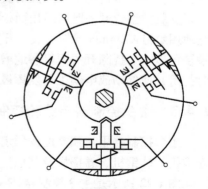

图 1-19　万能转换开关结构示意图

虚线表示操作档位，有几个档位就画几根虚线，实线与成对的端子表示触头，使用多少对触头就可以画多少对。在虚实线交叉的地方只要标黑点就表示实线对应的触点，在虚线对应的档位是接通的，不标黑点就意味着该触头在该档位被分断。如图 1-20 所示，在零位时 1、3 两路接通，在左位时仅 1 路接通，在右位时仅 2 路接通。

罗克韦尔公司生产的 194L-E20-1752 万能转换开关，如图 1-21 所示，参数见表 1-5。

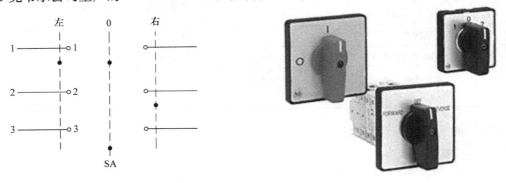

图 1-20　万能转换开关的图形表示　　　　　　　　图 1-21　万能转换开关

表 1-5　194L-E20-1752 万能转换开关参数

额定电压/V	380	额定电流/A	20
绝缘电压/V	400	极数	3
型号	194L-E20-1752	产品认证	CE

体积小，性能安全可靠，负载断路开关适用于通风、空调及水泵系统，适用于工业成套设备开关和用作绝缘、安全隔离等分布开关，相当于 KG20-KG100 型负载断路器开关。

正常工作条件：1）周围空气温度不超过 +40℃，且其 24h 内的平均温度不超过 +35℃；2）周围空气温度的下限不超过为 -5℃；3）安装地点的海拔不超过 2000m；4）最高温度为 +40℃时，空气的相对湿度不超过 50%，在较低的温度下可以允许有较高的相对湿度，例如 20℃时达 90%。对由于温度变化偶尔产生的凝露应采取特殊的措施。

安全性：开关的断开，触点的绝缘距离大，达到 13×14mm，大大超过了 VDE0113 的安全要求，在许多情况下，开关的安全水平超过世界上现有各种电器断流器。

安装类型：开关既可适用面板型，又可采用底座安装型，而底座安装型也可以方便且安全地用螺钉或 35mm 导轨安装，开关系统具有很强的灵活性和适应性，增加附加触头和中性端子可以不必拆除开关而轻易地增加适应附加触头。安装方便内置的螺钉可以防止手工操作时打滑，使气动或电动工具发挥最佳效能，保证安装时的安全和速度。

1.4.3　主令控制器与凸轮控制器

主令控制器用来频繁地按预定顺序切换多个控制电路，它与磁力控制盘配合，可实现对起重机、轧钢机、卷扬机及其他生产机械的远距离控制，如图 1-23 所示。

图 1-22 所示是主令控制器某一层的结构示意图。其中 1 为固定于方轴上的凸轮块，2 为接线柱，3 是固定的静触点，4 是固定于绕转动轴 6 转动支杆 5 上的动触点。当转动方轴时，

凸轮块随之转动，当凸轮块的凸起部分转到与小轮 7 接触时，则推动支杆 5 向外张开，使动触点 4 离开静触点 3，将被控回路断开。当凸轮块的凹陷部分与小轮 7 接触时，支杆 5 在反力弹簧作用下复位，使动触点闭合，从而接通被控回路。这样安装一串不同形状的凸轮块，可使触点按一定顺序闭合与断开，以获得按一定顺序进行控制的电路。参数见表 1-6。

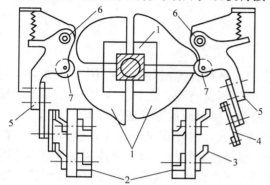

图 1-22　主令控制器的结构示意图

图 1-23　主令控制器

表 1-6　主令控制器参数

额定电流/A	10	额定电压/V	380
电寿命/万次	8	机械寿命/万次	10
适用范围	工业	产品认证	CCC

　　凸轮控制器是一种大型的手动控制器，主要用于起重设备中直接控制中小型绕线式异步电动机的起动、停止、调速、反转和制动，也适用于有相同要求的其他电力拖动场合。

　　凸轮控制器主要由触头、转轴、凸轮、杠杆、手柄、灭弧罩及定位机构等组成。其工作原理与主令控制器基本相同。由于凸轮控制器可直接控制电动机工作，所以其触头容量大并有灭弧装置。这是与主令控制器的主要区别。凸轮控制器的优点是控制电路简单，开关元件少，维修方便等。缺点是体积较大，操作笨重，不能实现远距离控制。

　　主令控制器与凸轮控制器的图形符号及触头在各档位通断状态的表示方法与万能转换开关类似，文字标号也用 SA 表示。罗克韦尔公司的主令控制器型号为 "XLK23P-3/11D"。

　　罗克韦尔公司的凸轮控制器的型号为 803 旋转凸轮控制器。803 旋转凸轮控制器组件可在长寿命精密轴承上平稳旋转。所有控制器均可双向任意旋转。可在任意平面或角度安装这些控制器。每个凸轮可独立调整，而不影响其他电路。接触停顿可以设置为 11° ~ 360°，如图 1-24 所示。

1. 803 旋转凸轮控制器特性

1）外部或内部定时及停顿调整；

2）重载双断开或快速动作触点；

3）单轴或双轴安排；

4）2 ~ 12 个独立电路；

5）轴转速最高 400r/min；

图 1-24　凸轮控制器

6）提供耐腐蚀类型外壳。

2. 803 旋转凸轮控制器应用项目

1）冲床；

2）装配和包装机；

3）钢成型/重金属。

1.4.4　行程开关

行程开关是根据运动部件的位移信号而动作的，是行程控制和限位保护不可缺少的电器。若将行程开关安装于生产机械行程终点处，以限制其行程，则称为限位开关或终点开关。行程开关广泛应用于各类机床和起重机械的控制，以限制这些机械的行程。

常用的行程开关有撞块式（也称直线式）和滚轮式。滚轮式又分为自动恢复式和非自动恢复式。非自动恢复式需要运动部件反向运行时撞压使其复位。运动部件速度慢时要选用滚轮式。撞块式和滚轮式行程开关的工作机理相同，下面以撞块式行程开关为例说明行程开关的工作原理。

图 1-25a 所示是撞块式行程开关的结构示意图，图 1-25b 所示是其符号。图中撞块要由运动机械来撞压。撞块在常态时（未受压时），其常闭触点闭合，常开触点断开；撞块受压时，常闭触点先断开，常开触点后闭合；撞块被释放时，常开和常闭触点均复位。

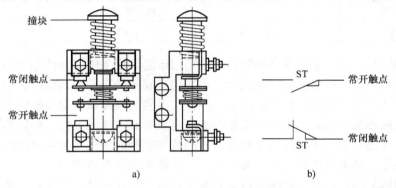

图 1-25　行程开关结构示意图及符号

a）行程开关的结构　b）行程开关的符号

微动开关可以看作尺寸甚小而又非常灵敏的行程开关，其特点是操作力小和操作行程短，在机械、纺织、轻工、电子仪器等各种机械设备和家用电器中作限位保护和联锁等。

1.4.5　接近开关

由于半导体元器件的出现，产生了一种非接触式的行程开关，即接近开关。当生产机械接近它到一定距离范围之内时，它就能发出信号，以控制生产机械的位置或进行计数。

接近开关即无触点行程开关，内部为电子电路，按工作原理分为高频振荡型、电容型和永磁型三种类型。使用时对外连接 3 根线，其中红、绿两根线外接直流电源（通常为 24V），另一根黄线为输出线。接近开关供电后，输出线与绿线之间为高电平输出；当有金属物靠近该开关的检测头时，输出线与绿线之间翻转成低电平。可利用该信号驱动一个继电器或直接将该信号输入 PLC 等控制回路。

红外线光电开关（光电传感器）是光电接近开关的简称，它利用被检测物体对红外光束的遮光或反射，由同步回路选通而检测物体的有无，其物体不限于金属，对所有能反射光线的物体均可检测。根据检测方式的不同，红外线光电开关可分为漫反射式光电开关，镜反射式光电开关，对射式光电开关，槽式光电开关和光纤式光电开关等。光电开关的主要技术参数包括：检测距离、回差距离、响应频率、输出状态、检测方式、输出形式、指向角、防护等级、表面反射率等。

1. 接近开关

罗克韦尔公司的接近开关包括感应式接近开关、电容式接近开关和超声波开关等。

（1）感应式接近开关

感应式接近开关有管状感应式接近开关、矩形感应式接近开关、气缸感应式接近开关、环形和槽形感应式接近开关。

以管状感应式接近开关为例：如图 1-26 所示，为管状模拟量开关。

图 1-26　接近开关

871C 管状模拟量开关是自成体系的通用固态设备，设计为无须接触即可感知黑色金属和有色金属物体的存在。可提供 0～10V 的源电流模拟量输出，输出与感应距离成比例。

管状模拟量开关特性：

1）0～10V 拉出式模拟量输出；

2）3 线操作；

3）18～30V 直流；

4）12mm、18mm 和 30mm 直径；

5）2m（6.5 ft）PVC 电缆连接；

6）短路、过载、反极性和瞬时噪声防护。

管状模拟量开关应用项目：

1）轻型包装应用项目；

2）汽车焊接设备；

3）食品加工厂。

（2）电容式接近开关

管状电容式开关，如图 1-27 所示。

875C 和 875CP 管状电容式开关具有可调感应距离，并配有两个用于显示电源和输出状态的指示灯。875C 开关带有屏蔽，封装在镀镍黄铜套筒中。875CP 型采用塑料套筒，不带屏蔽。两种型号均符合 NEMA 12 及 IP67（IEC 529）外壳标准。连接选件包括 PVC 电缆以及微型和超微型速断件。

管状电容式开关特性

1）金属、非金属固态和液态感应功能；

图 1-27　电容式接近开关

2）屏蔽金属（875C）和无屏蔽塑料（875CP）型；

3）可调感应距离；

4）2 线或 3 线操作；

5）PVC 电缆或快速断开型；

6）10～48V 直流或 24～240V 交流；

7）常开或常闭输出；

8）短路、过载、反极性、瞬时噪声防护。

管状电容式开关应用项目

1）木材、纸浆和造纸；

2）干燥物料和液位检测；

3）观察孔液位检测；

4）食品加工。

（3）超声波开关

如图 1-28 所示，873C 接近式超声波传感器可检测最大距离为 1m（3.3 ft）的固态和液态目标。此传感器有两种类型：带模拟量电压输出的背景抑制单元，或者带数字量输出的标准散射模式。

图 1-28　超声波开关

接近式超声波开关特性

1）3 线操作；

2）3 导线连接；

3）18～30V 直流；

4）模拟量或数字量（离散）输出；

5）金属、非金属固态和液态感应功能；

6）短路、假脉冲、反极性、过载和瞬时噪声防护；

7）可调感应距离（数字/离散型）；

8）可调背景抑制（模拟型）。

接近式超声波开关应用项目

1）物料输送；

2）包装；

3）食品加工；

4）运输。

2. 光电开关

1）9000 系列：9000 系列开关提供的密封技术，可帮助抵御反复高压和高温的侵袭。

2）RightSight：RightSight 光电开关具有工业标准的 18mm 圆柱体的独特直角设计，提供抵御高压侵袭的保护。

3）MiniSight：MiniSight 光电开关具有两线 AC/DC 或 DC 两种模式，提供工业标准机壳并提高其工业耐久性。

4）其他的光电开关

①在工业最小型光电开关系列中的超小型 42kA。

②自教、超高速和模拟输出 DIN 光纤开关。

③高性能背景抑制开关。

④明亮观测 ClearSight 亮通式物体检测器。

⑤直接连接设备网（DeviceNet）网络的开关。

⑥各种类型的光纤电缆和零件。

3. 行程开关

行程开关有多种设计、经久耐用的密封、前面安装功能和易于更改模式的功能。

1）插入式开关；

2）出厂前密封的开关；

3）IEC 标准式触点直接动作的行程开关，符合 IEC 947-5-1 标准。

4. 安全电缆拉动（Safety Cable-Pull）**开关和安全互锁**（Safety Key Interlock）**开关**

1）安全拉动开关可用于紧急停机系统；

2）互锁开关（按键式、铰链和螺线管键式）用于机器和自动流程保护。

全部具备直接接动作触点，符合 IEC 947-5-1 标准。安全互锁开关用于保护员工，一旦防护门被打开或者受保护的门被提升超出范围就停止危险的机器。这对于进入那些不常进入但需要做维护的设备来说是一个更经济的解决方案，如图 1-29 所示。

开关产品是工业应用中最广的，产品包括：

1）440K 舌片开关—最普遍的门互锁技术。其检测门的转动、滑动或者提升，通过在开关内的钥匙来打开。

2）440G 带锁防护开关—采用和 Bulletin440K 一样的操作原理，但增加了内部线圈来保持钥匙在开关体内的位置，允许安全系统将门锁定在正确的位置，直到机器的电源被隔离。

3）440H 转动开关—设计用于转动点的保护。因为它们不需要使用钥匙插入开关体的槽中，转动开关对于带有不规则门的机器或污染物可能会掉到钥匙孔里的应用是理想的选择。

4）440P 和 802T 位置（限位）开关—440P 开关以经济的 IEC 标准封装产品提供了满足 Machinery Directive 要求的安全触点。直接开断动作的 802T 限位开关是一种能提供可靠开断的安全触点，封装在与 NEMA 标准类似的外壳中，用于可靠控制及其他安全应用。如图 1-30 所示。

图 1-29　安全互锁开关

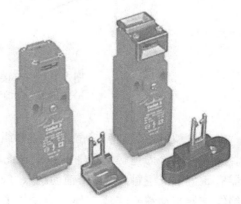

图 1-30　802T 限位开关

Bulletin 440N 非接触开关是用于多数机器的最简单的互锁技术。其磁触发安全触点执行器和开关之间不需要接触，设置、排列简单并减少了安装费用。非接触互锁意味着更低的损耗，更高的性能，并比其他互锁技术具有较高的抗扰动性。

1.5　接触器

接触器能频繁地接通或断开交直流主电路，实现远距离自动控制，主要用于控制电动机、电热设备、电焊机、电容器组等，具有低电压释放保护功能。接触器具有控制容量大、过载能力强、寿命长、设备简单经济等特点，是电力拖动自动控制电路中使用最广泛的电器元件之一。

接触器可分为直流接触器和交流接触器两类。直流接触器的线圈使用直流电，交流接触器的线圈使用交流电。

1.5.1　接触器的基本结构与工作原理

图 1-31a 所示是交流接触器的结构示意图，图 1-31b 所示是其符号。

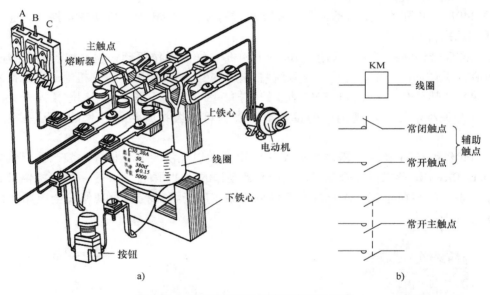

图 1-31　交流接触器的结构示意图及符号

a）交流接触器的结构　b）交流接触器的符号

电磁铁和触点是交流接触器的主要组成部分。电磁铁是由定铁心、动铁心和线圈组成的。触点可以分为主触点和辅助触点（图中没画辅助触点）两类。例如，CJ10-20 型交流接触器有 3 个常开主触点，4 个辅助触点（2 个常开，2 个常闭）。交流接触器的主、辅触点通过绝缘支架与动铁心连成一体，当动铁心运动时带动各触点一起动作。主触点能通过大电流，一般接在主电路中；辅助触点通过的电流较小，一般接在控制电路中。

触点的动作是由动铁心带动的。如图 1-31a 所示，当线圈通电时动铁心下落，使常开的主、辅触点闭合（电动机接通电源），常闭的辅助触点断开。当线圈欠电压或失去电压时，动铁心在支撑弹簧的作用下弹起，带动主、辅触点恢复常态（电动机断电）。

由于主触点通过的是主电路的大电流，在触点断开时触点间会产生电弧而烧坏触头，所以交流接触器一般都配有灭弧罩。交流接触器的主触点通常做成桥式，它有两个断点，以降低当触点断开时加在触点上的电压，使电弧容易熄灭。

1.5.2　接触器的技术参数

接触器的主要技术参数有：

1）额定电压：接触器的额定电压是指主触头的额定电压。交流有220V、380V和660V，在特殊场合应用的额定电压高达1140V，直流主要有110V、220V和440V。

2）额定电流：接触器的额定电流是指主触头的额定工作电流。它是在一定的条件（额定电压、使用类别和操作频率等）下规定的，目前常用的电流等级为10~800A。

3）吸引线圈的额定电压和频率：交流电压有36V、127V、220V和380V，频率有50Hz和60Hz。直流电压有24V、48V、220V和440V。

4）机械寿命和电气寿命：接触器是频繁操作电器，应有较高的机械和电气寿命，该指标是产品质量重要指标之一。

5）额定操作频率：接触器的额定操作频率是指每小时允许的操作次数，一般为300次/h、600次/h和1200次/h。

6）动作值：动作值是指接触器的吸合电压和释放电压。规定接触器的吸合电压大于线圈额定电压的85%时应可靠吸合，释放电压不高于线圈额定电压的70%。

1.5.3　MCS系列接触器概述

罗克韦尔自动化公司的MCS模块化电动机控制系统中的一般用途接触器为100-M、100-C、100-D和100-G系列。对于安全要求的场合，还可选用100-S系列接触器（9~85A）。

1）100-M系列小型接触器适用于配电柜空间特别有限的商用和轻负载应用场合，其宽度为45mm，但它的厚度小，比标准的IEC接触器所要求的配电柜深度浅。100-M系列小型接触器的负载范围是2.2~5.5kW（5.3~12A）。

2）100-C系列接触器是标准的IEC接触器，其负载范围是4~45kW（9~85A）。该系列的接触器都可以安装在35mm的DIN导轨上。另外，其线圈端子方向改变，可以在进线侧，也可以在负载侧接线，方便安装。

3）100-D系列接触器的负载范围是50~500kW（95~860A）。除了提供传统的交直流控制线圈外，该系列接触器还可提供具有集成电子接口的电子线圈，它一方面实现了可编程序控制器或者其他低电平信号源直接控制接触器动作的功能，另一方面大大降低了线圈功耗（不到传统线圈功耗1/5）。

4）100-G系列接触器的负载范围是315~710kW，可开关高达1200A的电动机负载；它具有辅助触点、机械联锁等完整配套附件，并且可以添加第四个中性极，提供最大的灵活性，以满足各种应用需求。

100-M、100-C、和100-D系列接触器都可以和193系列的电子型过载保护继电器配用，构成紧凑、灵活的电动机起动器，如图1-32所示。

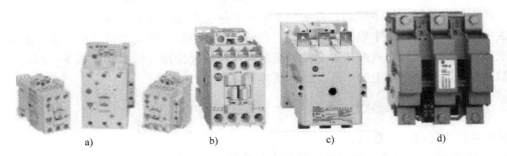

图 1-32　MCS 模块化电动机控制系统

a) 100-M　b) 100-C　c) 100-D　d) 100-G

1.5.4　接触器的选择

接触器的选择主要依据以下几方面：

1）根据负载性质选择接触器的类型。

2）额定电压应大于或等于主电路工作电压。

3）额定电流应大于或等于被控电路的额定电流。对于电动机负载还应根据其运行方式适当增大或减小。

4）吸引线圈的额定电压与频率要与所在控制电路的选用电压和频率相一致。

罗克韦尔公司 IEC 接触器分为标准接触器、安全接触器、小型接触器和电容器开关接触器四种类型。

1. 标准接触器

罗克韦尔公司的标准接触器包括 100-C/104-C IEC 接触器、100-D/104-D IEC 接触器和 100-G IEC 接触器等型号，如图 1-33 所示。

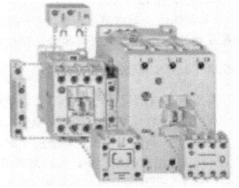

图 1-33　标准接触器

100-C 在标准接触器中提供节省空间的设计，100-D 通过集成 PLC 接口实现灵活性。100-G 接触器系列对 1200A（AC3）到 1350A（AC1）的 100 接触器系列提供重要扩展。

1）100-C/104-C IEC 接触器

- 4～55kW；

- 5～75Hp（9～97A）；

- 辅助触点的正面和侧面安装；

- 电子和气动定时模块；

- 节省空间的线圈安装控制模块；

- 可逆线圈接线端（进线侧或负载侧）。

2）100-D/104-D IEC 接触器

- 63～500kW（400V 时）；

- 75 ~ 600Hp（460V 时）；
- 100 ~ 700Hp（575V 时）；
- 集成 PLC 接口；
- 小功率接触和保持。

3）100-G IEC 接触器
- 315 ~ 710kW（400V 时）；
- 350 ~ 900Hp，460/575V；
- 水平和垂直互锁；
- 机械锁定。

4）标准接触器特性
- 低功耗直流线圈；
- 很多统一面板安装尺寸；
- 小尺寸，适合有限的面板空间；
- 提供安全型号；
- 大电流设备。

2. 安全接触器

罗克韦尔公司的安全接触器有 100S-C/104S-C 安全接触器和 100S-D 安全接触器两种型号，如图 1-34 所示。

100S/104S IEC 安全接触器和 700S 安全控制继电器提供高达 85 A 的机械连接正导向触点，现代安全应用项目的反馈电路中需要这些触点。100S-D 安全接触器使用镜像触点性能提供危险运动负载的安全隔离。镜像触点提供有关主电源电极的打开或关闭状态的可靠指示。

1）100S-C/104S-C 安全接触器
- 机械连接的常闭辅助触点；
- 正面安装的辅助触点；
- 交流和直流操作线圈；
- SUVA 第三方认证。

2）100S-D 安全接触器
- 50 ~ 500kW（400V 时）；
- 60 ~ 600Hp（460V 时）；
- 75 ~ 700Hp（575V 时）；
- 电子线圈和传统线圈。

3）安全接触器特性
- 红色触点护盖，方便识别；
- 交流和直流操作线圈；
- 全系列附件。

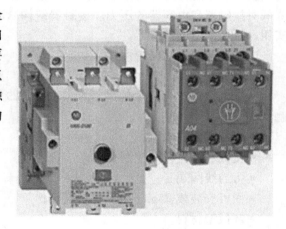

图 1-34　安全接触器

3. 小型接触器

罗克韦尔公司的小型接触器为 100-K/104-K 小型接触器，如图 1-35 所示。

100-K IEC 小型接触器适用于面板空间有限的商业和轻工业应用项目。这些小型设备宽度为 45mm，与标准 IEC 接触器相比，比较薄且对面板的深度要求较小。100-K 小型接触器是 100-M 接触器系列的替换产品系列。

100-K/104-K 小型接触器特性：

- 交流和直流的尺寸相同；
- 全压非反转和反转接触器；
- 5、9 和 12A 接触器，额定电压 690V；
- IP2X 手指保护；
- 可选的集成浪涌抑制器；
- 与 Bulletin 193-K 双金属过载继电器兼容；

图 1-35　小型接触器

- 主单元上符合 IEC 60947-4-1 的镜像触点以及符合 IEC 60947-5-1 的机械链接触点。

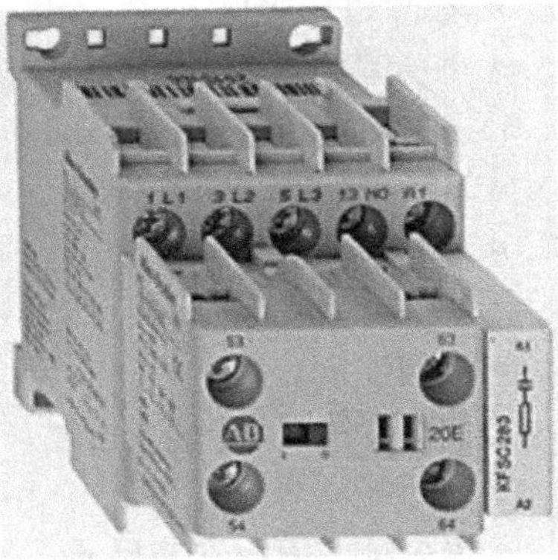

4. 电容器开关接触器

罗克韦尔公司的电容器开关接触器为 100Q-C 电容器开关接触器，如图 1-36 所示。

100Q-C 电容器开关接触器适用于开关电容器组。前面安装的电阻器元件可限制过高的浪涌电流。这样可降低对接触器和电容器的压力。接触器结构紧凑，经济实用，不使用空心电抗器。

电容器开关接触器特性：

- 小尺寸；
- 单个设备包含 2 个辅助触点和带电阻的先合后断触点；
- 限制高浪涌电流；
- 交流和直流线圈控制；
- 可逆线圈端子；
- 面板安装或 35mm DIN 导轨安装；
- 环保型材料。

图 1-36　电容器开关接触器

1.6　继电器

继电器是一类用于监测各种电量或非电量的电器，广泛用于电动机或线路的保护以及生产过程自动化控制。

一般来说，继电器通过测量环节输入外部信号（比如电压、电流等电量或温度、压力、速度等非电量）并传递给中间机构，将它与设定值（即整定值）进行比较，当达到整定值时（过量或欠量），中间机构就使执行机构产生输出动作，从而闭合或分断电路，达到控制电路的目的。

常用的继电器有电压继电器、电流继电器、时间继电器、速度继电器、压力继电器、热与温度继电器等。罗克韦尔公司的继电器产品包括通用继电器、IEC 工业继电器、NEMA 工业继电器、安全继电器、固态型继电器、通用延时继电器和 NEMA 工业延时继电器等类型。

1. 通用继电器

罗克韦尔公司的通用继电器有 700-HA 管座、700-HB 方形基座、700-HC 微型"透明壳"、700-HD 凸缘架方形基座、700-HF 微型方形基座、700-HG 功率继电器、700-HHF 凸缘架功率、700-HJ 磁闭锁、700-HK 细长型、700-HL 端子块式、700-HP PCB 插针式、700-HTA 交替几种类型，如图 1-37 所示。参数见表 1-7。

其中管座继电器特别适用于机械工具、纸浆造纸和运输 OEM 应用项目。

图 1-37　通用继电器

表 1-7　通用继电器参数

	700-HA	700-HB	700-HD	700-HF
安装类型	插入	插入	法兰安装	插入
载流能力/A	10	15	15	10
2DPDT	是	是	是	是
3DPT	是	是	是	是
4DPT	否	否	否	是

管座继电器特性：
- 管座/八进制（8 或 11 针）端子；
- 面板上的电气示意图，方便肉眼检查的透明盖板，啮合标记功能；

- DPDT 或 3PDT；
- 10A，B300 触点等级；
- 标准开/关信号指示灯；
- 标准分叉型或镀金分叉型触点；
- 可选发光状态指示器，按压测试和手动操控。

2. 固态型继电器

罗克韦尔公司的固态型继电器有 700-SA 管座、700-SC 透明壳、700-SE 扁平外壳、700-SF 方形基座、700-SH 冰球式和 700-SK 细长型几种类型，如图 1-38 所示。参数见表 1-8。

图 1-38　固态型继电器

表 1-8　固态型继电器参数

	700-SH	700-SK
理想应用	高频率转换和高震动应用	传统 SSR 应用的输出模块
安装类型	表盘	插入

（续）

	700-SH	700-SK
电流负载/A	10～100	1.5～2
1 N. O. Contact	是	是
可选的 LED	是（标准）	是

其中 700-SA 管座固态型继电器的负载输出电流额定值为 5 A。

管座固态型继电器特性：

- 5 A（阻性）最大连续负载输出电流；
- 264V 交流或 125V 直流最大负载电压选项；
- 控制和负载电压间具有光耦合器隔离；
- 明亮状态指示灯（标准），用于输入/逻辑开/关状态监视；
- 与 700-HN100、-HN125、-HN 202 或 -HN108 特殊插座兼容；
- 700-HT2 定时模块。

图 1-39　通用延时继电器

3. 通用延时继电器

罗克韦尔公司的通用延时继电器有 700-FE 经济型、700-FS 高性能、700-HLF 端子块式、700-HNC 微型、700-HNK 超薄型、700-HR 拨盘型、700-HT 管座、700-HV 重复循环、700-HX 多功能数字和 700-HXM 预置计数器几种类型，如图 1-39 所示。参数见表 1-9。

表 1-9　通用延时继电器参数

	700-HR	700-HNC	700-HT	700-HX	700-HLF	700-FE	700-FS
安装类型	插入	插入	插入	插入/表盘	DIN 导轨	DIN 导轨	DIN 导轨
载流能力	5	5	10	5	6	5	8
SPDT	否	是	是	是	是	否	是
DPDT	是	否	是	否	否	否	是
4PDT	否	是	否	是	否	否	否
自适应计时	是	是	是	是	是	是	是
可选功能/计时模式	否	否	是	否	否	否	否
单一计时模式功能	是	是	否	是	是	是	是

其中 700-HA 管座继电器特别适用于机械工具、纸浆造纸和运输 OEM 应用项目。

管座继电器特性：

- 管座/八进制（8 或 11 针）端子；
- 面板上的电气示意图，方便肉眼检查的透明盖板，啮合标记功能；
- DPDT 或 3PDT；
- 10A，B300 触点等级；
- 标准开/关信号指示灯；

- 标准分叉型或镀金分叉型触点；
- 可选发光状态指示器，按压测试和手动操控。

1.6.1 普通电磁式继电器

普通电磁式继电器的结构、工作原理与接触器类似，主要由电磁机构和触头系统组成，但没有灭弧装置，不分主副触头。与接触器的主要区别在于：能灵敏地对电压、电流变化做出反应，触头数量很多但容量较小，主要用来切换小电流电路或用作信号的中间转换。

中间继电器是一种大量使用的继电器，它具有记忆、传递、转换信息等控制作用，也可用来直接控制小容量电动机或其他电器。中间继电器的结构与交流接触器基本相同，只是其电磁机构尺寸较小、结构紧凑、触点数量较多。由于触头通过电流较小，所以一般不配置灭弧罩。

选用中间继电器时，主要考虑线圈电压以及触点数量。

1.6.2 热继电器

热继电器主要用来对电器设备进行过载保护，使之免受长期过载电流的危害。

热继电器主要组成部分是热元件、双金属片、执行机构、整定装置和触点。图1-40a所示的是热继电器结构示意图，图1-40b所示是其符号。

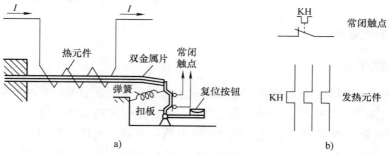

图1-40 热继电器结构示意图及其符号
a）热继电器结构示意图 b）热继电器的符号

发热元件是电阻不太大的电阻丝，接在电动机的主电路中。双金属片是由两种不同膨胀系数的金属碾压而成。发热元件绕在双金属片上（两者绝缘）。

设双金属片的下片较上片膨胀系数大。当主电路电流超过容许值一段时间后，发热元件发热使双金属片受热膨胀而向上弯曲，以致双金属片与扣板脱离。扣板在弹簧的拉力作用下向左移动，从而使常闭触点断开。因常闭触点串联在电动机的控制电路中，所以切断了接触器线圈的电路，使主电路断电。发热元件断电后双金属片冷却可恢复常态，这时按下复位按钮使常闭触点复位。

热继电器是利用热效应工作的。由于热惯性，在电动机起动和短时过载时，热继电器是不会动作的，这样可避免不必要的停机。在发生短路时热继电器不能立即动作，所以热继电器不能用作短路保护。

热继电器的主要技术数据是整定电流。所谓整定电流，是指当发热元件中通过的电流超过此值的 20% 时，热继电器会在 20 分钟内动作。每种型号的热继电器的整定电流都有一定范围，要根据整定电流选用热继电器。例如，JR0-40 型的整定电流从 0.6～40A，发热元件有九种规格。整定电流与电动机的额定电流基本一致，使用时要根据实际情况通过整定装置进行整定。

罗克韦尔公司的热继电器为 817S 热继电器，如图 1-41 所示。

817S 热继电器可提供一流的辅助电机保护功能，这些功能可轻易添加和应用到电动机控制电路中。

817S 热继电器产品的特性：

针对过热状况为设备提供保护。

817S 热继电器应用项目：

- 鼓风机
- 压缩机
- 传送带
- 切削机和钻床
- 风扇
- 搅拌机
- 泵
- VFD 控制电动机

图 1-41　热继电器

1.6.3　时间继电器

时间继电器是一种利用电磁或机械动作原理实现触头延时通或断的自动控制电器。常用的有电磁式、空气阻尼式、电动式和晶体管式等。目前，电子式时间继电器正在被广泛的应用。

图 1-42 所示是空气阻尼式通电延时时间继电器的结构示意图和符号。

空气阻尼式时间继电器是利用空气阻尼作用来达到延时控制目的。其原理为：

当电磁铁的线圈 1 通电后，动铁心 2 被吸下，使动铁心 2 与活塞杆 3 下端之间出现一段距离。在释放弹簧 4 的作用下，活塞杆向下移动，造成上空气室空气稀薄，活塞受到下空气室空气的压力，不能迅速下移。当调节螺丝 10 时可改变进气孔 7 的进气量，可使活塞以需要的速度下移。活塞杆移动到一定位置时，杠杆 8 的另一端撞压微动开关 9，使微动开关 9 中的触点动作。

当线圈断电时，依靠恢复弹簧 11 的作用使铁心弹起微动

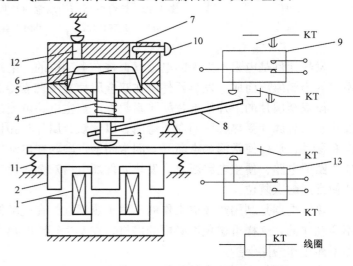

图 1-42　通电延时的时间继电器结构与符号

开关 9 中的触点立即复位。空气由出气孔 12 被迅速排出。

瞬时动作的微动开关 13 中的触点，在电磁铁的线圈通电或断电时均为立即动作。

如图 1-42 所示的时间继电器触点分为两类：微动开关 9 中有延时断开的常闭触点和延时闭合的常开触点，微动开关 13 中有瞬时动作的常开触点和常闭触点。

时间继电器也可做成断电延时型，详细内容查看相关资料。

空气式时间继电器与电磁式和电动式时间继电器比较，其结构较简单，但准确度较低。电子式时间继电器体积小、重量轻、耗电少，定时的准确度高，可靠性好。晶体管式时间继电器也称为半导体式时间继电器，它主要利用电容对电压变化的阻尼作用作为延时环节而构成，其特点是延时范围广、精度高、体积小、便于调节和寿命长。

罗克韦尔公司的时间继电器有 700-FSH3VU23、700-FEA3TU23、700-HRF82DU25C、700-FSM4UU23、FSE3、700-FSM3UU23、190-HS1E、190-HS4E、700-FSA3UU23 和 700-FS-101JZ12 等多种型号。

以 700-HRF82DU25C 时间继电器为例，如图 1-43 所示。参数见表 1-10。

图 1-43　时间继电器

表 1-10　产品参数

型号	700-HRF82DU25C	产品系列	700-HRF
应用范围	时间	触点形式	二开二闭
额定电压/V	AC/DC24	电流性质	直流
外形	小型	功率负载	小功率

1.6.4　速度继电器

速度继电器主要由转子、定子和触头三部分组成，转子是一个圆柱形永久磁铁，定子是一个笼形空心圆环，由硅钢片叠成，并装有笼型绕组。

速度继电器工作原理：速度继电器转子的轴与被控电动机的轴相连接，而定子空套在转子上。当电动机转动时，速度继电器的转子随之转动，定子内的短路导体便切割磁场，产生感应电动势，从而产生电流，此电流与旋转的转子磁场作用产生转矩，于是定子开始转动，当转到一定角度时，装在定子轴上的摆锤推动簧片动作，使常闭触头分断，常开触头闭合。当电动机转速低于某一值时，定子产生的转矩减小，触头在弹簧作用下复位。

罗克韦尔公司的速度继电器产品为 MSR57P 速度继电器，如图 1-44 所示。

MSR57P 速度继电器产品参数见表 1-11。

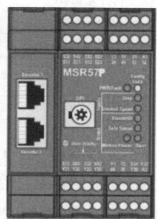

图 1-44　速度继电器

表 1-11　MSR57P 速度继电器产品参数

标准	IEC/EN60204-1、ISO12100、IEC 61800-5-2
电源	DC 24V，0.8…1.1 x 额定电压 PELV/SELV
MSR57P 的总电流/A	最大 10.4（终端 A1 + 13）
功耗/W	5
最大通电延迟/s	3
安装	35mm DIN 导轨
重量（近似值）/g	350（0.77 磅）
工作温度	−5 ~ 55 °C（23 ~ 131 °F）
相对湿度	90% RH，无凝结

1.6.5　电压继电器

　　电压继电器可以对所接电路上的电压高低做出动作反应，分过电压继电器、欠电压继电器和零电压继电器。过电压继电器在额定电压下不吸合，当线圈电压达到额定电压的 105% ~ 120% 以上时动作。欠电压继电器在额定电压下吸合，当线圈电压降低到额定电压的 40% ~ 70% 时释放；零电压继电器在额定电压下也吸合，当线圈电压达到额定电压的 5% ~ 25% 时释放。常用来构成过电压、欠电压和零电压保护。

图 1-45　电压继电器

　　罗克韦尔公司的电压继电器为 813S 电压继电器，如图 1-45 所示。各种参数见表 1-12 和表 1-13。

表 1-12　单相 813S 电压继电器参数

类　　型	813S-V1-500V-48	813S-V1-500V-230
测量范围/V	AC/DC 2 ~ 500	AC/DC 2 ~ 500
内置电阻/kΩ	500	500
1 秒最大电压/V	1000	1000
体积（宽×高×长）/mm³	22.5 ×80 ×99.5	22.5 ×80 ×99.5

表 1-13　三相 813S 电压继电器参数

类型	813S-V3-110V	813S-V3-230V	813S-V3-400V	813S-V3-480V	813S-V3-690V
供应	AC 110 ~ 115V	AC 208 ~ 240V	AC 380 ~ 415V	AC 440 ~ 480V	AC 600 ~ 690V
频率	50 ~ 400Hz	50 ~ 400Hz	50 ~ 400Hz	50 ~ 400Hz	50 ~ 400Hz
体积	45 ×80 ×99.5	45 ×80 ×99.5	45 ×80 ×99.5	45 ×80 ×99.5	45 ×80 ×99.5

　　813S 电压继电器产品特性：

● 欠电压和过电压；

- 相间不平衡；
- 反相；
- 进线电源线路的电压质量。

813S 电压继电器应用项目：
- 泵；
- 风扇；
- 鼓风机；
- 压缩机。

1.6.6　电流继电器

电流继电器的线圈被做成阻抗小、导线粗、匝数少的电流线圈，串接在被测量的电路中（或通过电流互感器接入），用于检测电路中的电流是否越限。电流继电器分过电流继电器和欠电流继电器。

过电流继电器在电路额定电流下正常工作时不动作，当电流超过整定值时电磁机构动作，整定范围为额定电流的 1.1 ~ 1.4 倍。欠电流继电器在电路额定电流下正常工作时处在吸合状态，当电流降低到额定电流的 10% ~ 20% 时，继电器释放。

1.6.7　固态继电器

固态继电器是一种新型无触点继电器，它能够实现强、弱电的良好隔离，其输出信号又能够直接驱动强电电路的执行元件，与有触点的继电器相比具有开关频率高、使用寿命长、工作可靠等突出特点。

固态继电器有多种产品，以负载电源类型可分直流型固态继电器和交流型固态继电器，直流型以功率晶体管作为开关元件，交流型以晶闸管作为开关元件；以输入、输出之间的隔离形式可分为光电耦合隔离和磁隔离型；以控制触发的信号可分为：过零型和非过零型，有源触发型和无源触发型。

固态电子继电器的使用注意事项：

1）固态继电器选择时应根据负载类型（阻性、感性）来确定，并且要采用有效的过电压吸收保护。

2）过电流保护应采用专门保护半导体器件的熔断器或动作时间小于 10ms 的自动开关。

近年来，各种控制电器的功能和造型都在不断地改进提高，要及时了解各种电器的性能并积极使用新的产品，以提高工作效率和保证系统的可靠性。

1.6.8　E3 和 E3 PLUS 电子过载继电器

罗克韦尔自动化公司 E3 和 E3 PLUS 电子过载继电器包括 193-EC1 电子型电机保护继电器、193-EC2 电子型电动机保护继电器、193-EC3 电子型电动机保护继电器、193-EC4 电流监视继电器和带电压监视的 193-EC5 过载继电器几种型号，如图 1-46 所示。

193/592 E3 和 E3 Plus 电子式过载继电器提供增强的保护、控制以及预防性维护功能，能实现高效的电动机管理，有助于预防停机并最大程度地缩短停机时间。

● 重要保护功能有助于防止电动机被损坏，提前指示电动机运行异常；

● 除了提供无缝的控制，DeviceNet 网络通信模块还可以用于直接读取电动机性能和诊断数据。

E3 和 E3 PLUS 电子过载继电器特性：

● 适应宽泛的电流范围（0.4～5000 A）；

● 可执行真均方根（RMS）电流检测（20～250Hz）；

● 电流调节范围广（5:1）；

● 提供 IEC 和 NEMA 配置；

● 可调脱扣等级为 5～30；

● 包含集成的 I/O；

● 标配 DeviceNet™通信功能；

● 支持 DeviceLogix™。

E3 和 E3 PLUS 电子过载继电器益处，提供重要的电动机保护功能：

|193/592–EC|1193/592–EC|2193/592–EC3|

图 1-46　电子过载继电器

● 电流保护；

● 电压保护；

● 功率保护；

● 包含诊断功能、电动机诊断、预防性维护诊断、电源监控。

E3 和 E3 PLUS 电子过载继电器优势：

● 提供详尽的通信和诊断日志，便于实现继电器对电动机的控制；

● 可简化控制架构。

E3 和 E3 PLUS 电子过载继电器应用领域：

● 鼓风机；

● 压缩机；

● 风机；

● 泵；

● 传送带；

● 切割机与钻床；

● 搅拌机；

● 变频控制电动机。

EC1 型继电器是一款满足电动机管理需求的经济型解决方案。它为非可逆起动器提供了基本的诊断和电动机控制。双输入，单输出。

EC2 型提供诊断功能、接地故障电流检测以及其他一些控制功能。EC2 还提供可逆起动器的电动机控制功能，是采矿、水和废水应用场合的理想选择。

● 四输入，双输出；

● PTC 和 DeviceLogix；

● 内部接地故障电流值 1～5A。

EC3 型除具备 EC2 所有的特性之外，还提供外部接地故障电流检测功能。它拥有更大的检测范围（达 20 mA），也是重型采矿、水和废水应用场合的理想选择。

- 四输入，双输出；
- PTC 和 DeviceLogix；
- 外部接地故障电流值 20mA ~ 5A。

1.6.9 MCS 过载保护继电器

过载保护继电器视为电动机提供过载保护的低压电器产品，它主要与接触器配合使用。MCS 模块化电动机控制系统中包含 193-E、193-CT、193-M 和 193-T 4 个系列的过载保护继电器，其中 193-M 和 193-E 如图 1-47 所示。

1）193-M、193-T、193-CT 是传统的双金属型热过载保护继电器，能够满足断相保护等普通保护需求，它们的脱扣等级为 10。193-CT 的整定电流范围为 0.1 ~ 17.5A，它可以直接安装在 100-C 接触器（9 ~ 23A）上。193-M 的整定电流范围为 0.1 ~ 12.5A，它可以直接安装在 100-M 接触器（5 ~ 12A）上。193-T 的整定电流范围为 0.1 ~ 90A，其中整定电流范围为 0.1 ~ 75A 的 193-T 可以直接安装在 100-C 接触器（9 ~ 85A）上，也可以独立安装；而整定电流范围为 70 ~ 90A 的 193-T 只能独立安装。

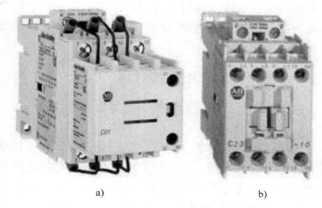

图 1-47　过载保护继电器
a) 193-M　b) 193-E

2）193-E 是电子型过载保护继电器，提供最有效的断相保护和最宽的整定电流范围。

193-EA、193-EB、193-ES 的整定电流范围为 0.1 ~ 85A，其特点是不需要外加供电电源，功耗低，仅 150mW，脱扣等级可选。193-EA、193-EB 脱扣等级为 10 或 20，193-EB 的脱扣等级为 10、15 或者 20。另外，193-EB 还提供接地故障保障和堵转/失速保护。

1.7　习题

1. 用刀开关切断感性负载电路时，为什么触头会产生电弧？
2. 在按下和释放按钮时，其常开和常闭触点是怎样动作的？
3. 额定电压为 220V 的交流接触器线圈误接入 380 伏电源中，会出现什么现象？
4. 交流接触器频繁操作（通、断）为什么会发热？
5. 交流接触器的线圈通电后若动铁心长时间不能吸合，会发生什么后果？
6. 热继电器为什么不能用作短路保护使用？
7. 图 1-15 所示的时间继电器，其定时时间如何计算？

第 2 章　电气控制电路基础

2.1　电气控制系统图的分类及有关标准

　　电气控制系统是由多个电器元件按照一定的要求连接而成的。为了表达生产机械电气控制系统的结构、原理等设计意图，同时也为了便于电气系统的安装、调整、使用和维修需要将电气控制系统中各电器元件的组成、布置及其连接方式用工程图样形式描述出来，这就是电气控制系统图。

2.1.1　电气控制系统图的分类

　　电气控制系统图一般包括三种类型：电气原理图、电器布置图和电气安装接线图。

　　1. 电气原理图

　　为便于阅读与分析，电气原理图是根据简单、清晰的原则，采用电器元件展开的形式绘制而成。电气原理图只表示电器元件的导电部件之间的接线关系，并不反映电器元件的实际位置、形状、大小和安装方式。

　　2. 电器元件布置图

　　电器元件布置图主要是用来表明电气设备上所有电动机、电器的实际位置，为电气控制设备的制造、安装、维修提供必要的资料。

　　3. 电气安装接线图

　　电气安装接线图是用于电气设备和电器元件的配线、安装和检修的，表示电气设备各个单元之间的接线关系，并标注出外部接线所需的数据。实际工作中接线图常与电气原理图结合起来使用。

2.1.2　电气原理图的绘制原则

　　绘制电气原理图时应遵循以下基本原则：

　　（1）主电路和辅助电路要分开画

　　主电路是电源与负载相连的电路，通过较大的负载电流。一般画在原理图的左边。由按钮、接触器线圈、时间继电器线圈等组成的电路称辅助电路，也称为控制电路，其电流较小，主要包括控制回路、照明电路、信号电路及保护电路等部分，一般画在原理图的右边。主电路和控制电路可以使用不同的电压。

　　（2）各电器元件采用统一标准的图形和文字符号表示

　　所有电器元件的图形、文字符号必须采用国家统一标准。同一电器上的各组成部分可能分别画在主电路和控制电路里，但要使用相同的文字符号。常用电动机、电器的图形符号和文字符号见表2-1。

表 2-1　常用电机、电器的图形符号和文字符号

名　称	图形符号	文字符号	名　称		图形符号	文字符号
三相笼型异步电动机	(M 3~)	D	按钮触点	常开		SB
				常闭		
三相绕线式异步电动机	(M 3~)	D	接触器吸引线圈 继电器吸引线圈			KM KA（U，I）
直流电动机	(M)	ZD	接触器触点	主触点		KM
				辅助触点	常开	
					常闭	
单相变压器		T	时间继电器	常开延时闭合		KT
				常闭延时断开		
				常开延时断开		
三极开关		QK		常闭延时闭合		
熔断器		FU	行程开关触点	常开		
				常闭		
信号灯	⊗	HL	热继电器	动断触点		FR
				热元件		

（3）电器上的所有触点均按常态画

所有电器上的触点均按没有通电和没有发生机械动作时的状态（即常态）来画。

（4）画控制电路图的顺序

控制电路的电器一般按动作顺序自上而下排列成多个横行（也称为梯级），电源线画在两侧。各种电器的线圈不能串联连接。

（5）交叉线看有没有接线关系

有接线关系的十字交叉线要用黑圆点表示，无接线关系的十字交叉点不画黑圆点。

电气原理图中，图样上方或下方的 1、2、3、…等数字是图区编号，它是为了便于检索电气线路，方便阅读分析，避免遗漏而设置的。图区编号下方或上方可按一定图区范围注明电路的功能。

电气原理图中，为表示接触器或继电器线圈及常开常闭接点各部分之间的控制关系还会标有图区索引号。如图 2-1 所示在 KM$_1$、KA 的下方标有图区索引号，其中左栏索引数字 2、2、2 表示 KM$_1$ 的三对主触头所在图区号，中栏 7 表示有一对常开触点在 7 区，右栏 13 表示其一对常闭触点在 13 区。而所有 × 表示触点闲置未使用。

图 2-1　图区索引号示例

对于继电器触点图区号索引采用类似的方式，区别在于没有主副触点之分，如 KA 下方只有左右两栏，其中左栏 7、9、11 表示 KA 的常开触点所在图区号，右栏中 11 表示其常闭触点所在图区号，所有 × 表示未使用触点。

此外，电气原理图中电器元件技术数据通常用小号字体注在电器符号下面，如热继电器动作电流值范围和它的整定值等。

2.2　三相笼型异步电动机的基本控制

电力拖动控制电路通常都是由若干单一功能的基本线路组合而成。这些基本的控制电路包括直接起停控制、点动控制、异地控制、正反转控制及联锁控制等。熟练掌握这些基本控制电路的组成、工作原理将对电气控制电路的阅读分析和控制电路的综合设计提供很大帮助。

2.2.1　全压起动控制电路

所谓三相异步电动机的全压起动是指起动时将额定电压直接加到电动机的定子绕组上。全压起动的电路简单，但是起动电流大。通常，对于起动频繁的场合，允许直接起动电动机容量不大于变压器容量的 20%，对不经常起动者，直接起动的电动机容量不大于变压器容量的 30%。通常对容量小于 10kW 的笼型异步电动机采用直接全压起动方式。

图 2-2 所示是具有短路、过载和失电压保护的笼型电动机直接起停控制的原理图。图中，由刀开关 Q、熔断器 FU、接触器 KM 的三个主触点、热继电器 FR 的发热元件、笼型电动机 M 组成主电路。

控制电路接在 1、2 两点之间（也可接到别的电源上）。SB$_1$ 是一个按钮的常开触点，SB$_2$ 是另一个按钮的常开触点。接触器的线圈和辅助常开触点均用 KM 表示。FR 是热继电器的常闭触点。

1. 控制原理

在图 2-2 中，合上开关 Q，为电动机起动做好准备。按下起动按钮 SB_2，控制电路中接触器 KM 线圈通电，其三个主触点闭合，电动机 M 通电并起动。松开 SB_2，由于线圈 KM 通电时其常开辅助触点 KM 也同时闭合，所以线圈通过闭合的辅助触点 KM 仍继续通电，从而使其所属常开触点保持闭合状态。与 SB_2 并联的常开触点 KM 叫自锁触点。按下 SB_1，KM 线圈断电，接触器动铁心释放，各触点恢复常态，电动机停转。

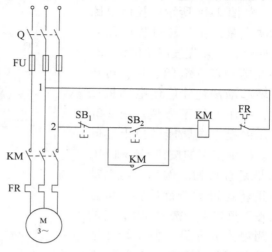

图 2-2　笼型电动机直接起停控制电路

2. 保护措施

（1）短路保护

图 2-2 中的熔断器起短路保护作用。一旦发生短路，其熔体立即熔断，可以避免电源中通过短路电流。同时切断主电路，电动机立即停转。

（2）过载保护

热继电器起过载保护作用。当过载一段时间后，主电路中的元件 FR 发热使双金属片动作，使控制电路中的常闭触点 FR 断开，因而接触器线圈断电，主触点断开，电动机停转。另外，当电动机在单相运行时（断一根电源线），仍有两个热元件通有过载电流，从而也保护了电动机不会长时间单相运行。

（3）失电压保护

交流接触器在此起失电压保护作用。当暂时停电或电源电压严重下降时，接触器的动铁心释放而使主触点断开，电动机自动脱离电源而停止转动。当复电时，若不重新按下 SB_2，电动机不会自行起动。这种作用称为失电压或零电压保护。如果用刀开关直接控制电动机，而停电时没有及时断开刀开关，复电时电动机会自行起动。必须指出，如图 2-2 所示，如果将 SB_2 换成不能自动复位的开关，那么即使用了接触器也不能实现失电压保护。

2.2.2　正反转控制电路

在生产上往往要求运动部件可以向正反两个方向运动。例如，机床工作台的前进与后退，主轴的正转与反转，起重机的提升与下降等。

欲使三相异步电动机反转，将电动机接入电源的任意两根连线对调一下即可。图 2-3 所示就是实现这种控制的电路。从图 2-3a 可见，如果两个接触器同时工作，通过它们的主触点会造成电源短路。所以对正反转控制电路最根本的要求是：必须保证两个接触器不能同时工作，这种控制称为互锁或联锁。

如图 2-3b 所示的控制电路中，正转接触器 KM_F 的常闭辅助触点与反转接触器 KM_R 的线圈串联，而反转接触器 KM_R 的常闭辅助触点与正转接触器 KM_F 的线圈电路串联，则这两个常闭触点称为互锁触点。这样，当正转接触器线圈通电，电动机正转时，互锁触点 KM_F 断

开了反转接触器 KM_R 线圈的电路，因此，即使误按反转起动按钮 SB_R，反转接触器也不能通电；而当反转接触器线圈 KM_R 通电、电动机反转时，互锁触点 KM_R 断开了正转接触器 KM_F 的线圈电路，因此，即使误按正转起动按钮 SB_F，正转接触器也不能通电，实现了互锁。

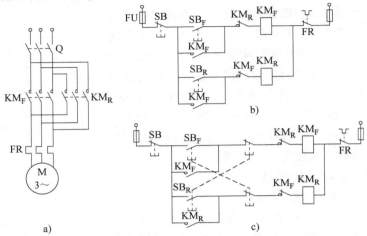

如图 2-3b 所示的控制电路的缺点是，在正转过程中需要反转时，必须先按停止按钮 SB，待互锁触点 KM_F 闭合后，再按反转起动按钮才能使电动机反转，操作上很不方便。图 2-3c 所示的控制电路能解决上述问题。图中使用的按钮 SB_R 和 SB_F 都是复合按钮。例如，当电动机正转运行时若欲反转，可直接按下反转起动按钮 SB_R，它的常闭触点先断开，使正转接触器线圈 KM_F 断电、其主触点 KM_F 断开，反转控制电路中的常闭触点 KM_F 恢复闭合，当按钮 SB_R 的常开触点后闭合时，反转接触器线圈 KM_R 就能通电，电动机即实现反转。

图 2-3　笼型电动机的正反转控制电路

2.2.3　点动控制电路

所谓点动控制，就是按下起动按钮时电动机转动，松开按钮时电动机停转。若将图 2-2 中与 SB_2 并联的 KM 去掉，就可以实现点动控制，但是这样处理后电动机就只能点动运行。

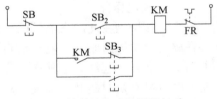

如果既需要点动又需要连续运行（也称长动）时，可以对自锁触点进行控制。当需要点动时，通过按下点动按钮将自锁支路断开，自锁触点 KM 不起作用，只能对电动机进行点动控制；当需要长动时，自锁支路接通。控制电路如图 2-4 所示。

图 2-4　既可以点动又可以长动

图 2-4 中，起动、停止、点动各用一个按钮。按住点动按钮 SB_3 时，其常闭触点先断开、常开触点后闭合，电动机起动；当松开按钮 SB_3 时，其常开触点先断开、常闭触点后闭合，电动机停转，实现点动控制。按下长动按钮 SB_2，KM 辅助触点闭合，断开 SB_2，电动机仍旋转，实现长动控制。

2.2.4　多点控制电路

所谓多点控制，也称为异地控制，就是在多处设置的控制按钮，均能对同一台电动机实施起停等控制。

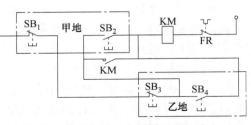

图 2-5 所示为在两地控制一台电动机的电路图，其接线原则：两个起动按钮必须并联，两个停车按钮必须串联。

图 2-5　两地控制一台电动机的电路

在甲地：按 SB_2，控制电路电流经过 KM→线圈 KM→SB_2→SB_3→SB_1 构成通路，线圈 KM 通电，电动机起动。松开 SB_2，触点 KM 进行自锁。按下 SB_1，电动机停止。

在乙地：按 SB_4，控制电路电流经过 KM→线圈 KM→SB_4→SB_3→SB_1 构成通路，线圈 KM 通电，电动机起动。松开 SB_4，触点 KM 进行自锁。按下 SB_3，电动机停止。

从图 2-5 可以看出，由甲地到乙地只需引出三根线，再接上一组按钮即可实现异地控制。同理，从乙地到其他地方也可照此办理。

2.2.5　顺序控制电路

在生产实践中，常见到多台电动机拖动一套设备的情况。为了满足各种生产工艺的要求，多台电动机的起、停等动作常常有顺序上和时间上的约束。

如图 2-6 所示的主电路有 M_1 和 M_2 两台电动机，起动时，只有 M_1 先起动、M_2 才能起动；停车时，只有 M_2 先停，M_1 才能停。

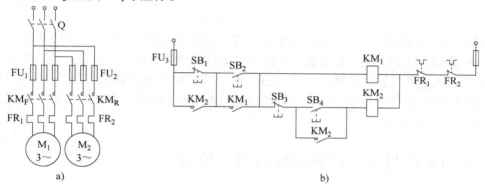

图 2-6　两台电动机联锁控制

a）主电路　b）控制电路

起动的操作为：按下 SB_2，接触器 KM_1 通电并自锁，使 M_1 起动并运行。此后再按下 SB_4，接触器 KM_2 通电并自锁，使 M_2 起动并运行。如果在按下 SB_2 之前按下 SB_4，由于接触器 KM_1 和 KM_2 的常开触点都没闭合，接触器 KM_2 是不会通电的。

停车的操作为：先按下 SB_3 让接触器 KM_2 断电，使 M_2 先停；再按下 SB_1 使 KM_1 断电，M_1 才能停。由于只要接触器 KM_2 通电，SB_1 就被短路而失去作用，所以在按下 SB_3 之前按下 SB_1，接触器 KM_1 和 KM_2 都不会断电。

2.2.6　自动循环控制电路

利用行程开关可以对生产机械实现行程、限位、自动循环等控制。

图 2-7 是一个简单的行程控制的例子。工作台 A 由一台三相笼型电动机 M 拖动，图 2-7a 是 A 的运行流程。滚轮式行程开关按图 2-7b 设置，SQ_a 和 SQ_b 分别安装在 A 的原位和终点，由装在 A 上的挡块来撞动。电动机主电路与图 2-3a 相同，控制电路如图 2-7c 所示。

图 2-7 对 A 实施如下控制：

1）A 在原位时，起动后只能前进不能后退；

2）A 前进到终点立即往回退，退回原位自停；

3）在 A 前进或后退途中均可停，再起动时既可进也可退；

4）若暂时停电后再复电时，A 不会自行起动；

5）若 A 运行途中受阻，在一定时间内拖动电动机应自行断电。

请自行分析图 2-7 所示电路的控制原理。

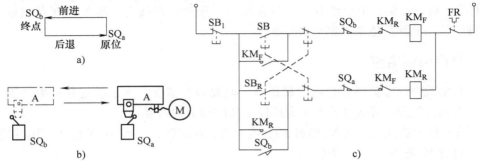

图 2-7　行程控制电路

行程开关不仅可用作行程控制，也常用于限位或终端保护。例如，在图 2-7 中，一般可在 SQ_a 的右侧和 SQ_b 的左侧再各设置一个保护用的行程开关，这两个行程开关的常闭触点分别与 SQ_a 和 SQ_b 的常闭触点串联。一旦 SQ_a 或 SQ_b 失灵，则 A 会继续运行而超出规定的行程，但当 A 撞动这两个保护行程开关时，由于它们的触点动作而使电动机自动停止运行，从而实现了限位或终端保护。

2.3　三相笼型异步电动机的减压起动控制

较大容量的笼型异步电动机（大于 10kW）因起动电流较大，不允许采用全压直接起动的方式，而应采用减压起动控制。有时为了减小电动机起动时对机械设备的冲击，即便是允许采用直接起动的电动机，也往往采用减压起动方式。

减压起动时，先降低加在电动机定子绕组上的电压，待起动后再将电压升高到额定值，使之在正常电压下运行。由于电枢电流和电压成正比，所以降低电压可以减小起动电流，这样不致在电路中产生过大的电压降，减少对电路电压的影响。

三相笼型异步电动机常用的减压起动方法有：定子串电阻（或电抗器）减压起动、星-三角（Y-△）减压起动、自耦变压器减压起动及延边三角形减压起动等。

减压起动时要注意起动转矩必须大于负载转矩，并要根据不同的负载特性兼顾起动过程的平稳性、快速性等技术指标。

2.3.1　定子串电阻减压起动

三相笼型异步电动机定子绕组串接起动电阻时，由于起动电阻的分压，使定子绕组起动电压降低，起动结束后再将电阻短接，使电动机在额定电压下正常运行，可以减小起动电流。这种起动方式不受电动机接线形式的限制，设备简单、经济，在中小型生产机械中应用较广。

图 2-8 所示为自动切换的减压起动电路。其工作过程为：

合上电源开关 QS，接入三相电源，按下 SB_2，KM_1、KT 线圈得电吸合并自锁，电动机串电阻 R 减压起动。

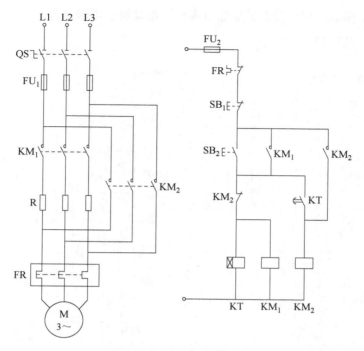

图 2-8　自动切换的减压起动电路

当电动机转速接近额定值时，时间继电器 KT 动作，其延时闭合的常开触点闭合，KM₂线圈得电并自锁。KM₂ 主触点短接电阻 R，KM₂ 的常闭触点断开，使 KM₁、KT 线圈断电释放，电动机经 KM₂ 主触点在全压下进入稳定正常运转。

如图 2-9 所示电路为自动/手动短接电阻减压起动电路。其中，SA 为自动/手动选择开关，当 SA 置于自动时，电路与图 2-8a 相同。若 SA 置于手动时，KT 被切除，此时按下起动按钮 SB₂ 后，电动机串电阻 R 减压起动。再按下加速按钮 SB₃，电阻 R 被短接，电动机全压运行。

2. 3. 2　星三角减压起动

正常运行时定子绕组接成三角形运转的三相笼型异步电动机，可采用星-三角减压起动方式。

起动时，每相绕阻的电压下降到正常工作电压的 $1/\sqrt{3}$，起动电流下降，电动机起动旋转，当转速接近额定转速时，将电动机定子绕组改接成三角形，电动机进入正常运行状态。这种减压起动方法简单、经济，可用在操作较频繁的场合，但其起动转矩只有全压起动时的 1/3，适用于空载或轻载。

星-三角起动电路有多种，如图 2-10 所示是用于 13kW 以下电动机的星-三角起动电路。其工作过程为：

按下起动按钮 SB₂，KM₁、KT 线圈同时通电吸合并自锁，KM₁ 主触点闭合接入电源，电动机接为星形，减压起动。

当时间继电器 KT 动作，KM₁ 线圈断电释放，切断电动机电源；KT 上延时闭合的常开触点闭合，使 KM₂ 线圈通电并自锁，KM₂ 的主触点将电动机定子接为三角形，常闭触点

KM₂ 断开，使 KT 断电，KM₁ 线圈重新通电吸合，电动机三角形运行。

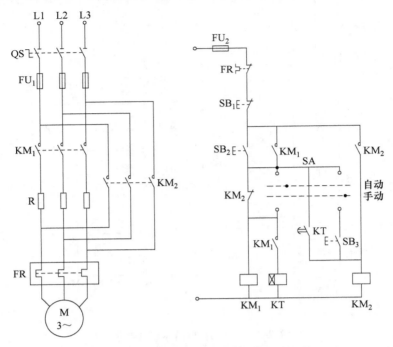

图 2-9　自动/手动短接电阻减压起动电路

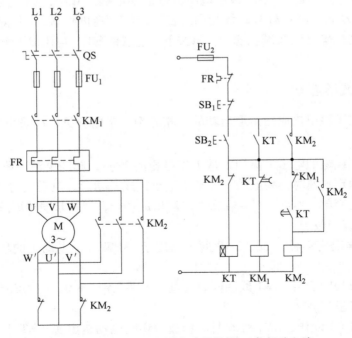

图 2-10　用于 13kW 以下电动机的星-三角起动电路

2.4　三相异步电动机的制动控制

当三相异步电动机脱离电源，由于惯性，转子要经过一段时间才能完全停止旋转，这不能适应某些生产机械工艺的要求，如对万能铣床、卧式镗床、组合机床等，会造成运动部件停位不准、工作不安全等现象，同时也影响生产效率。因此，电动机需要进行有效的制动，使之能迅速停车。

三相异步电动机一般采取的制动方法有两大类：机械制动和电气制动。机械制动利用电磁抱闸等机械装置来强迫电动机迅速停车；掉电后用弹簧压力将电动机转轴卡紧，使其停车；运行时，将抱闸的电磁铁通电，靠电磁吸力将抱闸拉开，使电动机能够自由运转。电气制动是使电动机工作在制动状态，使电动机的电磁转矩方向与电动机的旋转方向相反，从而起制动作用。电气制动包括反接制动和能耗制动两种。

2.4.1　反接制动

反接制动有两种情况：一种是倒拉反接制动，如起重机下放重物时；另一种是电源反接制动，此处仅介绍电源反接制动。使用电源反接制动时要注意：

1）为防止转子降速后反向起动，当转速接近于零时应迅速切断电源；

2）转子与突然反向的旋转磁场的相对速度接近于两倍的同步转速，为了减小冲击电流，通常在电动机主电路中串接电阻来限制反接制动电流。

图 2-11 所示为电动机单向运转的反接制动控制电路。其工作过程为：

按下 SB_2，KM_1 得电，全压起动。在电动机正常运转时，速度继电器 KS 的常开触点闭合，为反接制动作好准备。

停车时，按下停止按钮 SB_1，KM_1 断电，由于惯性，电动机的转速还很高，KS 依然动作，因 SB_1 按下，

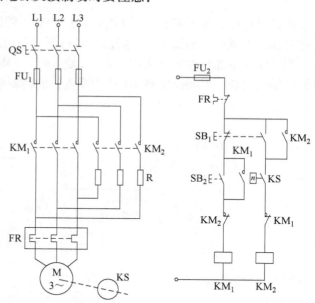

图 2-11　电动机单向运转的反接制动控制电路

KM_2 得电，电动机反接制动，转速迅速下降，当速度继电器恢复，KM_2 断电，电动机断电，反接制动结束。

图 2-12 所示为电动机可逆运行的反接制动控制电路。请自行分析其工作过程。注意：图 2-12 中也可以像图 2-11 那样加上限流电阻来减小起动电流。

2.4.2　能耗制动

图 2-13 所示为单向能耗制动控制电路。其工作过程为：

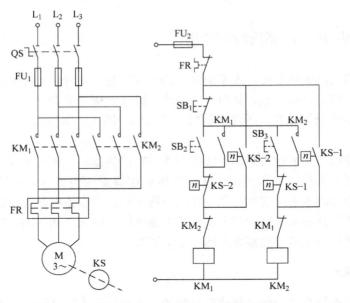

图 2-12　电动机可逆运行的反接制动控制电路

正常运行后，按下停止按钮 SB_1，KM_1 断电，切断电动机电源，同时 KT 得电，KM_2 得电并自锁，直流电源则接入定子绕组，进行能耗制动。

当时间继电器延时断开常闭触点 KT 断开时，KM_2 断电，直流电源被切除，同时 KM_2 常开辅助触点复位，时间继电器 KT 线圈断电，能耗制动结束。

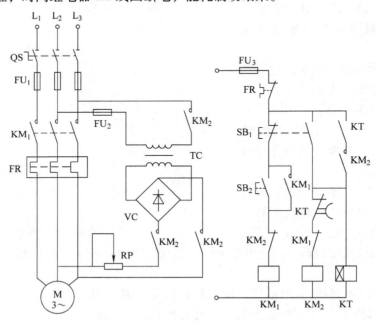

图 2-13　单向能耗制动控制电路

图 2-13 中也可以按照速度原则来设计单向能耗制动控制电路，还可以设计电动机可逆运行能耗制动控制电路。

2.5　三相笼型异步电动机的调速

三相异步电动机的调速方法主要有变极对数调速、变转差率调速及变频调速三种。此处仅介绍笼型异步电动机变极对数调速的基本控制电路。

一般的三相异步电动机极对数是不能随意改变的，必须选用双速或多速电动机。变极对数的方法仅适用于三相笼型异步电动机。

图 2-14 所示为变极对数电动机的定子绕组结构示意图。

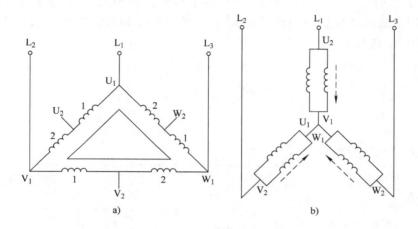

图 2-14　变极对数电动机定子绕组示意图

a）三角形联结，电动机四极运行，低速　b）是双星形联结，电动机两极运行，高速

图 2-15 所示为由接触器控制的双速电动机控制电路。其工作过程为：

按下低速起按钮 SB_2，低速接触器 KM_1 得电，KM_1 主触点闭合，电动机定子绕组接为三角形，电动机低速运转。

按下高速起按钮 SB3，低速 KM_1 断电，高速接触器 KM_2 和 KM_3 线圈得电，电动机定子绕组联结成双星形，电动机高速运转。

可以根据时间原则设计时间继电器自动控制的双速电动机控制电路。

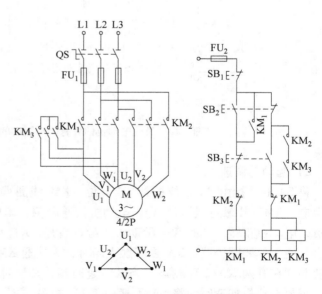

图 2-15　接触器控制的双速电动机控制电路

2.6　典型控制电路分析

前面介绍了一些电气控制中典型的基本电路，下面以直流电动机的具有能耗制动的正反转控制电路为例说明控制电路的综合分析。

图 2-16 所示为直流电动机的具有能耗制动的正反转控制电路。其工作过程为：

1）起动前的准备

SA 置于"0"位。合上 QF_1 和 QF_2，电动机的并励绕组中流过额定的励磁电流，欠电流继电器 KI_2 得电动作，KA 得电并自锁。电流继电器 KI_1 不动作，时间继电器 KT_1 的线圈得电，其延时闭合的常闭触点 KT_1 处于断开状态，断开 KM_2 和 KM_3 线圈的通电回路，保证起动时串入电阻 R_1 和 R_2。

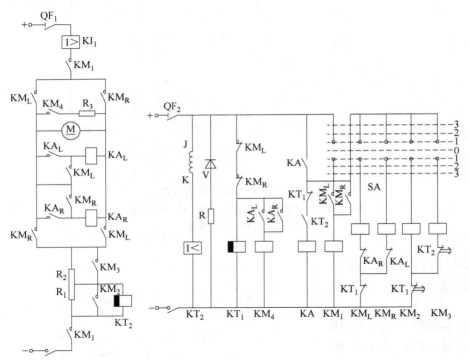

图 2-16　直流电动机的具有能耗制动的正反转控制电路

2）起动与调速

将 SA 的手柄由"0"位扳到"1"位，KM_L 线圈得电，其常开辅助触点闭合使 KM_1 线圈得电，KM_L、KM_1 主触点闭合，电动机接通电源，串电阻 R_1、R_2 起动，电枢电压为左正右负，电动机正转。同时 KM_L 辅助常闭触点断开，KT_1 断电并开始延时，KM_L 辅助常开触点闭合，使 KA_L 线圈得电，KA_L 常开触点闭合，为接通 KM_4 线圈做准备。起动电阻 R_1 上的电压使并联在其两端的 KT_2 得电，当 KT_1 延时到，其延时闭合的常闭触点 KT_1 闭合。

需要电动机加速时，将 SA 手柄由"1"扳到"2"位，KM_2 得电。切除起动电阻 R_1，电动机进一步加速；同时 KT_2 线圈被短接，KT_2 开始延时，延时到，其延时闭合的常闭触点

KT_2 闭合，为 KM_3 得电做准备。将 SA 手柄由"2"扳到"3"位，KM_3 得电，切除电阻 R_2，电动机再次加速，进入全电压运转，起动结束。

3）制动

将 SA 手柄由左扳回"0"位，KM_L 线圈断电，其主触点断开电动机电源，其辅助常闭触点闭合使 KM_4 线圈得电，其主触点闭合，接通 R_3 在内的能耗制动电路，电动机进入能耗制动。由于电动机的惯性，在励磁保持情况下，电枢导体切割磁场而产生感应电动势，使 KA_L 中仍有电流而不释放，当转速降到一定数值时，KA_L 断电，制动结束。电路恢复到原始状态，准备重新起动。

反转状态停车的制动过程与上述过程相似，不同的是利用中间继电器 KA_R 来控制。

2.7　电气控制电路的简单设计

生产机械电气控制系统的设计包含两个基本内容：一个是原理设计，即要满足生产机械和工艺的各种控制要求，另一个是工艺设计，即要满足电气控制装置本身的制造、使用和维修的需要。原理设计决定着生产机械设备的合理性与先进性，工艺设计决定电气控制系统是否具有生产可行性、经济性、美观、使用维修方便等特点，所以电气控制系统设计要全面考虑两方面的内容。此处主要介绍原理设计。

在熟练掌握典型环节控制电路、具有对一般电气控制电路分析能力之后，设计者应能举一反三，对受控生产机械进行电气控制系统的设计并提供一套完整的技术资料。

2.7.1　电气控制系统设计的一般原则

电气控制系统设计应遵循以下原则：

1）最大限度地满足生产机械和生产工艺对电气控制系统的要求。电气控制系统设计的依据主要来源于生产机械和生产工艺的要求。

2）设计方案要合理。在满足控制要求的前提下，设计方案应力求简单、经济、便于操作和维修，不要盲目追求高指标和自动化。

3）机械设计与电气设计应相互配合。许多生产机械采用机电结合控制的方式来实现控制要求，因此要从工艺要求、制造成本、结构复杂性、使用维护方便等方面协调处理好机械和电气的关系。

4）确保控制系统安全可靠的工作。

2.7.2　电气控制系统设计的基本任务

电气控制系统设计的基本任务是根据控制要求设计、编制出设备制造和使用维修过程中所必需的图样、资料等。图样包括电气原理图、电气系统的组件划分图、元器件布置图、安装接线图、电气箱图、控制面板图、电器元件安装底板图和非标准件加工图等，另外还要编制外购件目录、单台材料消耗清单、设备说明书等文字资料。

电气控制系统设计的内容主要包含原理设计与工艺设计两个部分。其中，原理设计内容包括：

1）拟订电气设计任务书。

2）确定电力拖动方案，选择电动机。

3）设计电气控制原理图，计算主要技术参数。

4）选择电器元件，制订元器件明细表。

5）编写设计说明书。

工艺设计内容包括：

1）设计电气总布置图、总安装图与总接线图。

2）设计组件布置图、安装图和接线图。

3）设计电气箱、操作台及非标准元件。

4）列出元件清单。

5）编写使用维护说明书。

2.7.3　电气控制系统设计的一般步骤

电气控制系统设计的一般步骤如下：

1. 拟订设计任务书

设计任务书是整个电气控制系统的设计依据，又是设备竣工验收的依据。由技术领导部门、设备使用部门和任务设计部门等共同完成。

电气控制系统的设计任务书中，主要包括以下内容：

1）设备名称、用途、基本结构、动作要求及工艺过程介绍。

2）电力拖动的方式及控制要求等。

3）联锁、保护要求。

4）自动化程度、稳定性及抗干扰要求。

5）操作台、照明、信号指示、报警方式等要求。

6）设备验收标准。

7）其他要求。

2. 确定电力拖动方案

电力拖动方案选择是电气控制系统设计的主要内容之一，也是以后各部分设计内容的基础和先决条件。主要从几个方面考虑电力拖动方案：

1）拖动方式的选择：独立拖动还是集中拖动。

2）调速方案的选择：大型、重型设备的主运动和进给运动，应尽可能采用无级调速，有利于简化机械结构、降低成本；精密机械设备为保证加工精度也应采用无级调速；对于一般中小型设备，在没有特殊要求时，可选用经济、简单、可靠的三相笼型异步电动机。

3）电动机调速性质要与负载特性适应：在选择电动机调速方案时，要使电动机的调速特性与生产机械的负载特性相适应，使电动机得到充分合理的应用。

3. 拖动电动机的选择基本原则

1）根据生产机械调速的要求选择电动机的种类。

2）工作过程中电动机容量要得到充分的利用。

3）根据工作环境选择电动机的结构形式。

4. 选择控制方式

控制方式要实现拖动方案的控制要求。随着现代电气技术的迅速发展，生产机械电力拖动的控制方式从传统的继电接触器控制向 PLC 控制、CNC 控制、计算机网络控制等方面发展，控制方式越来越多。控制方式的选择应在经济、安全的前提下，最大限度地满足工艺的要求。

5. 设计电气控制原理图，并合理选用元器件，编制元器件明细表。

6. 设计电气设备的各种施工图样。

7. 编写设计说明书和使用说明书。

2.7.4 电气控制原理电路设计举例

电气控制原理电路设计的方法有分析设计法和逻辑设计法。分析设计法是根据生产工艺的要求选择适当的基本控制环节（单元电路）或将比较成熟的电路按其联锁条件组合起来，并经补充和修改，将其综合成满足控制要求的完整电路。当没有现成的典型环节时，可根据控制要求边分析边设计。逻辑设计法是利用逻辑代数进行电路设计的方法，从生产机械的拖动要求和工艺要求出发，将控制电路中的接触器、继电器线圈的通电与断电，触点的闭合与断开，主令电器的接通与断开看成逻辑变量，根据控制要求将它们之间的关系用逻辑关系式来表达，然后再化简，做出相应的电路图。

下面以机械动力滑台具有一次工作进给控制电路的设计为例说明逻辑设计法的基本步骤。

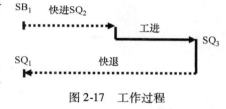

图 2-17 工作过程

1. 设计要求

工作过程如图 2-17 所示，故选择双电动机驱动，其中 M_1 工进，M_2 快进、快退；三接触器控制分别为 KM_1 快进、KM_3 快退、KM_2 工进。

2. 确定状态变量

状态变量见表 2-2。

表 2-2 状态变量

	符号	含义		符号	含义
主令元件	SB_1	启动按钮	执行元件	KM_1	快进
	SQ_1	原位		KM_2	工进
	SQ_2	工进位		KM3	快退
	SQ_3	末位			

3. 列出状态表，并确定状态转换的激励信号

根据工作过程，画出动作状态见表 2-3。其中，"⊥"表示短信号，"｜"表示长信号。

表 2-3 状态表

序号	程序名	激励信号	主令元件				执行元件		
			SB_1	SQ_1	SQ_2	SQ_3	KM_1	KM_2	KM_3
0	原位	0		｜					
1	快进	SB_1	⊥				｜		
2	工进	SQ_2			⊥			｜	
3	快退	SQ_3				⊥			｜
4	原位	SQ_1		｜					

4. 列出执行元件的逻辑表达式

根据表 2-3 所示的激励信号可以直接写出表达式，如：$KM_1 = (SB_1 + KM_1) \cdot \overline{SQ_2}$，其中：$SB_1$ 为起动激励信号，SQ_2 为停止激励信号，KM_1 的自锁触点实现保持功能。这就是一个"起保停"电路。

同理可得 $KM_2 = (SQ_2 + KM_2) \cdot \overline{SQ_3}$ 和 $KM_3 = (SQ_3 + KM_3) \cdot \overline{SQ_1}$。

5. 绘制基本控制电路

根据写出的逻辑表达式，画出基本控制电路如图 2-18 所示。

6. 检查、完善电路

在基本控制电路的基础上，完善电路，增加如接触器互锁、过载保护以及其他保护措施等，如图 2-19 所示。

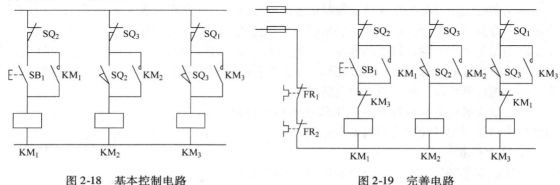

图 2-18　基本控制电路　　　　　　　图 2-19　完善电路

2.8　习题

1. 说说电气控制电路中的保护有哪些，如何实现？

2. 图 2-7 中，在 A 后退途中欲使其前进，应怎样操作？简述控制过程。若在 A 运行途中断电，当复电时，若 A 在终点位置时为什么会自行起动？

3. 某机床主轴由一台笼型电动机 M_1 带动，润滑油泵由另一台笼型电动机 M_2 带动。要求：

1）主轴必须在油泵起动后，才能起动；

2）主轴要求能用电器实现正反转，并能单独停车；

3）有短路、零压及过载保护。试绘出主电路和控制电路图。

4. 根据下列要求，分别绘出主电路和控制电路图（M_1 和 M_2 都是三相异步电动机）：

1）M_1 起动后 M_2 才能起动，M_2 并能点动；

2）M_1 先起动，经过一定延时后 M_2 能自行起动，M_2 起动后 M_1 立即停车。

第二篇　PLC 基础篇

第 3 章　可编程序控制器基础知识

3.1　PLC 的特点及功能介绍

3.1.1　PLC 的基本概念

可编程序控制器（Programmable Controller）是计算机家族中的一员，是为工业控制应用而设计制造的。早期的可编程序控制器称作可编程逻辑控制器（Programmable Logic Controller），简称 PLC，它主要用来代替继电器实现逻辑控制。随着技术的发展，这种装置的功能已经大大超过了逻辑控制的范围。因此，今天这种装置称作可编程序控制器，简称 PC。但是为了避免与个人计算机（Personal Computer）的简称混淆，所以将可编程序控制器简称 PLC。

国际电工协会（IEC）曾先后于 1982 年 11 月、1985 年 1 月和 1987 年 2 月发布了可编程序控制器标准草案的第一、二、三稿。在第三稿中，对 PLC 作了如下定义："可编程序控制器是一种数字运算操作系统，专为在工业环境下应用而设计。它采用了可编程的存储器，用来在其内部存储执行逻辑运算、顺序控制、定时、计数和算术运算等操作的指令，并通过数字的、模拟的输入和输出，控制各种类型的机械或生产过程。可编程序控制器及其有关的外围设备都应按易于与工业开工至系统形成一个整体、易于扩充其功能的原则设计。"

总而言之，可编程序控制器 PLC 是通用的、可编写程序的、专用于工业控制的计算机系统。

3.1.2　PLC 的特点

可编程序控制器为了适用于工业环境，有如下特点。

1. 编程简单，使用方便

PLC 是面向用户的设备，因此大部分的 PLC 都充分考虑到现场工程人员的技能和习惯，尽量采用简单的编程语言，例如用梯形图或者面向工业控制的简单的指令形式。梯形图与继电器原理图类似，这种编程语言形象直观，易于掌握，不需要专门的计算机知识和语言基础，只要具有一定电工和工艺知识的人员都可以在短时间内学会，因此是目前 PLC 中最常用的一种编程语言。

2. 控制系统构成简单，通用性强

PLC 种类繁多，利用各种组件（如 I/O 模块、通信模块、人机界面等）就可以灵活的组成各种大小和不同要求的控制系统。当控制要求改变需要变更控制系统功能时，只需要改变其输入输出组件和编制不同的控制程序即可，修改程序简单易行。

3. 抗干扰能力强，可靠性能高

工业生产一般对控制设备的可靠性提出了很高的要求，应具有很强的抗干扰能力，能在恶劣的环境中可靠地工作，平均故障时间长，平均修复时间短。可编程序控制器是专门为工业控制设计的，在设计和制造的过程中采用了多层次的抗干扰措施，并选用精确元件，保证在恶劣环境下正常工作。

4. PLC 功能非常齐全

除了上述特点外，PLC 功能也非常齐全。如具有开关量输入/输出、模拟量输入/输出和大量的内部中间继电器、时间继电器（定时器）、计数器等，具有逻辑控制、顺序控制、信号/数据处理等功能及各种接口功能等。现在的 PLC 还具有强大的网络功能，可以通过各种通信接口将数据直接传送给控制器，以实现控制器的数据采集和监控。如美国 Rockwell 公司的 PLC 可以组成诸如以太网（Ethernet）、控制网（ControlNet）、设备网（DeviceNet）以及传统的 DH + 网、DH485/远程 I/O（Remote I/O）等网络，大大加强可编程序控制器的功能。

3.2　PLC 的基本结构及原理

3.2.1　PLC 的基本结构

PLC 的结构多种多样，可分为整体式和模块式两大类。但其组成的一般原理基本相同，都是以微处理器为核心的结构，其功能的实现不仅基于硬件的作用，更要靠软件的支持，实际上可编程序控制器就是一种新型的工业控制计算机。PLC 的基本结构框图如图 3-1 所示。

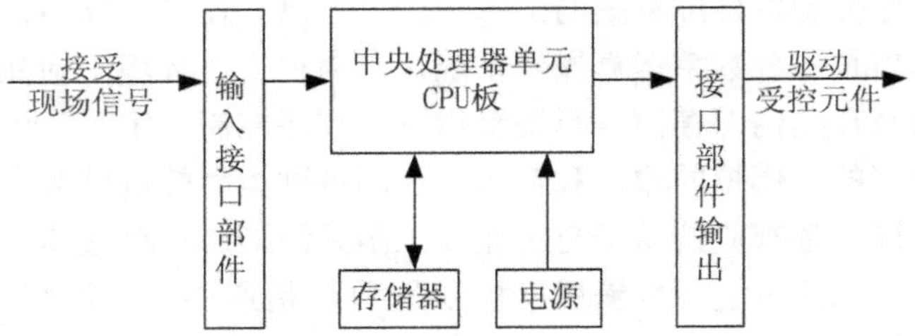

图 3-1　PLC 基本结构框图

1. 中央处理器（CPU）

CPU 是 PLC 的核心，起神经中枢的作用，每套 PLC 至少有一个 CPU，它按 PLC 的系统程序赋予的功能接收并存贮用户程序和数据，用扫描的方式采集由现场输入装置送来的状态或数据，并存入规定的寄存器中，同时诊断电源和 PLC 内部电路的工作状态和编程过程中的语法错误等。进入运行后，从用户程序存储器中逐条读取指令，经分析后再按指令规定的任务产生相应的控制信号，去指挥有关的控制电路。

CPU 主要由运算器、控制器、寄存器及实现它们之间联系的数据、控制及状态总线构成，CPU 单元还包括外围芯片、总线接口及有关电路。内存主要用于存储程序及数据，是 PLC 不可缺少的组成单元。

在使用者看来，不必要详细分析 CPU 的内部电路，但对各部分的工作机制还是应有足够的理解。CPU 的控制器控制 CPU 工作，由它读取指令、解释指令及执行指令。但工作节奏由震荡信号控制。运算器用于进行数字或逻辑运算，在控制器指挥下工作。寄存器参与运算，并存储运算的中间结果，它也是在控制器指挥下工作。

CPU 速度和内存容量是 PLC 的重要参数，它们决定着 PLC 的工作速度，IO 数量及软件容量等，因此限制着控制规模。

2. 存储器

PLC 内的存储器主要用于存放系统程序、用户程序和数据等。

可编程序控制器配有两种存储器：系统存储器和用户存储器。系统存储器：存放系统管理程序，用只读存储器实现。用户存储器：存放用户编制的控制程序，一般用 RAM 实现或固化到只读存储器中。

3. 输入/输出模块

PLC 的输入接口电路的作用是将按钮、行程开关或传感器等产生的信号输入 CPU；PLC 的输出接口电路的作用是将 CPU 向外输出的信号转换成可以驱动外部执行元件的信号，以便控制接触器线圈等电器的通、断电。PLC 的输入输出接口电路一般采用光耦合隔离技术，可以有效地保护内部电路。

（1）输入接口电路

PLC 的输入接口电路可分为直流输入电路和交流输入电路。直流输入电路的延迟时间比较短，可以直接与接近开关，光电开关等电子输入装置连接；交流输入电路适用于在有油雾、粉尘的恶劣环境下使用。

交流输入电路和直流输入电路类似，外接的输入电源改为 220V 交流电源。

（2）输出接口电路

输出接口电路通常有 3 种类型：继电器输出型、晶体管输出型和晶闸管输出型。继电器输出型、晶体管输出型和晶闸管输出型的输出电路类似，只是晶体管或晶闸管代替继电器来控制外部负载。

4. 编程器

编程器作用是将用户编写的程序下载至 PLC 的用户程序存储器，并利用编程器检查、修改和调试用户程序，监视用户程序的执行过程，显示 PLC 状态、内部器件及系统的参数等。

编程器有简易编程器和图形编程器两种。简易编程器体积小，携带方便，但只能用语句形式进行联机编程，适合小型 PLC 的编程及现场调试。图形编程器既可用语句形式编程，又可用梯形图编程，同时还能进行脱机编程。

目前，PLC 制造厂家大都开发了计算机辅助 PLC 编程支持软件，当个人计算机安装了 PLC 编程支持软件后，可用作图形编程器，进行用户程序的编辑、修改，并通过个人计算机和 PLC 之间的通信接口实现用户程序的双向传送、监控 PLC 运行状态等。

5. 电源

PLC 的供电电源一般是市电，也有用直流 24V 电源供电的。PLC 的电源将外部供给的交流电转换成供 CPU、存储器等所需的直流电，是整个 PLC 的能源供给中心。

PLC 大都采用高质量的工作稳定性好、抗干扰能力强的开关稳压电源，许多 PLC 电源还可向外部提供直流 24V 稳压电源，用于向输入接口上的接入电气元件供电，从而简化外围配置。

6. 扩展接口和通信接口

PLC 的扩展接口的作用是将扩展单元和功能模块与基本单元相连，使 PLC 的配置更加灵活，以满足不同控制系统的需要；通信接口的功能是通过这些通信接口可以和监视器、打印机、其他的 PLC 或是计算机相连，从而实现"人－机"或"机－机"之间的对话。

3.2.2　PLC 的基本原理

1. PLC 的工作模式

Micro830 可编程序控制器有三种工作模式，即运行（RUN）、本地编程（PRO）和远程状态（REM），可以通过 PLC 面板上的模式选择开关进行选择。

在 RUN 模式下，PLC 工作在本地运行，编程中断，不能改变控制器的状态。此时程序不能被修改，使用中，为保证控制器程序不被意外地修改，会选择此档。

在 PRO 模式下，PLC 工作在本地编程，编程终端可以对控制器程序进行修改，但不能改变控制器的工作状态。

在 REM 模式下，PLC 工作在远程状态。编程终端可远程地改变控制器的工作状态（编程、测试或运行），并可在远程运行状态下修改程序，修改过程比编程状态下更严谨而复杂，一定要经历测试的步骤，这种形式适合不停机的程序修改。

Micro830 控制器模块上有一个工作模式转换开关，当此开关转到 PRO 位置时将停止用户程序的运行，进行程序修改；在 RUN 位置时，将起动用户程序的运行。在 RUN 位置时，电源通电后自动进入运行模式；模式开关在 REM 位置时，电源通电后 CPU 自动进入运行模式，用户同时可以对控制器进行程序修改。

在编程软件与 PLC 之间建立起通信连接前，将转换开关转到 REM 模式，通过菜单命令就可以改变 CPU 的 RUN 或 PRO 模式。

2. PLC 的工作原理

PLC 通电后，需要对系统硬件和软件做一些初始化的工作，之后便反复不停地分阶段处理各种不同的任务，如图 3-2 所示，这种周而复始的循环工作方式称为扫描工作方式。

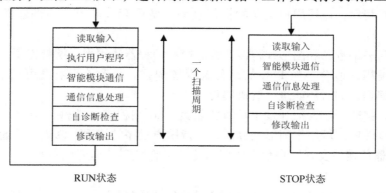

图 3-2　PLC 的扫描工作过程

3. 读取输入

在 PLC 的存储器中，设置了一片区域来存放输入信号和输出信号的状态，分别称为

输入映像寄存器和输出映像寄存器。在读取输入阶段，PLC 把所有外部数字量输入电路的
ON/OFF 状态读入到输入映像寄存器。外接的输入电路闭合时，对应的输入映像寄存器为
1 状态，梯形图中对应的输入点的常开触点接通，常闭触点断开。外接的输入电路断开
时，对应的输入映像寄存器为 0 状态，梯形图中对应的输入点的常开触点断开，常闭触
点接通。

4. 执行用户程序

PLC 的用户程序由若干条指令组成，指令在存储器中按顺序排列。在 RUN 工作模式的
程序执行阶段，当没有跳转指令时，CPU 从第一条指令开始，逐条顺序地执行用户程序，
直到梯级结束。当梯级结束时，CPU 检查系统的智能模块是否需要服务。

在执行指令时，从 I/O 映像寄存器或其他位元件的映像寄存器读出其状态，并根据指令
的要求执行相应的逻辑运算，运算的结果写入到相应的映像寄存器中。因此，各映像寄存器
（只读的输入映像寄存器除外）的内容随着程序的执行而变化。

在程序执行阶段，即使外部输入信号的状态发生了变化，输入映像寄存器的状态也不会
随之而变，输入信号变化了的状态只能在下一个扫描周期的读取输入阶段被读入。执行程序
时，对输入/输出的存取通常是通过映像寄存器，而不是实际的 I/O 点，这样做有以下几点
好处：

1）程序执行阶段的输入值是固定的，程序执行完再用输出映像寄存器的值更新输出
点，使系统的运行稳定；

2）用户程序读写 I/O 映像寄存器比读写 I/O 点快得多，这样可以提高程序的执行速
度；

I3）/O 点必须按位来存取，而映像寄存器可按位、字节、字或双字来存取，灵活性好。

5. 通信处理

在智能模块通信处理阶段，CPU 模块检查智能模块是否需要服务，如果需要，读取智
能模块的信息并存放在缓冲区中，供下一扫描周期使用。在信息通信处理阶段，CPU 处理
通信口接收到的信息，在适当的时候将信息传给通信请求方。

6. CPU 自诊断测试

自诊断测试包括定期检查 EEPROM、用户程序存储器、I/O 模块状态以及 I/O 扩展总线
的一致性，将监控定时器复位，以及完成一些别的内部工作。

7. 修改输出

CPU 执行完用户程序后，将输出映像寄存器的0/1状态传送到输出模块并锁存起来。梯
形图中某一输出位的线圈“通电”时，对应的输出映像寄存器为 1 状态。信号经输出模块
隔离和功率放大后，继电器型输出模块中对应的硬件继电器的线圈通电，其常开触点闭合，
使外部负载通电工作。若梯形图中输出点的线圈“断电”，对应的输出映像寄存器中存放的
二进制数为0，将它送到继电器型输出模块，对应的硬件继电器的线圈断电，其常开触点断
开，外部负载断电，停止工作。

如图 3-3 所示梯形图程序中，_ IO _ EM _ DI _ 00 代表外部的按钮，结合 PLC 的循环扫
描工作方式分析可知：当按钮动作后，左面的程序只需要一个扫描周期就可完成对_ IO _
EM _ DO _ 03 的刷新。

PLC 这种循环扫描工作方式对于高速变化的过程可能漏掉变化的信号，也会带来系统响

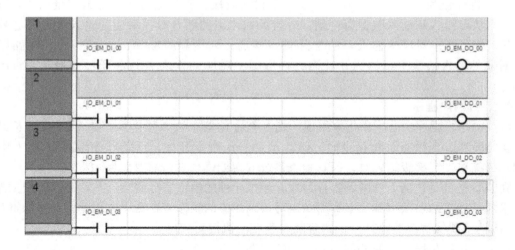

图 3-3　梯形图示例

应的滞后，可以采用立即输入输出、脉冲捕获、高速计数器或中断技术等。

对持续时间较短的脉冲，PLC 为本地的数字量输入提供了脉冲捕获的功能。当脉冲捕获使能后，该输入端上的状态变化将被锁定直至被 PLC 读取，如图 3-4 所示。脉冲捕捉的实现机制是外部数字量输入经光隔离和数字滤波后进入脉冲捕捉功能环节，之后再进入 CPU 进行处理，如图 3-5 所示。

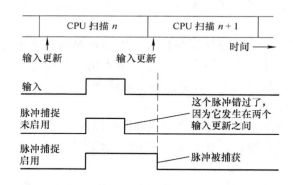

图 3-4　脉冲捕捉示意图

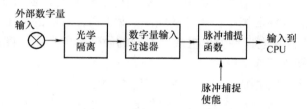

图 3-5　脉冲捕获的机制

3.3 PLC 的编程方法和编程语言

程序是整个自动控制系统的核心，程序编写的好坏直接影响到整个系统的运作。编程器和编程软件有些厂家需要额外购买，并且价格不菲。这一点是一个需要考虑的重要内容。

3.3.1 编程方法的介绍

一种是使用厂家提供的专用编程器。也分不同的规格和型号。大型编程器功能完备，适合各种型号 PLC，价格高；小型编程器结构小巧，便于携带，价格低，但是功能简单，实用性能差；另一种是使用依托个人电脑应用平台的编程软件，现已被大多数生产厂家采用。而本书即将为大家介绍的 Micro830 使用的编程软件 Connected Components Workbench（简称 CCW）是一款完全免费的软件，并且已经有了中文版本，可以对整个 Micro800 系列的 PLC 进行编程，方便实用，详细内容会在接下来的章节中进行详细的介绍。

3.3.2 编程语言的介绍

最常用的编程语言有两种：一种是梯形图；另一种是助记符语言表。采用梯形图编程，因为它简单易懂，但需要一台个人计算机及相应的编程软件；采用助记符形式便于实验，因为它只需要一台简单的编程器。

编程语言最为复杂，多种多样，看似相同，但不通用。最常用的可以划分为以下 5 类编程语言：

1. 梯形图

梯形图是 PLC 使用得最多的图形编程语言，被称为 PLC 的第一编程语言。梯形图与电器控制系统的电路图很相似，具有直观易懂的优点，很容易被工厂电气人员掌握，特别适用于开关量逻辑控制。梯形图常被称为电路或程序，梯形图的设计称为编程。

（1）梯形图的格式

梯形图一般有多个梯级组成，每一个梯级又有输入及输出指令组成。在一个梯级中，输出指令应出现在梯形图的最右边，而输入指令则出现在输出指令的左边，如图 3-6 所示。

图 3-6　梯形图的基本结构

当输入指令所表示的梯级条件为真时则开始执行输出指令，否则不执行。因此，允许在一个梯级中无输入指令—表示梯级永远为真；也允许有多个输入指令。串联意味着几个条件之间是"与"的关系，并联则表示几个条件之间是"或"的关系。输出指令则不允许串联，但允许并联，表示梯级条件为真时，几个输出指令可并—执行，如图 3-7 所示。

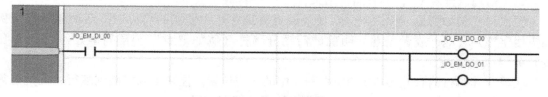

图 3-7　梯形图基本结构

该梯级表示，当输入为真时，_ IO _ EM _ DI _ 00 被触发，则输出_ IO _ EM _ DO _ 00 和 _ IO _ EM _ DO _ 01 同时输出为 1

（2）梯形图的编程特点及注意事项

1）梯形图按行从上至下编写，每一行从左往右顺序编写。PLC 程序执行顺序与梯形图的编写顺序一致。

2）左、右边垂直线称为起始母线、终止母线。每一逻辑行必须从起始母线开始画起，终止于继电器线圈或终止母线

3）梯形图的起始母线与线圈之间一定要有触点，而线圈与终止母线之间则不能有任何触点。

4）梯形图表示的并不是一个实际电路而只是一个控制程序，其间的连线表示的是它们之间的逻辑关系，即所谓"软接线"。

5）各输入输出并非是物理实体，而是"软继电器"。每个"软继电器"仅对应 PLC 存储单元中的一位。该位状态为"1"时，对应的继电器线圈接通，其常开触点闭合、常闭触点断开；状态为"0"时，对应的继电器线圈不通，其常开、常闭触点保持原态。

6）梯形图中流过的电流不是物理电流，而是"概念"电流，是用户程序运算中满足输出执行条件的形象表示方式。"概念"电流只能从左向右流。

7）梯形图中的继电器接点可在编制用户程序中无限引用，即可常开又可常闭。

8）梯形图中用户逻辑运算解得的结果，可马上为后面用户程序的运算所引用。

9）当 PLC 处于运行状态时，就开始按照梯形图符号排列的先后顺序（从上到下、从左到右）逐一处理，也就是说，PLC 对梯形图是按扫描方式顺序执行程序的。

2. 结构化文本

结构文本（ST）是为 IEC61141-3 标准创建的的一种专用高级语言，与梯形图相比，它能实现复杂的数学运算，编写的程序更加简洁紧凑。

（1）结构化文本特点

1）高级文本编程语言；

2）结构化的编程方式；

3）简单的标准结构；

4）快速高效的编程；

5）使用直观灵活；

6）与 PASCAL 类似；

7）符合 IEC61141 – 3 标准。

（2）结构化文本主要语法

1）结构化文本程序是一系列 ST 语句。下列规则适用于 ST 程序：

每个语句以分号（";"）分隔符结束；

源代码（例如变量、标识符、常量或语言关键字）中使用的名称用不活动分隔符（例如空格字符）分隔，或者用意义明确的活动分隔符（例如"＞"分隔符表示"大于"比较）分隔；

注释（非执行信息）可以放在 ST 程序中的任何位置。注释可以扩展到多行，但是必须以"（＊"开头，以"＊）"结尾。不能在注释中使用注释。

2）下面是基本 ST 语句类型：

赋值语句（变量 : = 表达式;）

函数调用

功能块调用

选择语句（例如 IF、THEN、ELSE、CASE...）

迭代语句（例如 FOR、WHILE、REPEAT...）

控制语句（例如 RETURN、EXIT...）

用于与其他语言链接的特殊语句

3）当输入 ST 语法时，下列项目以指定的颜色显示：

基本代码（黑色）

关键字（粉色）

数字和文本字符串（灰色）

注释（绿色）

4）在活动分隔符、文本和标识符之间使用不活动分隔符可增加 ST 程序的可读性。下面是 ST 不活动分隔符：

空格

Tab

行结束符（可以放在程序中的任何位置）

5）使用不活动分隔符时，需要遵循以下规则：

每行编写的语句不能多于一条

使用 Tab 来缩进复杂语句

插入注释以提高行或段落的可读性，见表 3-1。

表 3-1　ST 语法可读性示例

可读性低	可读性高
imax : = max _ ite; cond : = X12;	(* imax:迭代数 *)
if not(cond (* alarm *)	(* i:FOR 语句索引 *)
then return; end _ if;	(* cond:进程有效性 *)
for i (* index *) : = 1 to max _ ite	imax : = max _ ite;
do if i < > 2 then Spcall( );	cond : = X12;
end _ if; end _ for;	if not（cond）then
	return;
	end _ if;

（3）调用函数和功能块

ST 编程语言可以调用函数。可以在任何表达式中使用函数调用。函数调用属性见表 3-2。

表 3-2　ST 函数调用属性

属　性	说　　明
名称	被调用函数的名称以 IEC 61131-3 语言或"C"语言编写
含义	调用结构化文本（ST）、梯形图（LD）或功能块图（FBD）函数或"C"函数，并获取其返回值
语法	：=（，…）；
操作数	返回值的类型和调用参数必须符合为函数定义的接口
返回值	函数返回的值

当在函数主体中设置返回参数的值时，可以为返回参数赋予与该函数相同的名称：
FunctionName：=；

示例 1：IEC 61131-3 函数调用

（＊ 主 ST 程序 ＊）

（＊ 获取一个整型值并将其转换成有限时间值 ＊）

ana ＿ timeprog：= SPlimit（tprog ＿ cmd）；

appl ＿ timer：= ANY ＿ TO ＿ TIME（ana ＿ timeprog ＊ 100）；

（＊ 被调用的 FBD 函数名为"SPlimit" ＊）

示例 2："C" 函数调用 – 与 IEC 61131-3 函数调用的语法相同

（＊ 复杂表达式中使用的函数：min、max、right、mlen 和 left 是标准"C"函数
＊）

limited ＿ value：= min（16，max（0，input ＿ value））；

rol ＿ msg：= right（message，mlen（message）– 1）+ left（message，1）；

ST 编程语言调用功能块。可以在任何表达式中使用功能块调用。功能块调用属性见表
3-3。

表 3-3　功能块调用属性说明

属　性	说　　明
名称	功能块实例的名称
含义	从标准库中（或从用户定义的库中）调用功能块，访问其返回参数
语法	（＊ 功能块的调用 ＊）（，…）； （＊ 获取其返回参数 ＊） ：= ．； … ：= ．；
操作数	参数是与为该功能块指定的参数类型相匹配的表达式
返回值	参见上面的"语法"以获取返回值

当在功能块主体中设置返回参数的值时，可以通过将返回参数的名称与功能块名称相连
来分配返回参数：

FunctionBlockName．OutputParaName：=；

示例

（ * 调用功能块的 ST 程序 * ）

（ * 在变量编辑器中声明块的实例：* ）

（ * trigb1：块 R _ TRIG – 上升沿检测 * ）

（ * 从 ST 语言激活功能块 * ）

trigb1（b1）；

（ * 返回参数访问 * ）

If（trigb1. Q）Then nb _ edge : = nb _ edge + 1；End _ if；

3. 功能块图

功能块具有多个输入和输出参数。这些已经过实例化，意味着会针对每个实例复制功能块的局部变量。调用程序中的功能块时，实际上调用了在其中已调用相同代码的块的实例，但是所用数据为已被分配给该实例的数据。会将实例的变量值从一个循环存储至另一个循环。

功能块可由项目中的任意程序来调用。功能块可调用函数或其他功能块。必须使用功能块的每个调用（输入）参数或返回（输出）参数的类型或唯一名称，来显式定义该功能块的接口。

功能块可具有多个输出参数。功能块返回参数的值因各种不同编程语言而异。功能块名称和功能块参数名称最多可包含 128 个字符。功能块参数名称可以字母或下划线字符开头，后跟字母、数字和单个下划线字符。

如图 3-8 所示，在 CCW（一体化编程组态软件中集成的功能块 TP 指令，主要功能为在上升沿时，将内部计时器）增加至指定值；如果计时器结束，请重置内部计时器。具体的功能块的功能以及应用，我们会在指令部分进行详细的介绍。

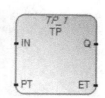

图 3-8 TP 指令

4. 顺序功能图

顺序功能图（Sequential Function Chart，SFC）又称状态转移图，它是描述控制系统的控制过程、功能和特性的一种图形，同时也是设计 PLC 顺序控制程序的一种有力工具。

顺序功能法就是按照生产工艺预先规定的顺序，在各个输入信号的作用下，根据内部状态和时间的顺序，在生产过程中各个执行机构自动地有秩序地进行操作。

这种语言在西门子等其他品牌的 PLC 中应用很广泛，这里就不做详细地介绍了。

5. 指令表

它为优化编码性能提供了一个环境，与汇编语言非常相似。指令表和梯形图之间可以相互转化，通常情况下不进行指令表编程。

3. 4 Micro800 小型 PLC 的介绍

3. 4. 1 Micro800 系列 PLC 的概述

Micro800 系列控制器是罗克韦尔自动化全新推出的新一代微型 PLC，此系列控制器具有超过 21 种模块化插件，控制器的点数从 10 点到 48 点不等，可以实现高度灵活的硬件配置，在提供足够的控制能力的同时满足用户的基本应用，并且便于安装和维护。不同型号控制器之间的模块化部件可以共用，内置 RS-232、RS-485、USB 和 Ethernet/IP 等通信接口，具有强大的通信功能。免费的编程软件支持功能块一体化编程，并可使用通用的 USB 编程电缆，给编程人员带来极大的便利；系统还可以提供完整的机器控制方案。Micro800 共有一个系列的控制器，分别为 Micro810、Micro820、Micro830 和 Micro850。

其中，各个控制支持的应用项目分为以下几种：

1. Micro810 控制器

Micro810 控制器是一款具有高电流中继输出的智慧型继电器，此外更具备小型 PLC 程序编辑能力。此款 PLC 不需要使用上位机即可进行组态设定，并执行核心智慧型继电器功能模块（需搭配 LCD）。Micro810 控制器支持的应用项目：压缩机控制、电梯控制、加热和冷却控制、照明控制，如图 3-9 所示。

2. Micro820 控制器

Micro820 20 点控制器是专为小型独立机与远端自动化方案而设计的，具有内嵌式以太网连接器，以及 MicroSD 插槽，可进行资料记录以及程序指令管理。Micro820 控制器支持的应用项目：空气处理装置、远程水泵管理、拉伸膜包装机，如图 3-10 所示。

图 3-9   Micro810 控制器   图 3-10   Micro820 控制器

3. Micro830 控制器

灵活弹性的 Micro830 控制器专为存取各种独立上位机控制应用而设计，可支持多达 5 个 Plug – in 模组，支持 USB 连接及下载程序，具体内容我们将在后面进行详细介绍。Micro830 控制器支持以下应用项目：物料输送、包装、太阳电池板定位，如图 3-11 所示。

4. Micro850 控制器

Micro850 控制器与 Micro830 控制器外观相同，支持与 Micro830 相同的指令集以及外部扩展，相比较 Micro830，Micro850 支持以太网组态以及运动控制功能，具体内容我们将在后面向大家一一介绍。Micro850 控制器支持以下应用项目：传送带、切割、物料输送、分拣、包装、太阳电池板定位、垂直成型、填充和密封，如图 3-12 所示。

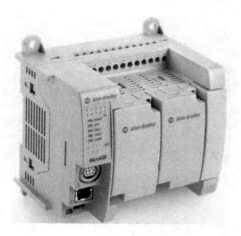 

图 3-11　Micro830 控制器　　　　　　　　图 3-12　Micro850 控制器

3.4.2　Micro830 的概述

Micro830 控制器是一种经济型砖式控制器，它具有嵌入式输入和输出。根据控制器的类型，它可以容纳 2 至 5 个插件模块。

同时控制器还可以使用符合最低规范的任意 DC 24V 输出电源，例如我们可以选择 Micro800 电源。如图 3-13 所示为 Micro800 系列设备的详细照片。

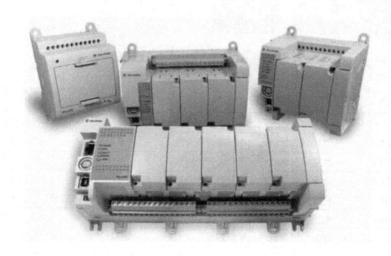

图 3-13　Micro800 系列设备

Micro830 行业解决方案概述

2011 年 6 月，罗克韦尔公司发布 Micro830 系列 PLC 12 款，2011 年 4 月 CCW（一体化

编程组态软件）升级至 1.1 版本，全面支持 WIN7 64 位系统、PVC、PF4 等，并且发布中文版，从而使罗克韦尔 PLC 在中国市场得到了巨大的发展。

1）Micro830 洗车设备应用实例，如图 3-14 所示。

设备功能：用于制药工业的消毒

Micro830 配置：10 到 40 位数字 I/O 系统；0 ~ 4 通道的 4 ~ 20mA 模拟信号输入设备。

HMI：双行数字显示触摸屏。

PLC 应用：过程计时器、加热控制、UV 光控制。

图 3-14　Micro830 洗车设备

连接组件：HMI + PLC

2）Micro830 消毒柜应用实例，如图 3-15 所示。

随着中国工业发展越来越快，罗克韦尔的 PLC 在中国应用也越来越广泛，大量的公司采用罗克韦尔的 PLC 进行行业方案解决，近年来的大型解决方案见表 3-4。

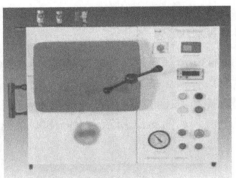

图 3-15　Micro830 消毒柜

表 3-4　近年来的大型解决方案（部分）

书号	中文名称	出版日期	下载
AUTO-BR002A-ZH-P	罗克韦尔自动化汽车行业解决方案	2012-04-13	4. 41MB
TIREAP-BR001A-ZH-P	罗克韦尔自动化汽车行业解决方案	2012-04-13	3. 88MB
ELPIVP-AP533A-ZH-P	电力及能源管理系统在能源提供的应用简介	2012-01-06	396KB
ELPIVP-AP012A-ZH-P	电力解决方案在机场的应用简介	2012-01-06	560KB
PULIVP-AP003A-ZH-P	电力及能源管理在造纸厂的应用简介	2012-01-06	523KB
OAG-AP003A-ZH-P	智能化罐区自动化系统解决方案	2010-12-10	1. 61MB
OAG-AP004A-ZH-P	电力能源管理系统（PEMS）在油气行业的解决方案	2010-12-10	1. 48MB
BEV-AP002A-ZH-P	华润雪花啤酒案例分析	2009-11-30	2. 11MB
BEV-AP001A-ZH-P	饮料啤酒厂糖化车间解决方案	2009-10-28	488KB
METALS-AP006A-ZH-P	钢铁行业 ICM 应用手册	2009-10-28	1. 88MB
METALS-AP003A-ZH-P	罗克韦尔自动化氧化铝、电解铝、铝加工电机智能化控制解决方案	2009-10-23	2. 15MB

（续）

书号	中文名称	出版日期	下载
OAG-BR002A-ZH-P	油气生产现场智能石油和天然气解决方案	2009-08-22	1.9MB
OAG-AP002A-ZH-P	钻井自动化应用解决方案	2009-08-22	770KB
OAG-PP001A-ZH-P	石油和天然气工业服务和技术支持简介	2009-08-22	717KB
OAG-WP002A-ZH-P	石油和天然气工业服务中压变频器应用白皮书	2009-08-22	886MB
WWW-AP001A-ZH-P	罗克韦尔自动化水与污水行业应用手册	2009-07-20	31MB
CEMENT-AP001A-ZH-P	罗克韦尔自动化水泥行业应用手册	2009-07-01	5.65MB
POWERF-AP001A-ZH-P	火电厂烟气脱硫控制系统解决方案	2009-07-01	623KB
CEMENT-BR001A-ZH-P	水泥行业解决方案	2009-02-13	3.16MB

3.4.3　Micro830 控制器及其功能性插件模块

1. Micro830 控制器整体简介

为了满足机器制造商对于微型可编程逻辑控制器（PLC）灵活性的需求，并帮助他们优化独立机器的性能和成本，2011 年 12 月罗克韦尔自动化发布了新款 Allen-Bradley 增强型 Micro830PLC。这款微型 PLC 以内置运动控制功能为特色，最多支持三个运动轴，因此可为各种应用提供支持。

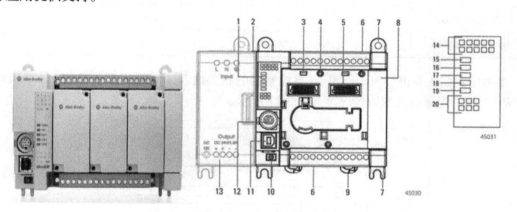

图 3-16　Micro830 10/16 点控制器和状态指示灯

如图 3-16 所示中各个指示灯的说明见表 3-5：

表 3-5　控制器与状态指示灯说明

控制器说明	状态指示灯说明	控制器说明	状态指示灯说明
状态指示灯	输入状态	安装螺丝孔/安装脚	—
可选电源插槽	电源状态	DIN 导轨安装锁销	—
插件锁销	运行状态	模式开关	—
插件螺丝孔	故障状态	B 型连接器 USB 端口	—
40 针高速插件连接器	强制状态	RS232/RS485 非隔离式组合串行端口	—
可拆卸 I/O 端子块	串行通信状态	可选交流电源	—
右侧盖	输出状态		

2. Micro830 控制器的 I/O 配置

Micro830 控制器有 12 种型号，不同型号的控制器的 I/O 配置是不一样的，根据基座嵌入的 I/O 点数，可以将控制器分为 10、16、24 或 48 点控制器。具体参数见表 3-6。

表 3-6　Micro830 不同型号输入输出参数

产品目录号	输入 110V AV	DC 24V/V AV	输出继电器	24V 灌入型	24V 拉出型
2080-LC30-10QWB		6	4		
2080-LC30-10QVB		6		4	
2080-LC30-16AWB	10		6		
2080-LC30-16QWB		10	6		
2080-LC30-16QVB		10		6	
2080-LC30-24QBB		14			10
2080-LC30-24QVB		14		10	
2080-LC30-24QWB		14	10		
2080-LC30-48AWB	28		20		
2080-LC30-48QBB		28			20
2080-LC30-48QVB		28		20	
2080-LC30-48QWB		28	20		

本书中我们主要讲解 Micro830 16 点控制器的相关内容，下面具体介绍一下 2080-LC30-16QWB I/O 的配置以及接线情况，如图 3-17 所示。

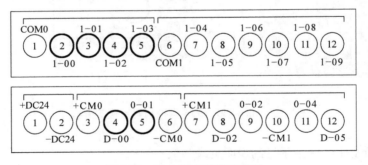

图 3-17　输入输出端子示意图

通过表 3-6 可以发现 Micro830 的输出分为灌入型和拉出型，但仅是对于数字信号，对于模拟信号则没有区别，灌入型/拉出型、输入/输出接线的实例如图 3-18、图 3-19、图 3-20、图 3-21 所示。

示例：

Micro830 PLC 有多达 5 个功能性插件槽，适用于需要运动控制功能、灵活的通信功能和具有 I/O 扩展功能的单机应用项目；不同类型的控制器有相同的外形尺寸和附件；外形尺寸

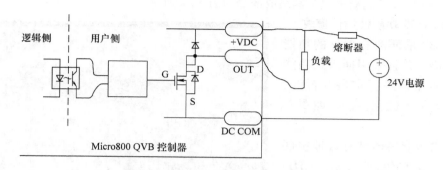

图 3-18　灌入型输出接线示意图

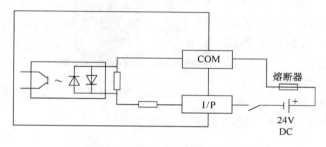

图 3-19　灌入型输入接线示意图

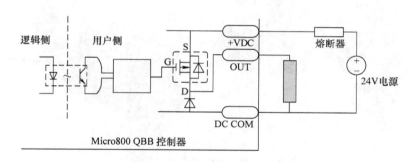

图 3-20　拉出型输出接线示意图

取决于基座上嵌入的 I/O 点数：10、16、24 或 48；控制器可支持以下功能：多达 3 个脉冲串输出（PTO）；多达 6 个高速计数器输入（HSC）；DC 24V 模块有频率为 100kHz 的 PTO 和 HSC；通过 PLC open 运动控制指令支持单轴运动；Home、Stop、MoveRelative、MoveAbsolute、MoveVelocity；嵌入式通信；USB 编程；非隔离串行端口（RS232/485）。在接下来的部分我们将对 Micro830 的功能性插件模块进行详细的介绍。

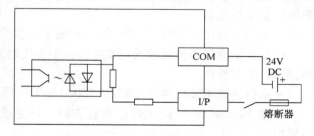

图 3-21　拉出型输入接线示意图

Micro830 PLC 控制器模块及其组成部分如图 3-22 所示。

3. Micro830 功能性插件模块

Micro830 系列拥有大量的功能性插件模块，并且采用插入式功能模块，方便用户进行扩展和拆卸，极大地实现了人性化控制，如图 3-23 所示。

插入式功能块能够有效地扩展 I/O，增加数字/模拟 I/O，RTD，TC，并且无需额外的安装空间；可以有效地提高性能，增加了 HSC、PTO、运动控制等模块，加强了运动控制能力；增加了备份存储器模块 RTC，增强了功能。

主要的功能性插件模块如下：

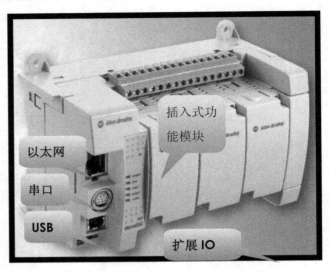

图 3-22　Micro830 PLC 控制器模块及其组成部分

● 模拟量输入/输出（2080-IF2、2080-IF4、2080-OF2—2 通道/4 通道，非隔离）

图 3-23　Micro830 功能性插件模块

采用创新的小型 PLC 嵌入模拟量 I/O 来定制小型 PLC。多达 20 个模拟量输入。

● 热电阻/热电偶（2080-TC2—2 通道，非隔离）

可使用带自动调节功能的 PID，实现温度控制。将低成本的 Micro830 控制器变成一台单回路温度控制器。

● 可调电位计（2080-TRIMPOT6—6 通道，模拟量输入）

增添 6 个模拟预设量的低成本方法，用于控制速度、位置和温度。嵌入到控制器中，避免操作员的误操作。

● 串行端口 RS232/485（2080-SERIALISOL—隔离）

利用 Modbus RTU 和 ASCⅡ 协议支持，可完成高密度串行通信任务。多达 5 个附加串行端口。

● 备份内存具有高精度实时时钟（2080-MEMBAK-RTC）

一步操作就可以完成备份数据日志。

支持带电插拔，可在线检索数据，无需停止控制器就可用于复制/更新 Micro800 应用项目代码。

增加高精度实时时钟功能，无需校准或更新。

（1）模拟量输入模块　2080-IF2/IF4

2080-IF2/IF4 为 Micro830 非隔离式单极模拟量输入的扩展模块，该插件会增加额外的嵌入式模拟 I/O（最多 10 个模拟量输出），并提供 12 位分辨率。该插件可插入 Micro830 控制器的任意插槽，但是不支持带电插拔。如图 3-24 所示为模块引脚图。

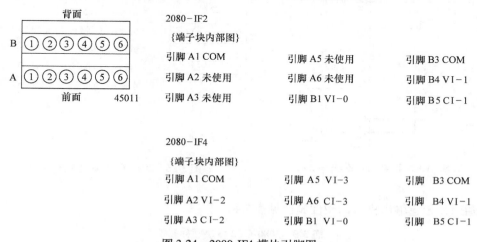

图 3-24　2080-IF4 模块引脚图

模拟量输入模块的硬件属性见表 3-7。

表 3-7　2080-IF2/IF4 模块硬件属性

硬件属性	2/4 通道模拟量输入模块属性
模拟量额定工作范围	电压：DC 0～10V 电路：0～20mA
最大分辨率	12 位（单极性），在软件中有 50Hz、60Hz、250Hz 和 500Hz
数据范围	0～65535
输入阻抗	电压终端：>220kΩ；电流终端：250Ω
模块误差超过温度范围的百分比	电压：±1.5%；电流：±2.0%
输入通道组态	通过软件屏幕组态或者通过用户程序组态
输入电路校准	没有要求
扫描时间	180ms
母线隔离的输入组	没有隔离
通道之间隔离	没有隔离
相对湿度	5%～95%，没有冷凝
操作海拔	2000m
最大电缆长度	10m

其中 2080-IF4 模拟量输入模块的接线图如图 3-25 所示。

（2）模拟量输出模块 2080-OF2

2080-OF2 为 Micro830 非隔离式单极模拟量输出的扩展模块，该插件会增加额外的嵌入式模拟 I/O（最多 20 个模拟量输入），并提供 12 位分辨率。该插件可插入 Micro830 控制器的任意插槽，但不支持带电插拔。如图 3-26 所示为模块引脚图。

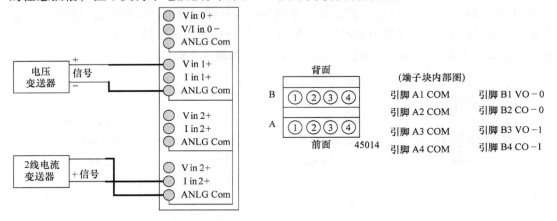

图 3-25　2080-IF4 模拟量输入模块接线图　　　　　图 3-26　2080-OF2 模块引脚图

两通道模拟量输出模块的硬件属性见表 2-8。

表 3-8　2080-OF2 模块硬件属性

硬件属性	两通道模拟量输出模块属性
模拟量额定工作范围	电压：DC 10V 电路：0 ~ 20mA
最大分辨率	12 位（单极性）
数据范围	0 ~ 65535
最大 D/A 转化率（所有通道）	2.5ms
达到 65% 的阶跃响应时间	5ms
输入阻抗	电压终端：>220kΩ；电流终端：250Ω
电源输出的最大电流负载	10mA
电流输出的电阻负载	0 ~ 500Ω
模块误差超过温度范围的百分比	电压：±1.5%；电流：±2.0%
输入通道组态	通过软件屏幕组态或者通过用户程序组态
输入电路校准	没有要求
扫描时间	180ms
母线隔离的输入组	没有隔离
通道之间隔离	没有隔离
相对湿度	5% ~ 95%，没有冷凝
操作海拔	2000m
最大电缆长度	10m

2080-OF2 模块的接线如图 3-27 所示。

（3）RS-232/485 隔离串口模块 2080-SERIALISOL

该插件支持 Modbus RTU 和 ASCII 协议。不同于嵌入式 Micro830 串行端口，该端口是电气隔离的，非常适合连接到噪声设备（如变频器和伺服驱动器），以及长距离电缆通信，使用 RS-485 时最长距离为 100M（109.36yd）。本书中采用此模块通过 RS-485 同变频器进行通信，具体内容在变频器设置中会讲到。该模块的引脚图如图 3-28 所示。

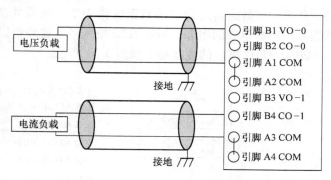

图 3-27　2080-OF2 模块接线图

注：A1…A4 会短接至主接地母线。现场与主单元电源之间没有隔离。

在使用 RS-232 电缆将 Micro830 连接到调制解调器时，可延长的最大的电缆长度为 15.24m（50ft），对应接线如图 3-29 所示。

图 3-28　S232/485 隔离串口模块引脚图

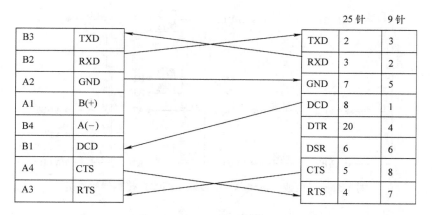

图 3-29　串口端口到调制解调器电缆的引脚接线图

（4）两通道 RTD 模块 2080-SERIALISOL

RTD 是 Resistance Temperature Detector 的缩写，意思是电阻温度探测器，简称热电阻。

电阻温度探测器（RTD）实际上是一根特殊的导线，它的电阻随温度变化而变化，通常 RTD 材料包括铜、铂、镍及镍/铁合金。RTD 元件可以是一根导线，也可以是一层薄膜，采用电镀或溅射的方法涂敷在陶瓷类材料基底上。

　　2080-RTD2 模块支持电阻式温度检测器（RTD）测量，是数字量和模拟量的数据转换模块，并把转换数据传送到它的数据映像表中。此模块支持 11 种 RTD，每个通道都在 CCW 编程软件中有单独的组态，组态 RTD 输入后，模块可以把 RTD 读数转换成温度数据。

　　2080-RTD2 模块的接线端子如图 3-30 所示。

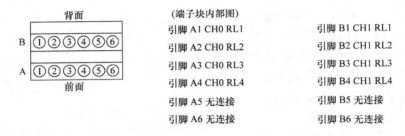

图 3-30　两通道 RTD 模块 2080-SERIALISOL 引脚图

　　该模块可支持 2、3、4 线传感器接口。由于三线和四线 RTD 在嘈杂的工业环境中准确性较好，所以较为常用。当使用这些传感器的时候，长度导致额外的电阻由第三个线（三线制）或额外两个线（四线制）进行补偿。

　　两线制传感器 3m 长的电缆读取温度时的最大误差为 0.9℃。对于长度不足 3m 的传感器电缆，该误差 <0.5℃。

　　三线、四线线制传感器 20m 长的电缆读取温度时的最大误差为 0.2℃。对于长度不足 3m 的传感器电缆，该误差 <0.2℃，不同线制的接线图如图 3-31 所示。

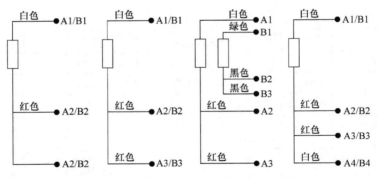

图 3-31　（两线、三线单、三线双、四线）传感器的连接

　　（5）六通道微调电位计模拟量输入模块 2080-TRIMPOT6

　　2080-TRIMPOT6 模块提供了一种经济的方式，用于添加 6 个模拟量预设以实现对速度、位置和温度的控制。该模块可以放到 Micro830 控制器的任意槽中，但是不支持带电插拔，其模块的外观和端子如图 3-32 所示。

　　该模块的相关属性见表 3-9。

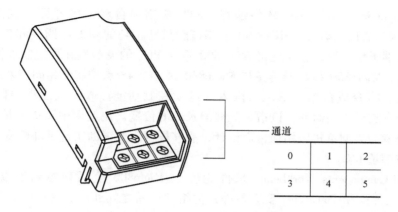

图 3-32 2080-TRIMPOT6 外观及端子

表 3-9 2080-TRIMPOT6 硬件属性

硬件属性	数据范围	相对湿度	操作海拔
数值	0 ~ 255	5% ~ 95%，没有冷凝	2000m

3.5 Micro850 PLC 的介绍

3.5.1 Micro850 PLC 的概述

为了满足机器制造商对于微型可编程逻辑控制器（PLC）灵活性的需求，并帮助他们优化独立机器的性能和成本，罗克韦尔自动化发布了新款 Allen-Bradley Micro850 PLC 和增强型 Micro830 PLC。这两款微型 PLC 均以内置运动控制功能为特色，最多支持三个运动轴，因此可为各种应用提供支持。如图 3-33 所示为 Micro850 48 点控制器外加扩展 I/O 模块的图片。

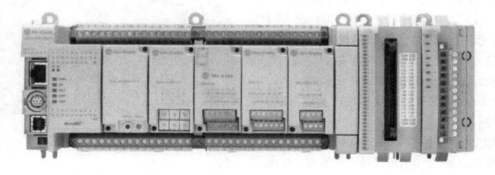

图 3-33 Micro850 48 点控制器

对于寻求高灵活性、高定制性、高 I/O 性能以及低空间占用的机器制造商和最终用户而言，全新的 Micro850 可扩展控制器是最理想的解决方案。除嵌入式运动控制功能以及用于

Connected Components Workbench 软件编程、RTU 应用项目和人机界面连接的 Ethernet/IP（仅服务器模式）通信功能外，Micro850 还能搭载尺寸小巧的功能性插件和扩展 I/O 模块，并采用可拆卸端子块设计，这无疑将 Micro800 系列 PLC 的灵活性和可定制性推向了一个新的高度。此外，Micro850 控制器具备与 Micro830 24 点、48 点控制器相同的外形尺寸、功能性插件支持度、指令或数据容量以及嵌入式运动控制功能。嵌入式运动控制功能可通过TouchProbe 指令支持 3 轴运动，该指令能够记录轴的位置，比使用中断更加精确。Micro850扩展 I/O 模块专为大型单机应用项目而设计，能够根据需要帮助实现更高密度以及更高精度的模拟量和数字量 I/O。

　　Connected Components Workbench 软件能够在 Micro800 全系列控制器以及 PanelView Component 人机界面和 PowerFlex 变频器等其他组件产品之间通用。这种新型软件基于罗克韦尔自动化和 Microsoft Visual Studio 的成熟技术，为 PanelView Component 操作员产品提供了控制器编程、设备配置以及与人机界面编辑器共享数据的功能。此外，该软件可支持 3 种标准 IEC 编程语言：梯形图、功能块图和结构化文本。为增强安全性，该软件正在针对所有Micro800 控制器增加控制器密码保护。

　　Micro850 微型 PLC 的封装形式、插件支持、指令/数据规模和运动控制功能与 24 点和48 点 Micro830 控制器相同，但增加了以太网功能和扩展 I/O 功能。Micro850 控制器专门针对 OEM 的需求，尤其适用于独立机器应用。

　　Ethernet/IP（仅服务器模式）可用于 Connected Components Workbench 软件编程、RTU 应用、连接人机界面（未来版本将支持由客户端发起消息的功能）

　　Micro850PLC 所提供的 I/O 灵活性是最大程度降低机器成本的关键因素之一。适用于需要更高密度和更高精度的模拟量和数字量 I/O 的大型单机应用项目（与 Micro830 控制器相比）。支持多达 4 个 Micro850 扩展 I/O 模块配合 Micro850 扩展 I/O 模块，48 点控制器最大可扩展到 132 个数字量 I/O 点。

　　它最多可支持 5 个插件，因此 OEM 通过附加 I/O、特殊功能和串行端口即可实现定制的功能，而无需增加控制器尺寸。如需要更多 I/O 或需要更高性能的模拟量 I/O，Micro850 控制器还支持多达 4 个 2085 扩展 I/O 模块，其中包括高密度数字量 I/O 和高精度模拟量 I/O，总计 132 个数字量 I/O 点。如图3-34 所示为 Miro850 的 I/O 扩展模块。

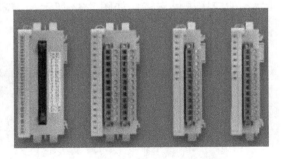

图 3-34　Miro850 的 I/O 扩展模块

　　Micro850 的扩展 I/O 模块产品包括以下 3种型号：

　　1）2085 模拟量扩展 I/O 模块：

　　模拟量输入和输出模块：4 通道，8 通道，隔离

　　高分辨率；

　　高精度。

　　2）2085 数字量扩展 I/O 模块：

　　提供多种直流和交流数字量模块以满足不同应用需求，不仅可以提供继电器输出模块，而且还可以为项目需求提供固态输出模块，提供高密度数字量 I/O 模块以减少接线

所占空间。

3）2085 特殊功能扩展 I/O 模块

提供热电阻输入模块（RTD）：4 通道，隔离；

提供热电偶输入模块（TC）：4 通道，隔离；

高精度。

4）2085 母线终端扩展 I/O 模块

终端盖板

Micro850 控制器的特性包括如下几点：

1）提供 24 点和 48 点控制器；

2）在 24V 直流型号上包含 100 kHz 的高速计数器（HSC）输入；

3）提供 USB 编程端口、非隔离串口（用于 RS-232 和 RS-485 通信）和以太网接口；

4）支持多达 5 个 Micro800 功能性插件模块；

5）支持多达 4 个 Micro850 扩展 I/O 模块；

6）支持多达 3 个脉冲序列输出（PTO）功能；

7）通过 EtherNet/IP™进行通信（仅限服务器模式）；

8）在 −20 至 65℃（−4 至 149°F）温度下工作。

3.5.2　Micro850 控制器及其功能性插件模块

1. Micro850 PLC 整体介绍

Micro850 控制器是一种带嵌入式输入和输出的可扩展方块控制器。它可安装 3 个功能性插件模块以及 4 个 Micro800 扩展 I/O 模块，并兼容任何满足最低规范要求的 24 V 直流输出电源，例如可选 Micro800 电源。

Micro850 控制器的外观和状态指示灯如图 3-35 和图 3-36 所示。参数详见表 3-10。

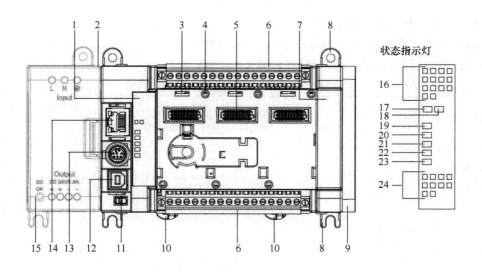

图 3-35　24 点 Micro850 控制器外观和状态指示灯

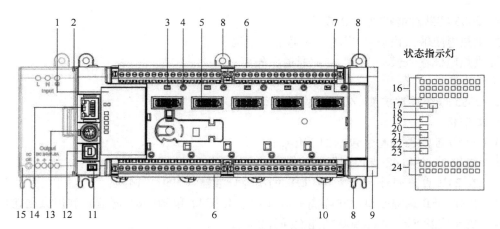

图 3-36　48 点 Micro850 控制器外观和状态指示灯

表 3-10　Micro850 控制器硬件和状态指示灯说明

硬件说明	状态指示灯说明	硬件说明	状态指示灯说明
状态指示灯	输入指示灯	扩展 I/O 槽盖	输出指示灯
可选电源插槽	模块指示灯	DIN 导轨安装闩锁	
功能性插件闩锁	网络指示灯	模式开关	
功能性插件螺丝孔	电源指示灯	B 类连接器 USB 端口	
40 引脚高速功能性插件连接器	运行指示灯	RS232/RS485 非隔离式复用串行端口	
可拆卸 I/O 端子块	故障指示灯	RJ-45 EtherNet/IP 连接器	
右侧盖板	强制 I/O 指示灯	（带嵌入式黄色和绿色 LED 灯）	
安装螺丝孔/安装支脚	串行通信指示灯	可选交流电源	

2. Micro850 PLC 的 I/O 配置

Micro850 控制器具备与 Micro830 24 点、48 点控制器相同的外形尺寸、功能性插件支持度、指令或数据容量以及嵌入式运动控制功能，见表 3-11。。

表 3-11　Micro850 24 点和 48 点控制器说明

产品目录号	输入		输出			运动轴	HSC
	AC 120/240V	12/24V	继电器	24V 灌入型	24V 拉出型		
2080-LC50-24AWB	14		10				
2080-LC50-24QBB		14			10	2 个 PTO	4 个 HSC
2080-LC50-24QVB		14		10		2 个 PTO	4 个 HSC
2080-LC50-24QWB		14	10				4 个 HSC
2080-LC50-48AWB	28		20				
2080-LC50-48QBB		28			20	3 个 PTO	6 个 HSC
2080-LC50-48QVB		28		20		3 个 PTO	6 个 HSC
2080-LC50-48QWB		28	20				6 个 HSC

本章中主要以 Micro850 2080-LC50-24QWB 为例给大家讲解 Micro850 的主要特性。如图 3-37 所示为控制器的外部接线图。第一排 I-00 ~ I-13 为输入端口，第二排 O-00 ~ O-09 为输出端口。其中 I-00 ~ I-07 为高速输入端口。

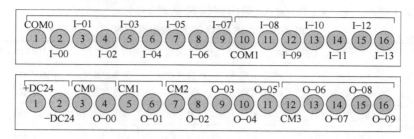

图 3-37　输入端子块和输出端子块

Micro850 控制器的输入分为灌入型和拉出型，但是这仅针对直流输入而言，并不适用交流输入。其接线方式同 Micro850 的本地 I/O 接线方式相同，在这里就不详细介绍。

不同型号的控制器，高速输入/输出的点不同，具体分布见表 3-12。

表 3-12　Micro850 控制器输入/输出点分布

控制器型号	高速输入/输出点分布	控制器型号	高速输入/输出点分布
2080-LC50-24AWB	I-00 ~ I-07	2080-LC50-48AWB	I-00 ~ I-11
2080-LC50-24QWB	I-00 ~ I-07	2080-LC50-48QWB	I-00 ~ I-11
2080-LC50-24QBB	I-00 ~ I-07、O-00 ~ O-01	2080-LC50-48QBB	I-00 ~ I-11、O-00 ~ O-03
2080-LC50-24QVB	I-00 ~ I-07、O-00 ~ O-01	2080-LC50-48QVB	I-00 ~ I-11、O-00 ~ O-03

3. Micro850 PLC 的脉冲序列输出

Micro830 和 Micro850 控制器支持高速脉冲序列输出（Pulse Train Outputs，PTO）数量和运动轴的数量。见表 3-13。根据控制器的性能，PTO 功能能够以一个制定频率产生指定数量的脉冲，这些脉冲可以输出到运动控制设备以控制这些设备（如伺服控制器），进而控制伺服电动机的旋转和位置。每一个 PTO 对应着一个轴，所以可以使用 PTO 功能建立一个位置控制系统。

表 3-13　Micro830 和 Micro850 控制器 PTO 和运动轴的数量

控制器型号	PTO（本地 I/O）	支持的运动轴
10/16 2080-LC30-10QVB；2080-LC30-16QVB	1	1
24 点 2080-LC30-24QVB；2080-LC30-24QBB 2080-LC50-24QVB；2080-LC50-24QBB	2	2
48 点 2080-LC30-48QVB；2080-LC30-48QBB 2080-LC50-48QVB；2080-LC50-48QBB	3	3

注意，对于 Micro830 系列控制器，只有固件版本 2.0 以上的才支持 PTO 功能。

每一个运动轴都需要多个输入/输出信号来控制，Micro830 和 Micro850 控制器带的 PTO 脉冲信号和 PTO 方向信号就可以用来控制轴运动，剩下的 PTO 的输入/输出通道可以禁止或是作为普通 I/O 使用。本地 PTO 输入/输出点信息见表 3-14。

表 3-14　本地 PTO 输入/输出点信息

运动控制信号	PTO0 (EM_00)		PTO1 (EM_01)		PTO2 (EM_02)	
	在软件中的名称	在本地端子排名称	在软件中的名称	在本地端子排名称	在软件中的名称	在本地端子排名称
PTO pulse	_IO_EM_DO_00	O-00	_IO_EM_DO_01	O-01	_IO_EM_DO_02	O-02
PTO direction	_IO_EM_DO_03	O-03	_IO_EM_DO_04	O-04	_IO_EM_DO_05	O-05
Lower (Negative) Limit switch	_IO_EM_DI_00	I-00	_IO_EM_DI_04	I-04	_IO_EM_DI_08	I-08
Upper (Positive) Limit switch	_IO_EM_DI_01	I-01	_IO_EM_DI_05	I-05	_IO_EM_DI_09	I-09
Absolute Home switch	_IO_EM_DI_02	I-02	_IO_EM_DI_06	I-06	_IO_EM_DI_10	I-10
Touch Probe Input switch	_IO_EM_DI_03	I-03	_IO_EM_DI_07	I-07	_IO_EM_DI_11	I-11

下面以 2080-LC50-24QBB 控制器为例，介绍运动控制系统的搭建，如图 3-38 所示。

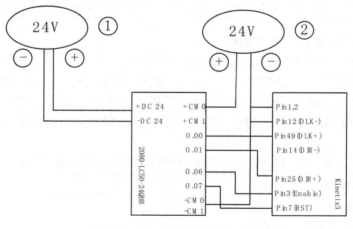

图 3-38　运动控制系统接线示例

注：如果引脚 1、2 连接的是 24V 电源的正极，使能位（引脚 3）和重置位（引脚 7）将会变成拉出型输入。

3.5.3　Micro850 高速计数器和可编程限位开关

所有的 Micro830 和 Micro850 控制器都支持高速计数器（High-Speed Counter, HSC）功能，最多的能支持 6 个 HSC。高速计数器功能块包含两个部分：一部分是位于控制器上的本地 I/O 端子，另一部分是 HSC 功能块指令（具体详见 Micro830 指令系统章节）。HSC 的参数设置以及数据更新都需要在 HSC 功能块指令中设置。

可编程限位开关（Programmable Limit Switch，PLS）功能允许用户组态 HSC 为 PLS 或者是凸轮开关。

如图 3-39 所示为 HSC 组态为 PLS 的示意图，通过 HSC 数据结构的设置，可以将 HSC 组态为 PLS 使用。

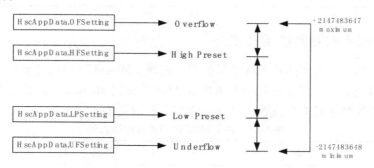

图 3-39   HSC 组态为 PLS 的示意图

所有的 Micro830 和 Micro850 控制器，除了 2080-LCxx-xxAWB，都有 100kHz 的高速计数器。每个主高速计数器有 4 个专用的输入，每个副高速计数器有两个专用的输入。不同点数控制器 HSC 的个数和本地输入号见表 3-15 和表 3-16。

表 3-15   不同点数控制器 HSC 个数

	10/16 点	24 点	48 点
HSC 个数	2	4	6
主 HSC	1（counter0）	2（counter0，2）	3（counters0，2 and 4）
副 HSC	1（counter0）	2（counter1，3）	3（counters1，3 and 5）

表 3-16   每个 HSC 使用的本地输入号

HSC	使用的输入点	HSC	使用的输入点
HSC0	0 ~ 3	HSC3	6，7
HSC1	2，3	HSC4	8，11
HSC2	4 ~ 7	HSC5	10，11

由表 3-16 可见，HSC0 的副计数器是 HSC1，其他 HSC 类似。所以每组 HSC 都有共用的输入通道，表 3-17 列出 HSC 的输入使用本地 I/O 情况。

表 3-17   每个 HSC 使用的本地输入号

HSC	本地 I/O											
	00	01	02	03	04	05	06	07	08	09	10	11
HSC0	A/C	B/D	Reset	Hold								
HSC1			A/C	B/D								
HSC2					A/C	B/D	Reset	Hold				

（续）

HSC	本地 I/O											
	00	01	02	03	04	05	06	07	08	09	10	11
HSC3							A/C	B/D				
HSC4									A/C	B/D	Reset	Hold
HSC5											A/C	B/D

3.5.4　Micro850 控制器扩展式模块

Micro800 系列一个重要的特色就是可扩展式模块，Micro850 控制器支持多种数字量和模拟量扩展 I/O 模块。可以连接任意组合的扩展 I/O 模块到 Micro850 控制器上，但是要求本地、嵌入、扩展的数字量 I/O 点数。Micro850 扩展模块见表 3-18。

表 3-18　每个 HSC 使用的本地输入号

扩展模块型号	类别	种类
2085-IQ16	离散	16 点数字量输入，12/24V 灌入/拉出型
2085-IQ32T	离散	32 点数字量输入，12/24V 灌入/拉出型
2085-OV16	离散	16 点数字量输出，DC 12/24V 灌入型
2085-OB16	离散	16 点数字量输出，DC 12/24V 拉出型
2085-OW8	离散	8 点 2A 继电器输出
2085-OW16	离散	16 点 2A 继电器输出
2085-IA8	离散	8 点 AC 120V 输入
2085-IM8	离散	8 点 AC 240V 输入
2085-OA8	离散	8 点 AC 120V/240V 输出
2085-IF4	模拟	4 通道，14 位隔离电压/电流输入
2085-IF8	模拟	8 通道，14 位隔离电压/电流输入
2085-OF4	模拟	4 通道，14 位隔离电压/电流输出
2085-IRT4	模拟	4 通道，16 位隔离电阻（RTD）和热电偶输入模块
2085-ECR	终端	2085 的总线终端电阻

模拟量扩展 I/O 模块是一种将模拟信号转化为数字信号输入到计算机以及将数字信号转化为模拟信号输出的模块。控制器可以通过这些控制信号达到控制的目的。

1. 模拟量模块

（1）I/O 属性

2085-IF4 和 2085-IF8 分别支持 4 通道和 8 通道输入，2085-OF4 支持 4 通道输出。每个通道都可以被设置成电流或者电压输入/输出，其中电流模式为默认配置。

（2）数据范围

2085-IF4、2085-IF8 和 2085-OF4 的有效数据范围见表 3-19 和表 3-20。

表 3-19　2085-IF4、2085-IF8 的有效数据范围

数据格式	类型/范围			
	0 ~ 20 mA	4 ~ 20 mA	-10 ~ +10V	0 ~ 10V
原始/比例数据	-32768 到 32767			
	0 ~ +21000	+3200 ~ +21000	-10500 ~ +10500	-500 ~ +10500
百分比范围	0 ~ +10500	-500 ~ +10625	不受支持	-500 ~ +10500

表 3-20　2085-OF4 的有效数据范围

数据格式	类型/范围			
	0 ~ 20mA	4 ~ 20mA	-10 ~ +10V	0 ~ 10V
原始/比例数据	-32768 到 32767			
	0 ~ +21000	+3200 ~ +21000	-10500 ~ +10500	0 ~ +10500
百分比范围	0 ~ +10500	-500 ~ +10625	不受支持	0 ~ +10500

（3）数据配置

1）2085-IF4 的数据配置

模拟量输入值能从全局变量_ IO _ Xx _ AI _ yy 读出，x 代表扩展槽 1 ~ 4，yy 代表通道数号 00 ~ 03. 2085-OF4 和 2085-IF8 的模拟量输入值读取以及 x、y 意义同 2085-IF4。

模拟量输入状态值能从全局变量_ IO _ Xx _ ST _ yy 读出，x 代表扩展槽号 1 ~ 4，yy 代表状态字 00 ~ 02. 2085-IF4 的数据格式见表 3-21。

表 3-21　2085-IF4 的数据格式

位	状态字 0 说明	状态字 1 说明	状态字 2 说明
0	诊断	S0（通道 0 故障）	S2（通道 2 故障）
1	诊断	DE0（通道 0 数据错误）	DE2（通道 2 数据错误）
2	诊断	LA0（通道 0 下限警报）	LA2（通道 2 下限警报）
3	诊断	HA0（通道 0 上限警报）	HA2（通道 2 上限警报）
4	诊断	LLA0（通道 0 下下限警报）	LLA2（通道 2 下下限警报）
5	诊断	HHA0（通道 0 上上限警报）	HHA2（通道 2 上上限警报）
6	诊断	保留	保留
7	诊断	保留	保留
8	保留	S1（通道 1 故障）	S3（通道 3 故障）
9	保留	DE1（通道 1 数据错误）	DE3（通道 3 数据错误）
10	保留	LA1（通道 1 下限警报）	LA3（通道 3 下限警报）
11	保留	HA1（通道 1 上限警报）	HA3（通道 3 上限警报）
12	诊断	LLA1（通道 1 下下限警报）	LLA3（通道 3 下下限警报）
13	CRC（循环冗余校验错误）	HHA1（通道 1 上上限警报）	HHA3（通道 3 上上限警报）
14	GF（一般故障）	保留	保留
15	PU（接通电源）	保留	保留

2）2085-IF8 的数据配置

模拟量输入状态值能从全局变量 _ IO _ Xx _ ST _ yy 读出，x 代表扩展槽号 1 ~ 4，yy 代表状态字 00 ~ 04。若是想从状态字中读出某一位，也能通过在全局变量后面附加一个 zz 读出来，zz 代表位号 00 ~ 15。2085-2F8 的数据格式见表 3-22。2085-IF4 和 2085-IF8 的字段描述见表 3-23。

表 3-22　2085-IF8 的数据格式

位	状态字 0 说明	状态字 1 说明	状态字 2 说明	状态字 3 说明
0	诊断	S0（通道 0 故障）	S2（通道 2 故障）	S4（通道 4 故障）
1	诊断	DE0（通道 0 数据错误）	DE2（通道 2 数据错误）	DE4（数据错误）
2	诊断	LA0（通道 0 下限警报）	LA2（通道 2 下限警报）	LA4（通道 4 下限警报）
3	诊断	HA0（通道 0 上限警报）	HA2（通道 2 上限警报）	HA4（通道 4 上限警报）
4	诊断	LLA0（通道 0 下下限警报）	LLA2（通道 2 下下限警报）	LLA4（通道 4 下下限警报）
5	诊断	HHA0（通道 0 上上限警报）	HHA2（通道 2 上上限警报）	HHA4（通道 4 上上限警报）
6	诊断	保留	保留	保留
7	诊断	保留	保留	保留
8	保留	S1（通道 1 故障）	S3（通道 3 故障）	S5（通道 5 的通道故障）
9	保留	DE1（通道 1 数据错误）	DE3（通道 3 数据错误）	DE5（数据错误）
10	保留	LA1（通道 1 下限警报）	LA3（通道 3 下限警报）	LA5（通道 5 下限警报）
11	保留	HA1（通道 1 上限警报）	HA3（通道 3 上限警报）	HA5（通道 5 上限警报）
12	诊断	LLA1（通道 1 下下限警报）	LLA3（通道 3 下下限警报）	LLA5（通道 5 下下限警报）
13	CRC（循环冗余校验错误）	HHA1（通道 1 上上限警报）	HHA3（通道 3 上上限警报）	HHA5（通道 5 上上限警报）
14	GF（一般故障）	保留	保留	保留
15	PU（接通电源）	保留	保留	保留

表 3-23　2085-IF4 和 2085-IF8 的字段描述

字段		说　明
CRC	CRC 错误	表示在接收到的数据中存在循环冗余校验错误（CRC）。当接收到有效数据时会将其清除。将设置所有通道故障位（Sx）
DE#	数据错误	当已启用的输入通道未读取电流数据时设置这些位（1）。相反，会将先前输入的数据发送到控制器
GF	一般故障	当以下任一故障发生时设置此位（1）：RAM 测试故障、ROM 测试故障、EEPROM 故障以及保留了位。将设置所有通道故障位（S#）
HA#	上限警报超出范围	如果输入通道超过选定配置定义的预设上限，则将设置这些位（1）
HHA#	上上限警报超出范围	如果输入通道超过选定配置定义的预设上上限，则将设置这些位（1）
LA#	下限警报低于范围	当输入通道低于配置的下限警报限制时，系统将设置这些位（1）
LLA#	下下限警报低于范围	当输入通道低于配置的下下限警报限制时，系统将设置这些位（1）
PU	接通电源	在打开电源之后设置此位。当模块接受良好配置数据时会将其清除。当在运行模式下发生意外 MCU 重置时将设置此位。将设置所有通道故障位（S#）。模块将保持连接，但是无配置数据。在下载有效的配置之后 PU 和通道故障位将被清除
S#	通道故障	如果相应通道打开、包含数据错误或低于/超出范围，则系统将设置这些位（1）

3）2085-OF4 的数据配置

控制位状态值能从全局变量_ IO _ Xx _ CO _ OOzz 读出，x 代表扩展槽号 1 ~ 5，zz 代表位号 00 ~ 12、2085-OF4 控制数据配置见表 3-24。

表 3-24　2085-IF4 的控制数据配置

变量	位	说明	变量	位	说明
_ IO _ Xx _ CO _ 00	0	U00（通道 0 解锁超出位）	_ IO _ Xx _ CO _ 00	8	CE0（通道 0 解锁错误位）
	1	UU0（通道 0 解锁低于位）		9	CE1（通道 1 解锁错误位）
	2	U01（通道 1 解锁超出位）		10	CE2（通道 2 解锁错误位）
	3	UU1（通道 1 解锁低于位）		11	CE3（通道 3 解锁错误位）
	4	U02（通道 2 解锁超出位）		12	保留
	5	UU2（通道 2 解锁低于位）		13	保留
	6	U03（通道 3 解锁超出位）		14	保留
	7	UU3（通道 3 解锁低于位）		15	保留

这一全局变量用于清除闭锁的警报。在运行模式期间将写入 UUx 和 UOx 位以清除任何闭锁的警报。当设置未闭锁位（1）且警报条件不再存在时，警报将不再闭锁。如果警报条件仍然存在，则未闭锁位不起作用。

在运行模式期间将写入 CEx 位以清除任何 DAC 硬件错误位（由于先前的输出过载故障）并重新启用通道。

（4）状态数据

模拟量输出状态值能从全局变量_ IO _ Xx _ ST _ YY 读出，x 代表扩展槽 1 ~ 4，yy 代表状态字 00 ~ 06，状态字中独立的每一位能够通过在全局变量的名字后面加 zz 读出来，zz 是位号 0 ~ 15。

2085-OF4 状态数据配置和字段见表 3-25 及表 3-26。

表 3-25　2085-OF4 的控制数据配置

位 ＼ 变量	_ IO _ Xx _ ST _ 00、_ IO _ Xx _ ST _ 01 _ IO _ Xx _ ST _ 02、_ IO _ Xx _ ST _ 03	_ IO _ Xx _ ST _ 04	_ IO _ Xx _ ST _ 05	_ IO _ Xx _ ST _ 06
0	模块状态值 0、1、2、3。在运行模式期间，这些字显示了当前对相应通道设置的实际输出级别。它通常会遵照相应的输出字，除非这些字超出范围（超出范围或低于范围故障）。在这些故障情况下，将应用完全最大或最小值，或者高或低钳位值（如果启用）。在输出过载故障情况下，相应输出通道将关闭，且其错误代码将显示在此处	S0（通道 0 故障）	O0（超出范围标志）当通道 0 超出范围时设置	保留
1		S1（通道 1 故障）	U0（低于范围标志）当通道 0 低于范围时设置	
2		S2（通道 2 故障）	保留	
3		S3（通道 3 故障）	保留	
4		E0（通道 0 错误）	O1（超出范围标志）当通道 1 超出范围时设置	
5		E1（通道 1 错误）	U1（低于范围标志）当通道 1 低于范围时设置	
6		E2（通道 2 错误）	保留	

（续）

变量 位	_IO_Xx_ST_00、_IO_Xx_ST_01 _IO_Xx_ST_02、_IO_Xx_ST_03	_IO_Xx_ST_04	_IO_Xx_ST_05	_IO_Xx_ ST_06
7		E3（通道 3 错误）	保留	
8	模块状态值 0、1、2、3。在运行模式期间，这些字显示了当前对相应通道设置的实际输出级别。它通常会遵照相应的输出字，除非这些字超出范围（超出范围或低于范围故障）。在这些故障情况下，将应用完全最大或最小值，或者高或低钳位值（如果启用）。在输出过载故障情况下，相应输出通道将关闭，且其错误代码将显示在此处	保留	O2（超出范围标志） 当通道 2 超出范围时设置	
9		保留	U2（低于范围标志） 当通道 2 低于范围时设置	
10		保留	保留	
11		保留	保留	保留
12		（诊断）	O3（超出范围标志） 当通道 3 超出范围时设置	
13		CRC（循环冗余校验错误）	U3（低于范围标志） 当通道 3 低于范围时设置	
14		GF（一般故障）	保留	
15		PU（接通电源）	保留	

表 3-26　2085-OF4 的字段描述

字段		说　明
CRC	CRC 错误	表示在接收到的数据中存在循环冗余校验错误（CRC）。当接收到有效数据时会将其清除。将设置所有通道故障位（Sx）
Ex	Error	表示存在与通道 x 关联的 DAC 硬件错误（高负载电阻）。错误代码可能会在以下输入字之一（0 到 3）显示。系统将禁用通道 x，直到在运行模式期间写入 CEx 位以清除 DAC 硬件错误位
GF	一般故障	表示已发生故障。例如：RAM 测试故障、ROM 测试故障、EEPROM 故障或保留了位。将设置所有通道故障位（Sx）
Ox	超出范围标志	表示控制器试图将模拟输出置于其正常操作范围之上或通道的高钳位级别之上。如果未对通道设置钳位级别，该模块会继续将模拟输出数据转换为最大全范围值
PU	接通电源	表示在运行模式期间出现意外 MCU 重置。将设置所有通道错误位（Ex）和故障位（Sx）。模块将保持连接，但是无配置数据。在您下载有效的配置之后 PU 和通道故障位将被清除
Sx	通道故障	表示存在与通道 x 有关的错误
Ux	低于范围标志	表示控制器试图将模拟输出置于其正常操作范围之下或通道的低钳位级别之下（如果为通道设置了钳位限制）

2. 四通道 IRT4 模块

2085-IRT4 支持热电偶与热电阻的种类和电压、阻值范围见表 3-27。

2085-IRT4 输入变量的温度范围数据格式的范围始终映射到全模拟范围（每个传感器的温度范围，0～100 mV 或 0～500Ω）。输入变量温度范围基于通道选择的数据格式和传感器类型。输入变量的温度范围,见表 3-28。注意:如果选择热电偶类型 B(572 到 3308 °F)或类型 C(32 到 4199 °F),以及工程单位 x1 (°F),则输入数据的最大值仅为 32767(而不是 33080 或 41990)。

表 3-27　热电偶和热电阻的种类和电压范围

热 电 偶			热 电 阻		
传感器类型	范围/℃	范围/℉	传感器类型	范围/℃	范围/℉
热电偶 B	300 ~ 1820	572 ~ 3308	100 铂 385	− 200 ~ 870	− 328 ~ 1598
热电偶 C	0 ~ 2315	32 ~ 4199	200 铂 385	− 200 ~ 400	− 328 ~ 752
热电偶 E	− 270 ~ 1000	− 454 ~ 1832	100 铂 3916	− 200 ~ 630	− 328 ~ 1166
热电偶 J	− 210 ~ 1200	− 346 ~ 2192	200 铂 3916	− 200 ~ 400	− 328 ~ 752
热电偶 K	− 270 ~ 1372	− 454 ~ 2502	100 镍 618	− 60 ~ 250	− 76 ~ 482
热电偶 TXK/XK(L)	− 200 ~ 800	− 328 ~ 1472	200 镍 618	− 60 ~ 200	− 76 ~ 392
热电偶 N	− 270 ~ 1300	− 454 ~ 2372	120 镍 672	− 80 ~ 260	− 112 ~ 500
热电偶 R	− 50 ~ 1768	− 58 ~ 3214	10 铜 427	− 200 ~ 260	− 328 ~ 500
热电偶 S	− 50 ~ 1768	− 58 ~ 3214	支持的欧姆	0 ~ 500Ω	
热电偶 T	− 270 ~ 400	− 454 ~ 752	支持的毫伏	0 ~ + 100mV	

表 3-28　0 ~ 3 的数据格式的有效范围

数据格式	传感器类型-温度 (10 热电偶和 8 RTD)	传感器类型 − 0 ~ 100 mV	传感器类型 − 0 ~ 500Ω
原始/比例数据	− 32768 ~ 32767		
工程单位 x1	温度值(℃/℉)	0 ~ 10000 2	0 ~ 5000 3
工程单位 x10	温度值(℃/℉)	0 ~ 1000 5	0 ~ 500 6
百分比范围	0 ~ 10000 7		

第 4 章　Micro800 控制器的指令系统

4.1　梯形图的基本工具

4.1.1　直接线圈

直接线圈支持连接线布尔状态的布尔输出，其表达形式及示例如图 4-1 和图 4-2 所示。

关联变量被赋予左侧连接的布尔状态。左侧连接的状态将传播至右侧连接。右侧连接必须与右侧垂直电源导轨相连（除非采用的是并联线圈，这种情况下仅上方的线圈必须与右侧垂直电源导轨相连）。

关联的布尔变量必须为输出变量或用户定义的变量。

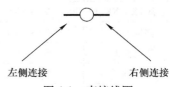

图 4-1　直接线圈

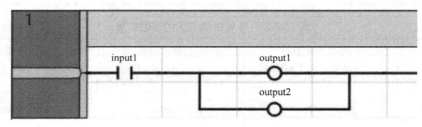

图 4-2　直接线圈示例

4.1.2　反向线圈

反向线圈根据连接线状态的布尔非运算结果支持布尔输出，其表达形式及示例如图 4-3 和图 4-4 所示。

关联变量的值为左侧连接线状态的布尔非运算结果。左侧连接的状态将传播至右侧连接。右侧连接必须与右侧垂直电源导轨相连（除非您采用的是并联线圈，这种情况下仅上方的线圈必须与右侧垂直电源导轨相连）。

图 4-3　反向线圈

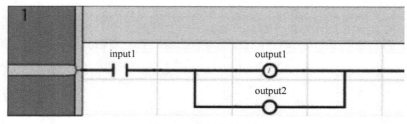

图 4-4　反向线圈示例

关联的布尔变量必须为输出变量或用户定义的变量。

4.1.3　设置线圈

设置线圈支持连接线布尔状态的布尔输出，其表达形式及示例如图 4-5 和图 4-6 所示。

左侧连接的布尔状态置为"真"时，关联的变量将置为"真"。输出变量将一直保持此值，直到重置线圈发出反向指令为止。左侧连接的状态将传播至右侧连接。右侧连接必须与右侧垂直电源导轨相连（除非您采用的是并联线圈，这种情况下仅上方的线圈必须与右侧垂直电源导轨相连）。

图 4-5　设置线圈

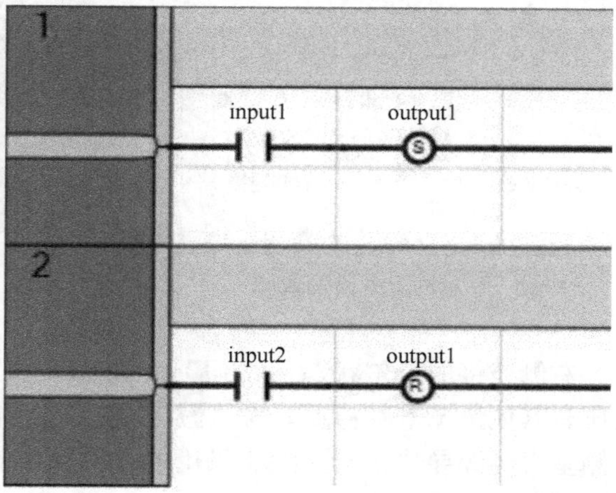

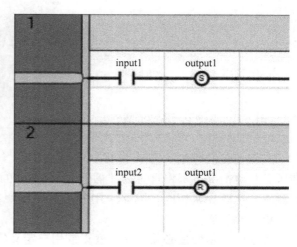

图 4-6　反向线圈示例

关联的布尔变量必须为输出变量或用户定义的变量。

4.1.4　重设线圈

重设线圈支持连接线布尔状态的布尔输出，其表达形式及示例如图 4-7 和图 4-8 所示。

左侧连接的布尔状态置为"真"时，关联的变量将重置为"假"。输出变量将一直保持此值，直到置位线圈发出反向指令为止。左侧连接的状态将传播至右侧连接。右侧连接必须与右侧垂直电源导轨相连（除非采用的是并联线圈，这种情况下仅上方的线圈必须与右侧垂直电源导轨相连）。

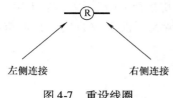

图 4-7　重设线圈

图 4-8　重设线圈示例

关联的布尔变量必须为输出变量或用户定义的变量。

4.1.5　脉冲上升沿的线圈

脉冲上升沿（或正极）的线圈支持连接线布尔状态的布尔输出，其表达形式及示例如图 4-9 和图 4-10 所示。

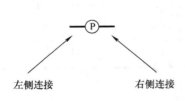

图 4-9　脉冲上升沿的线圈

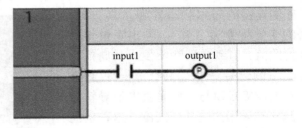

图 4-10　脉冲上升沿的线圈示例

左侧连接的布尔状态从"假"上升为"真"时，关联的变量将置为"真"。输出变量在所有其他情况下都将重置为"假"。左侧连接的状态将传播至右侧连接。右侧连接必须与右侧垂直电源导轨相连（除非采用的是并联线圈，这种情况下仅上方的线圈必须与右侧垂直电源导轨相连）。

关联的布尔变量必须为输出变量或用户定义的变量。

4.1.6　脉冲下降沿的线圈

脉冲下降沿（或负值）的线圈支持连接线布尔状态的布尔输出，其表达形式及示例如图 4-11 和图 4-12 所示。

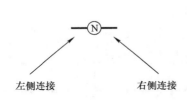

图 4-11　脉冲下降沿的线圈

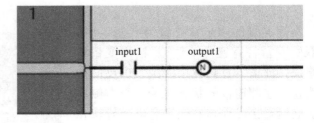

图 4-12　脉冲下降沿的线圈示例

左侧连接的布尔状态从"真"下降为"假"时，关联的变量将置为"真"。输出变量在所有其他情况下都将重置为"假"。左侧连接的状态将传播至右侧连接。右侧连接必须与右侧垂直电源导轨相连（除非采用的是并联线圈，这种情况下仅上方的线圈必须与右侧垂直电源导轨相连）。

关联的布尔变量必须为输出变量或用户定义的变量。

4.1.7　直接接触

直接接触支持在连接线状态与布尔变量之间进行布尔运算，其表达形式及示例如图 4-13 和图 4-14 所示。

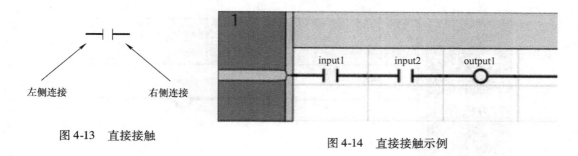

图 4-13　直接接触　　　　　　　图 4-14　直接接触示例

接触右侧连接线的状态是左侧连接线的状态与接触所关联变量的值之间进行逻辑"与"运算后得到的结果。

4.1.8　反向接触

反向接触支持对布尔变量进行布尔非运算后再与连接线状态进行布尔运算，其表达形式及示例如图 4-15 和图 4-16 所示。

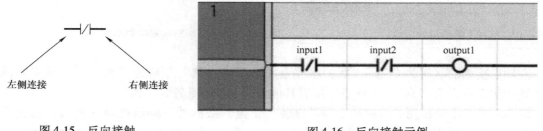

图 4-15　反向接触　　　　　　　图 4-16　反向接触示例

接触右侧连接线的状态是对接触所关联变量的值进行布尔非运算后再与左侧连接线的状态进行逻辑"与"运算后得到的结果。

4.1.9　脉冲上升沿接触

脉冲上升沿（或正向）接触支持在连接线状态与布尔变量的上升沿之间进行布尔运算，其表达形式及示例如图 4-17 和图 4-18 所示。

在左侧连接线的状态为"真"，所关联变量的状态由"假"上升为"真"时，接触右侧的连接线的状态将设为"真"。该状态在所有其他情况下都将重置为"假"。

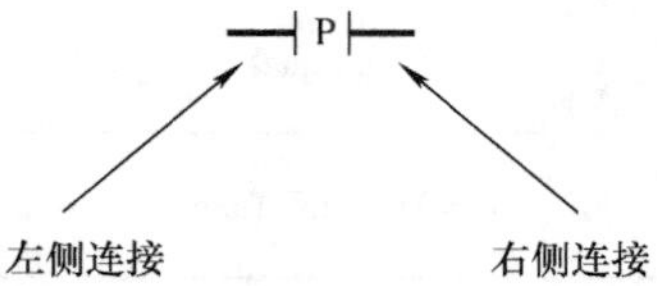

注意：建议不要使用具有脉冲上升沿接触（正值）或脉冲下降沿接触（负值）的输出或变量。这些接触用于梯形图中的物理输入。如果要检测变量或输出的沿，建议使用 R _ TRIG/F _ TRIG 功能块，它支持所有语言，并且可在程序中的任何位置使用。

图 4-17　脉冲上升沿接触

4.1.10　脉冲下降沿接触

脉冲下降沿（或负值）接触支持在连接线状态与布尔变量的下降沿之间进行布尔运算，其表达形式及示例如图 4-19 和图 4-20 所示。

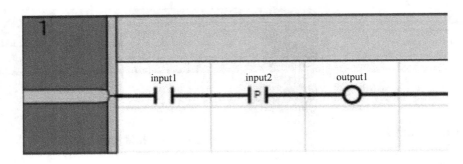

图 4-18　脉冲上升沿接触示例

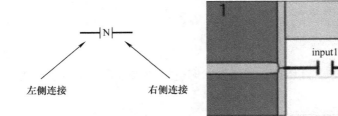

图 4-19　脉冲下降沿接触接触

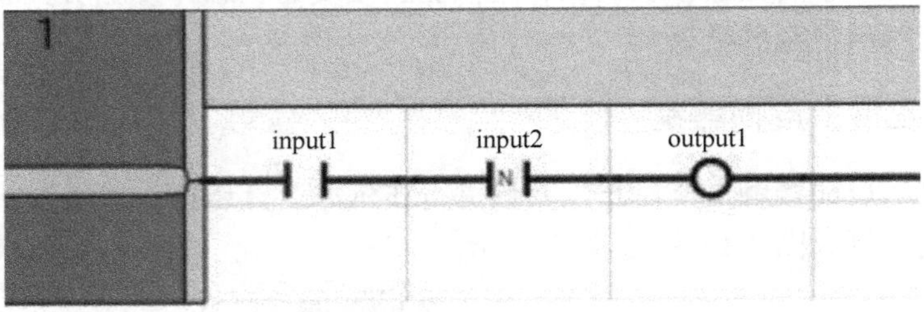

图 4-20　脉冲下降沿接触接触示例

　　左侧连接线的状态为"真"，所关联变量的状态由"真"下降为"假"时，接触右侧连接线的状态将设为"真"。该状态在所有其他情况下都将重置为"假"。

　　注意：建议不要使用具有脉冲上升沿接触（正值）或脉冲下降沿接触（负值）的输出或变量。这些接触用于梯形图中的物理输入。如果要检测变量或输出的沿，建议使用 R_TRIG/F_TRIG 功能块，它支持所有语言，并且可在程序中的任何位置使用。

4.2　比较指令

　　比较指令用于使用表达式或特定的比较指令来比较输入值的大小，见表 4-1。

表 4-1　比较指令

运算符	说　明
（ = ）Equal	将第一个输入与第二个输入进行比较，以确定整型、实型、时间、日期和字符串数据类型是否相等
（ > ）Greater Than	对于整型、实型、时间、日期和字符串值，比较输入值以确定第一个输入是否大于第二个输入
（ > = ）Greater Than or Equal	对于整型、实型、时间、日期和字符串值，比较输入值以确定第一个输入是否大于或等于第二个输入
（ < ）Less Than	对于整型、实型、时间、日期和字符串值，比较输入值以确定第一个输入是否小于第二个输入
（ < = ）Less Than or Equal	对于整型、实型、时间、日期和字符串值，比较输入值以确定第一个输入是否小于或等于第二个输入
（ < > ）Not Eequal	对于整型、实型、时间、日期和字符串值，比较输入值以确定第一个输入是否不等于第二个输入

4.2.1　Less Than or Equal

对于整型、实型、时间、日期和字符串值，Less Than or Equal 比较输入值以确定第一个输入是否小于或等于第二个输入，其表达形式如图 4-21 所示。

对于 TON、TP 和 TOF，不建议进行时间值的相等测试，参数见表 4-2。

Less than or equal（ < = ）运算符 ST 语言示例：

（ ＊ 与之等效的 ST：＊ ）

aresult ： = （ 10 < = 25 ）；（ ＊ aresult 为 TRUE ＊ ）

mresult ： = （'ab' < = 'ab'）；（ ＊ mresult 为 TRUE ＊ ）

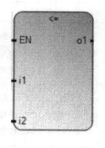

图 4-21　功能块

表 4-2　参　　数

参数	参数类型	数据类型	说　　明
EN	输入	BOOL	函数启用 当 Enable = TRUE 时，执行输入比较 当启用 = 假时，不执行比较 仅适用于 LD 程序
i1	输入	SINT-USINT-BYTE-INT-UINT-WORD-DINT-UDINT-DWORD-LINT-ULINT-LWORD-REAL-LREAL-TIME-DATE-STRING	所有输入的数据类型必须相同。时间输入适用于 ST、LD 和 FBD 语言
i2	输入	SINT-USINT-BYTE-INT-UINT-WORD-DINT-UDINT-DWORD-LINT-ULINT-LWORD-REAL-LREAL-TIME-DATE-STRING	
o1	输出	BOOL	TRUE（如果 i1 < = i2）

4.2.2　Not equal

对于整型、实型、时间、日期和字符串值，Not Equal 比较输入值以确定第一个输入是否不等于第二个输入，其表达形式如图 4-22 所示，参数见表 4-3。

Not equal（ < > ）运算符 ST 语言示例：

（ ＊ 与之等效的 ST：＊ ）

aresult ： = （ 10 < > 25 ）；（ ＊ aresult 为 TRUE ＊ ）

mresult ： = （'ab' < > 'ab'）；（ ＊ mresult 为 FALSE ＊ ）

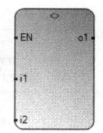

图 4-22　功能块

表 4-3　参　　数

参数	参数类型	数据类型	说　　明
EN	输入	BOOL	函数启用 当 Enable = TRUE 时，执行当前比较计算 当 Enable = FALSE 时，不执行计算 仅适用于 LD 程序

（续）

参数	参数类型	数据类型	说　明
i1	输入	BOOL-SINT-USINT-BYTE-INT-UINT-WORD-DINT-UDINT-DWORD-LINT-ULINT-LWORD-REAL-LREAL-TIME-DATE-STRING	所有输入的数据类型必须相同
i2	输入	BOOL-SINT-USINT-BYTE-INT-UINT-WORD-DINT-UDINT-DWORD-LINT-ULINT-LWORD-REAL-LREAL-TIME-DATE-STRING	
o1	输出	BOOL	TRUE（如果第一个 < > 第二个）

4.2.3　Less Than

对于整型、实型、时间、日期和字符串值，Less Than 比较输入值以确定第一个输入是否小于第二个输入。其表达形式如图 4-23 所示，参数见表 4-4 及表 4-5。

（﹡ 与之等效的 ST：﹡）

aresult：=（10 < 25）；（﹡ aresult 为 TRUE ﹡）

mresult：=（'z' < 'B'）；（﹡ mresult 为 FALSE ﹡）

（﹡ 与之等效的 IL：﹡）

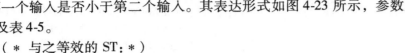

图 4-23　功能块

表 4-4　参　数

参数	参数类型	数据类型	说　明
EN	输入	BOOL	函数启用 当 Enable = TRUE 时，执行输入比较 当启用 = 假时，不执行比较 仅适用于 LD 程序
i1	输入	SINT-USINT-BYTE-INT-UINT-WORD-DINT-UDINT-DWORD-LINT-ULINT-LWORD-REAL-LREAL-TIME-DATE-STRING	所有输入的数据类型必须相同
i2	输入	SINT-USINT-BYTE-INT-UINT-WORD-DINT-UDINT-DWORD-LINT-ULINT-LWORD-REAL-LREAL-TIME-DATE-STRING	
o1	输出	BOOL	TRUE（如果 i1 < i2）

表 4-5　参　数

LD	LT	ST	LD	LT	ST
10	25	Aresult	'z'	'B'	Mresult

4.2.4　等于

Equal（=）将第一个输入与第二个输入进行比较，以确定整型、实型、时间、日期和字符串数据类型是否相等。其表达形式及示例如图 4-24 和图 4-25 所示。

建议：使用 Equal（ = ）运算符

不建议对 TON、TP 和 TOF 函数进行时间值相等测试。

不建议对实型数据类型进行相等值比较，因为数学运算中数字的舍入方法与变量输出画面中出现的数字不同。结果可能会造成两个输出值可能在显示器中显示相等，但评估结果仍为错误。例如，在变量输入画面中，23.500001 与 23.499999 都将显示为23.5，但在控制器中则不相等。有关确定是否相等的其他方法，请参见表 4-6。

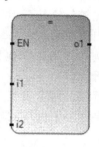

图 4-24　功能块

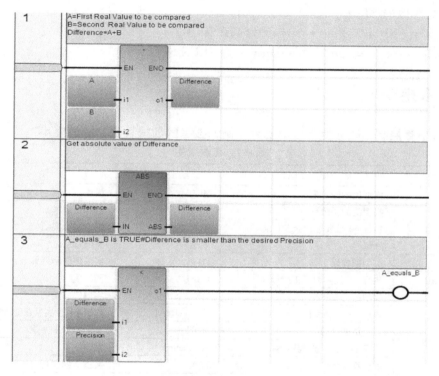

图 4-25　程序示例

表 4-6　参　　数

参数	参数类型	数据类型	说　　明
EN	输入	BOOL	当 Enable = TRUE 时，执行相等比较。当启用 = 假时，不执行比较。仅适用于 LD 程序
i1	输入	BOOL-SINT-USINT-BYTE-INT-UINT-WORD-DINT-UDINT-DWORD-LINT-ULINT-LWORD-REAL-LREAL-TIME-DATE-STRING	所有输入的数据类型必须相同。时间输入适用于 ST、LD 和 FBD 语言。注意：不建议实型数据类型进行相等值比较
i2	输入	BOOL-SINT-USINT-BYTE-INT-UINT-WORD-DINT-UDINT-DWORD-LINT-ULINT-LWORD-REAL-LREAL-TIME-DATE-STRING	
o1	输出	BOOL	TRUE（如果 i1 = i2）

示例：使用 Subtraction（ - ）、ABS 和 Less than（ < ）比较实型值

比较各值是否相等时，不建议使用实型数据类型，因为这比较的是经过舍入的数字。两个输出值在 Connected Components Workbench 画面中可能显示为相等，但评估为 FALSE。

例如，在变量输入画面中，23.500001 与 23.499999 都将显示为 23.5，但在控制器中则不相等。

要测试两个实型数据类型的值是否相等，可以使用相减指令得出两值之差，然后判断该差值是否小于设定的精度值。有关比较两个实型数据类型的值的信息，请参见以下 LD 程序示例。

Equal（ = ）运算符 ST 语言示例：

　(* 与之等效的 ST：*)

　aresult : = （10 = 25）; (* aresult 为 FALSE *)

　mresult : = （'ab' = 'ab'）; (* mresult 为 TRUE *)

4.3　算术指令

算术指令使控制器能够执行数学函数，例如数据的加减乘除，详见表 4-7。

表 4-7　算数指令

函　数	说　明	函　数	说　明
ABS	实型值的绝对值	MOD	模块
ACOS	实型值的反余弦	MOV	移动值副本
ACOS _ LREAL	执行 64 位实型反余弦计算	Multiplication	乘整型或实型值
Addition	加值	取反	将值取反
ASIN	实型值的反正弦	POW	实型值的幂计算
ASIN _ LREAL	执行 64 位实型反正弦计算	RAND	随机值
ATAN	实型值的反正切	SIN	实型值的正弦
ATAN _ LREAL	执行 64 位实型反正切计算	SIN _ LREAL	执行 64 位实型正弦计算
COS	实型值的余弦	SQRT	实际值的平方根
COS _ LREAL	执行 64 位实型余弦计算	Subtraction	减值
Division	除整型或实型值	TAN	实型值的正切
EXPT	实型值的指数计算	TAN _ LREAL	执行 64 位实型正切计算
LOG	实型值的对数	TRUNC	截断实型值，只保留整数

4.3.1　Multiplication

Multiplication 将两个或多个整型或实型值相乘。Multiplication 函数支持附加输入。功能块如图 4-26 所示，参数见表 4-8。

　示例：

　(* ST 等效值 *)

　ao10 : = ai101 * ai102;

　ao5 : = （ai51 * ai52）* ai53;

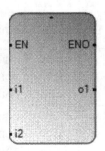

图 4-26　功能块

表4-8　参　　数

参数	参数类型	数据类型	说　明
EN	输入	BOOL	函数启用 当 Enable = TRUE 时，执行当前相乘计算 当 Enable = FALSE 时，不执行计算 仅适用于 LD 程序
i1	输入	SINT-USINT-BYTE-INT-UINT-WORD-DINT-UDINT-DWORD-LINT-ULINT-LWORD-REAL-LREAL	整型或实型数据类型的因数 所有输入的数据类型必须相同
i2	输入	SINT-USINT-BYTE-INT-UINT-WORD-DINT-UDINT-DWORD-LINT-ULINT-LWORD-REAL-LREAL	整型或实型数据类型的因数 所有输入的数据类型必须相同
o1	输出	SINT-USINT-BYTE-INT-UINT-WORD-DINT-UDINT-DWORD-LINT-ULINT-LWORD-REAL-LREAL	整型或实型数据类型输入的乘积 输入和输出必须使用相同的数据类型
ENO	输出	BOOL	启用输出 仅适用于 LD 程序。

4.3.2　Division

Division 将首个整型或实型输入值除以第二个整型或实型输入值。其功能块如图 4-27 所示，参数见表 4-9。

示例：

（＊与之等效的 ST：＊）

ao10 ： = ai101 ／ ai102；

ao5 ： = （ai5 ／ 2）／ ai53；

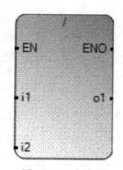

图 4-27　功能图

表4-9　参　　数

参数	参数类型	数据类型	说　明
EN	输入	BOOL	函数启用 当 Enable = TRUE 时，执行当前相除计算 当 Enable = FALSE 时，不执行计算 仅适用于 LD 程序
i1	输入	SINT-USINT-BYTE-INT-UINT-WORD-DINT-UDINT-DWORD-LINT-ULINT-LWORD-REAL-LREAL	非零整型或实型数据类型的被除数 所有输入的数据类型必须相同
i2	输入	SINT-USINT-BYTE-INT-UINT-WORD-DINT-UDINT-DWORD-LINT-ULINT-LWORD-REAL-LREAL	非零整型或实型数据类型的除数 所有输入的数据类型必须相同
o1	输出	SINT-USINT-BYTE-INT-UINT-WORD-DINT-UDINT-DWORD-LINT-ULINT-LWORD-REAL-LREAL	非零整型或实型数据类型输入的商 输入和输出必须使用相同的数据类型
ENO	输出	BOOL	启用输出 仅适用于 LD 程序

4.3.3　Addition

Addition 将两个或多个整型、实型、时间或字符串值相加。其功能块如图 4-28 所示,参数见表 4-10。

示例:

(＊与之等效的 ST:＊)

ao10 : = ai101 ＋ ai102;

ao5 : = (ai51 ＋ ai52) ＋ ai53;

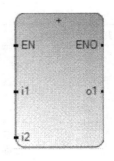

图 4-28　功能块

表 4-10　参　　数

参数	参数类型	数据类型	说　　明
EN	输入	BOOL	函数启用 当 Enable = TRUE 时,执行当前相加计算 当 Enable = FALSE 时,不执行计算 仅适用于 LD 程序
i1	输入	SINT-USINT-BYTE-INT-UINT-WORD-DINT-UDINT-DWORD-LINT-ULINT-LWORD-REAL-LREAL-TIME-STRING	整型、时间或字符串数据类型的加数 所有输入的数据类型必须相同
i2	输入	SINT-USINT-BYTE-INT-UINT-WORD-DINT-UDINT-DWORD-LINT-ULINT-LWORD-REAL-LREAL-TIME-STRING	整型、时间或字符串数据类型的加数 所有输入的数据类型必须相同
o1	输出	SINT-USINT-BYTE-INT-UINT-WORD-DINT-UDINT-DWORD-LINT-ULINT-LWORD-REAL-LREAL-TIME-STRING	实型、时间或字符串格式的输入值的和 输入和输出必须使用相同的数据类型
ENO	输出	BOOL	启用输出 仅适用于 LD 程序

4.3.4　MOV

MOV 将输入 (i1) 中值的副本移动到输出 (o1)。其功能块如图 4-29,参数见表 4-11。

示例:

(＊与之等效的 ST:＊)

ao23 : = ai10;

图 4-29　功能块

表 4-11　参　　数

参数	参数类型	数据类型	说　　明
EN	输入	BOOL	函数启用 当 EN = TRUE 时,执行直接链接到输出的计算 当 EN = FALSE 时,不执行计算 仅适用于 LD 程序 仅适用于 LD 程序

（续）

参数	参数类型	数据类型	说　明
i1	输入	BOOL-DINT-REAL-TIME-STRING-SINT-USINT-INT-UINT-UDINT-LINT-ULINT-DATE-LREAL-BYTE-WORD-DWORD-LWORD	输入和输出必须使用相同的数据类型
o1	输出	BOOL-DINT-REAL-TIME-STRING-SINT-USINT-INT-UINT-UDINT-LINT-ULINT-DATE-LREAL-BYTE-WORD-DWORD-LWORD	输入和输出必须使用相同的数据类型
ENO	输出	BOOL	启用输出 仅适用于 LD 程序

4.4　数据转换指令

数据转换指令用于将变量的数据类型转换为不同的数据类型，详见表 4-12。

表 4-12　数据转换指令

运　算　符	说　明	运　算　符	说　明
ANY _ TO _ BOOL	转换为布尔	ANY _ TO _ REAL	转换为实型
ANY _ TO _ BYTE	转换为 BYTE	ANY _ TO _ SINT	转换为短整型
ANY _ TO _ DATE	转换为日期	ANY _ TO _ STRING	转换为字符串
ANY _ TO _ DINT	转换为双整型	ANY _ TO _ TIME	转换为时间
ANY _ TO _ DWORD	转换为双字	ANY _ TO _ UDINT	转换为无符号双整型
ANY _ TO _ INT	转换为整型	ANY _ TO _ UINT	转换为无符号整型
ANY _ TO _ LINT	转换为长整型	ANY _ TO _ ULINT	转换为无符号长整型
ANY _ TO _ LREAL	转换为长实型	ANY _ TO _ USINT	转换为无符号短整型
ANY _ TO _ LWORD	转换为长字	ANY _ TO _ WORD	转换为字

4.4.1　MOV

ANY _ TO _ REAL 将值转换为实型值，功能块如图 4-30，参数见表 4-13，示例见表 4-14。

表 4-13　参　　数

参数	参数类型	数据类型	说　明
EN	输入	BOOL	函数启用 当 Enable = TRUE 时,执行转换为实型计算 当 Enable = FALSE 时，不执行计算 仅适用于 LD 程序
i1	输入	BOOL-SINT-USINT-BYTE-INT-UINT-WORD-UDINT-DWORD-LINT-ULINT-LWORD-REAL-LREAL-TIME-DATE-STRING	除实型之外的任何值

（续）

参数	参数类型	数据类型	说　　明
o1	输出	REAL	实型值
ENO	输出	BOOL	启用输出 仅适用于 LD 程序

表 4-14　ANY _ TO _ REAL 运算符 ST 语言示例

bres : = ANY _ TO _ REAL (true);	（ * bres 为 1.0 * ）
tres : = ANY _ TO _ REAL (t#1s46ms);	（ * tres 为 1046.0 * ）
mres : = ANY _ TO _ REAL ('198');	（ * mres 为 198.0 * ）

4. 4. 2　ANY _ TO _ DINT

ANY _ TO _ DINT 将值转换为 32 位双整型值，功能块如图 4-31 所示，参数见表 4-15 及表 4-16。

图 4-30　功能块

图 4-31　功能块

表 4-15　参　　数

参数	参数类型	数据类型	说　　明
EN	输入	BOOL	函数启用 当 Enable = TRUE 时，执行转换为 32 位双整型计算 当 Enable = FALSE 时，不执行计算 仅适用于 LD 程序
i1	输入	BOOL-SINT-USINT-BYTE-INT-UINT-WORD-UDINT-DWORD-LINT-ULINT-LWORD-REAL-LREAL-TIME-DATE-STRING	除双整型之外的任何值
o1	输出	DINT	32 位双整型值
ENO	输出	BOOL	启用输出 仅适用于 LD 程序

表 4-16　参　　数

bres : = ANY _ TO _ DINT (true);	（ * bres 为 1 * ）
tres : = ANY _ TO _ DINT (t#1s46ms);	（ * tres 为 1046 * ）
mres : = ANY _ TO _ DINT ('0198');	（ * mres 为 198 * ）

4.5　计数器指令

计数器指令用于根据事件数量控制操作，详见表 4-17。

表 4-17　计数器指令

函　　数	说　　明
CTD	此功能块从给定值到 0 逐个向下计数（整数）
CTU	从 0 到给定值逐个向上计数（整数）
CTUD	从 0 到给定值逐个向上计数（整数），或从给定值到 0（逐个）向下计数

4.5.1　CTU

CTU 从 0 到给定值逐个向上计数（整数），功能块如图 4-32 所示，参数见表 4-18。

CTU 功能块语言示例：功能块图如图 4-33，梯形图如图 4-34，结构文本如图 4-35，结果如图 4-36 所示。

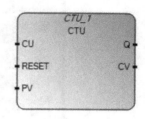

图 4-32　功能块

表 4-18　参　　数

参　　数	参数类型	数据类型	说　　明
CU	输入	BOOL	对输入进行计数（当 CU 为上升沿时进行计数）
RESET	输入	BOOL	重置基准命令
PV	输入	DINT	编程最大值
Q	输出	BOOL	溢出：当 CV ＞ = PV 时为 TRUE
CV	输出	DINT	计数器结果

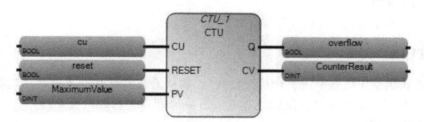

图 4-33　功能块图

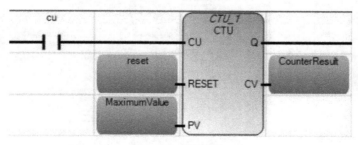

图 4-34　梯形图

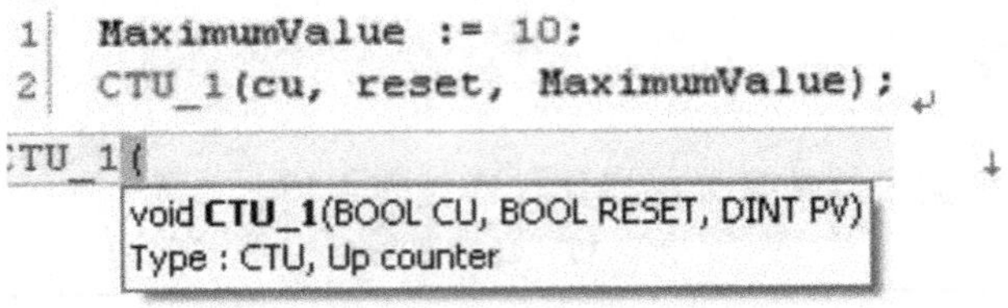

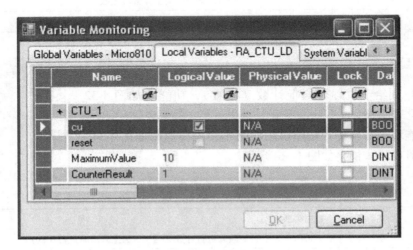

图 4-35　结构文本

图 4-36　结果

（＊与之等效的 ST：CTU1 是 CTU 块的一个实例 ＊）
CTU1（trigger，NOT（auto ＿ mode），100）；
overflow ：＝ CTU1. Q；
result ：＝ CTU1. CV；

4. 5. 2　CTUD

CTUD 从 0 到给定值逐个向上计数（整数），或从给定值到 0 向下计数。功能块如图 4-37、图 4-38，梯形图如图 4-39，结构化文本如图 4-40 所示，参数见表 4-19。

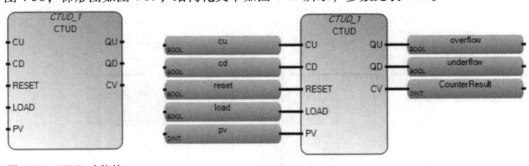

图 4-37　CTUD 功能块

图 4-38　功能块图

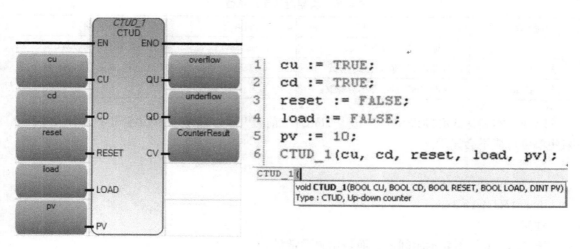

图 4-39　梯形图　　　　　　　　　　　　图 4-40　结构化文本

表 4-19　CTUD 参数

参数	参数类型	数据类型	说　明
CU	输入	BOOL	向上计数（当 CU 为上升沿时）
CD	输入	BOOL	向下计数（当 CD 为上升沿时）
RESET	输入	BOOL	重置基准命令（当 RESET 为 TRUE 时 CV = 0）
LOAD	输入	BOOL	加载命令（当 LOAD 为 TRUE 时 CV = PV）
PV	输入	DINT	编程最大值
QU	输出	BOOL	溢出：当 CV > = PV 时为 TRUE
QD	输出	BOOL	下溢：当 CV < = 0 时为 TRUE
CV	输出	DINT	计数器结果

CTUD 功能块示例：

（∗与之等效的 ST：我们假定 CTUD1 是块的实例 ∗）

CTUD1（trigger1，trigger2，reset _ cmd，load _ cmd，100）；

full : = CTUD1. QU；

empty : = CTUD1. QD；

nb _ elt : = CTUD1. CV；

4.6　时间数据类型

　　计时器变量是指时钟或计数器。此类变量拥有时间值，通常用在时间表达式中。一个计时器值不能超过 T#49d17h2m47s294ms，且不能为负值。计时器变量以 32 位字进行存储。内部表示方法为正数的毫秒数。

　　计时器文本表达式表示从 0 ~ 1193h2m47s294ms 的时间值。可接受的最小单位为毫秒。文本表达式中所用的标准时间单位见表 4-20。

表 4-20　常用时间表达单位

时间单位	说　明	时间单位	说　明
Day	字母 "d" 前必须为天数	Second	字母 "s" 前必须为秒数
Hour	字母 "h" 前必须为小时数	毫秒	字母 "ms" 前必须为毫秒数
Minute	字母 "m" 前必须为分钟数		

时间文本表达式必须以 "T#" 或 "TIME#" 前缀开头。前缀和单位字母不区分大小写。某些单位可能不会显示。

示例：

T#1H450MS-1h 450ms

time#1H3M-1h 3min

注意：

表达式 "0" 不表示时间值，而表示整型常量。

4.6.1　TOF

TOF 将内部计时器增加至指定值。功能块如图 4-41，图 4-43 和图 4-44 所示，时序图如图 4-42，结构化文本如图 4-45，结果如图 4-46 所示。参数见表 4-21。

图 4-41　TOF 功能块　　　　　　　　　　　　　图 4-42　时序图

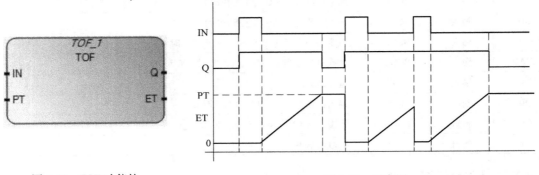

图 4-43　功能块图

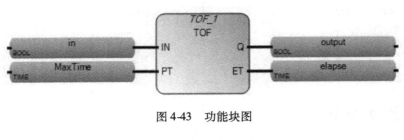

图 4-44　功能块图

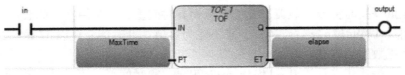

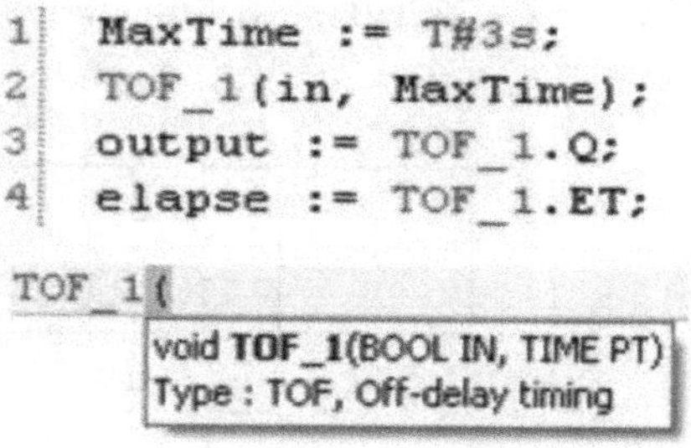

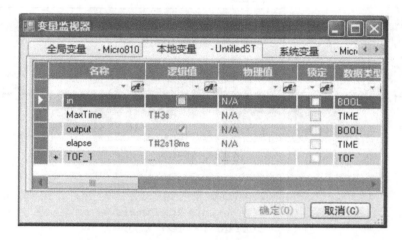

图 4-45　结构化文本

图 4-46　结果

表 4-21　参　　数

参数	参数类型	数据类型	说　　明
IN	输入	BOOL	如果是下降沿，内部计时器开始递增 如果是上升沿，停止并重置内部计时器
PT	输入	TIME	最大编程时间
Q	输出	BOOL	如果为 TRUE：总时间未过
ET	输出	TIME	当前已过去的时间。值的可能范围从 0ms ~ 1193h2m47s294ms 注意：如果对本块使用 EN 参数，则计时器在 EN 设为 TRUE 时开始递增，即使将 EN 设为 FALSE 也继续递增

4.6.2　TON

TON 将内部计时器增加至指定值。

不要使用跳转跳过梯形图（LD）中的 TON 功能块。如果的确执行了此操作，则 TON 计时器将在延时时间之后继续。

例如：梯级 1 包含一个跳转；梯级 2 包含一个 TON 功能块，延时时间为 10s；启用从梯级 1 到梯级 3 的跳转；在 30s 后禁用跳转；延时时间将为 30s，而非延时时间中定义的 10s。

功能块如图 4-47，时序图如图 4-48，梯形图如图 4-49，结构化文本如图 4-50，运行结果如图 4-51 所示，参数见表 4-22。

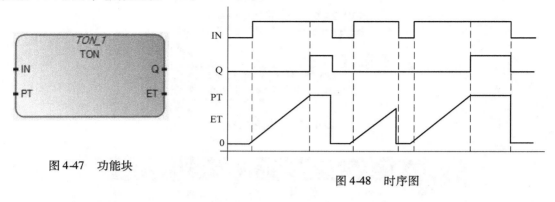

图 4-47　功能块

图 4-48　时序图

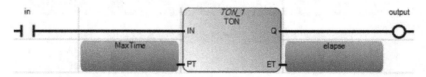

图 4-49　梯形图

```
1   MaxTime := T#3s;
2   TON_1(in, MaxTime);
3   output := TON_1.Q;
4   elapse := TON_1.ET;
```

TON_1(
void **TON_1**(BOOL IN, TIME PT)
Type : TON, On-delay timing

图 4-50　结构化文本

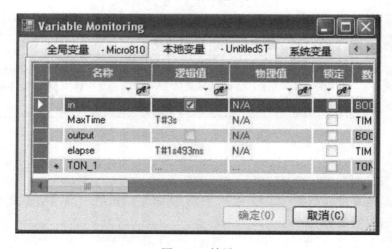

图 4-51　结果

表 4-22　参　　数

参数	参数类型	数据类型	说　明
IN	输入	BOOL	如果是上升沿，内部计时器开始递增 如果是下降沿，停止并重置内部计时器
PT	输入	TIME	最大编程时间
Q	输出	BOOL	如果为 TRUE，则设定的时间已过
ET	输出	TIME	当前已过去的时间。值的可能范围从 0ms ~ 1193h2m47s294ms 注意：如果对本块使用 EN 参数，则计时器在 EN 设为 TRUE 时开始递增，即使将 EN 设为 FALSE 也继续递增

4.7　高速计数器指令

4.7.1　HSC

HSC 将高预设、低预设和输出源值应用到高速计数器。功能块如图 4-52、图 4-53，梯形图如图 4-54，结构化文本如图 4-55 所示，参数见表 4-23。

配置可编程限位开关（PLS）：

高速计数器具有用于实施可编程限位开关（PLS）的附加操作模式。PLS 功能用于将高速计数器配置为用作 PLS 或旋转凸轮开关。PLS 功能最多支持 255 对高预设和低预设，可供您在需要多对高预设和低预设时使用。

在 HSC 中启用 PLS：

PLS 模式仅可与 Micro800 控制器的 HSC 共同运行，并且必须在 HSC 中启用，方法是将 HSCAppData. PLSEnable 参数设置为 True。

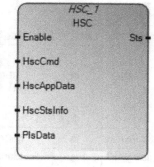

图 4-52　功能块

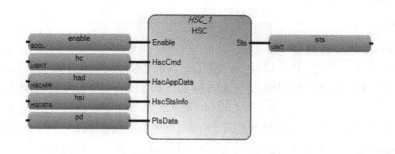

图 4-53　功能块

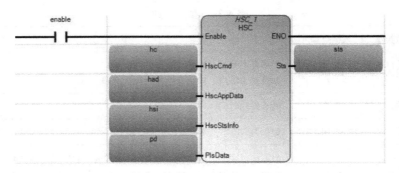

图 4-54　梯形图

```
1  HSC_1(enable, hc, had, hsi, pd);
2  sts := HSC_1.Sts;
```

HSC_1(
void **HSC_1**(BOOL Enable, USINT HscCmd, HSCAPP HscAppData, HSCSTS HscStsInfo, PLS[1..1] PlsData, UINT __ADI_PlsD
Type : HSC, Apply high/low presets and output source to high-speed counter.

图 4-55　结构化文本

表 4-23　参　　　数

参　　数	参数类型	数据类型	说　　　明
Enable	输入	BOOL	功能块启用 当 Enable = TRUE 时，执行 HSC 命令参数中指定的 HSC 操作 当 Enable = FALSE 时，不发布任何 HSC 命令
HscCmd	输入	USINT	向 HSC 发布命令
HSCAppData	输入	HSCAPP	HSC 应用程序配置（通常仅需一次）
HSCStsInfo	输入	HSCSTS	HSC 动态状态，在 HSC 计数期间不断更新
PlsData	输入	DINT UDINT	可编程限位开关（PLS）数据结构
Sts	输出	UINT	HSC 执行状态
ENO	输出	BOOL	启用输出 仅适用于 LD 程序

启用 PLS 时的 HSC 操作：

PLS 功能可与所有其他 HSC 功能一起使用，包括能够选择通过哪个 HSC 事件来生成用户中断。已启用 PLS 功能且控制器处于运行模式下时，HSC 对传入脉冲计数，并发生以下事件。

- 当计数达到 PLS 数据中定义的首个预设（HSCHP 或 HSCLP）时，将通过 HSC 掩码（HSCAPP. OutputMask）写入输出源数据（SCHPOutput 或 HSCLPOutput）。
- 此时，PLS 数据中定义的下个预设（HSCHP 和 HSCLP）将变为活动的。
- 当 HSC 计数至新预设时，将通过 HSC 掩码写入新的输出数据。

- 此过程会继续，直至载入 PLS 数据块中的最后一个元素。
- 此时，PLS 数据块中的活动元素会重置为零。
- 此行为称作循环操作。

示例：如何创建高速计数器（HSC）程序

本例展示了如何创建使用正交编码器并具有可编程限位开关（PLS）功能的高速计数器（HSC）程序。如图 4-56 所示。任务见表 4-24。

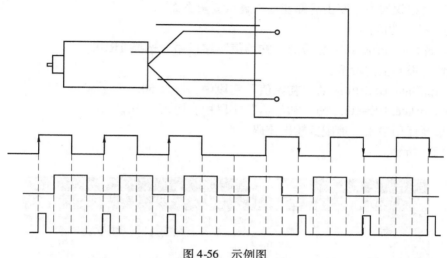

图 4-56　示例图

表 4-24　任务列表

不支持	任　务	不支持	任　务
1	创建梯形图并添加变量	4	测试程序并运行高速计数器
2	将值分配给 HSC 变量	5	添加可编程限位开关（PLS）功能
3	分配变量并生成程序		

高速计数器程序示例采用 HSC 功能块和带相位输入 A 与 B 的正交计数器。正交编码器确定旋转方向和旋转设备（例如车床）位置。双向计数器将对正交编码器的旋转计数。

以下正交编码器连接到输入 0 和 1。计数方向由 A 和 B 之间的相位角决定：

- 如果 A 先于 B，则计数器递增。
- 如果 B 先于 A，则计数器递减。

创建高速计数器（HSC）程序：

执行以下任务以创建、生成和测试 HSC 程序，然后添加 PLS 功能。

示例：如何添加可编程限位开关（PLS）功能。

本例展示了如何将可编程限位开关（PLS）功能添加到 HSC 程序。

用于计数器设置的变量值：

- MyAppData.PlsEnable 用于启用或禁用 PLS 设置。如果使用了 MyAppData 变量，则应将它设置为 FALSE（已禁用）。
- MyAppData.HscID 用于指定基于模式和应用程序类型应使用哪些嵌入式输入。请参见

HSC 输入和配线图以了解可使用的各种 ID 以及嵌入式输入和其特性。

● 如果使用 ID 0，则不能在同一个控制器上使用 ID 1，因为输入已被"重置"和"保存"使用。

● MyAppData. HscMode 用于指定 HSC 将用于计数的操作类型。请参见 HSC 模式（HSCAPP. HSCMode）。

启用 PLS：

1. 在项目组织器中，双击局部变量以显示变量页面。

2. 启用 PLS 功能：

在 MyAppData. PlsEnable 变量的"初始值"字段中，选择 TRUE。

3. 配置下溢和上溢设置：

在 MyAppData. OFSetting 的"初始值"字段中，键入 50。

在 MyAppData. UFSetting 的"初始值"字段中，键入 -50。

4. 如果要使用输出，请配置输出掩码。

结果如图 4-57 所示。

Prog1-POU	Micro830	Prog1-VAR ×				
	名称	数据类型	维度	别名	初始值	特性
+	HSC_1	HSC			...	读/写
	MyCommand	USINT				读/写
+	MyAppData	HSCAPP			...	读/写
+	MyInfo	HSCSTS			...	读/写
-	MyPLS	PLS	[1..4]		...	读/写
	- MyPLS[1]	PLS			...	读/写
	MyPLS[1].Hs	DINT				读/写
	MyPLS[1].Hs	DINT				读/写
	MyPLS[1].Hs	UDINT				读/写
	MyPLS[1].Hs	UDINT				读/写
	MyPLS[2]	PLS			...	读/写
	MyPLS[2].Hs	DINT				读/写
	MyPLS[2].Hs	DINT				读/写
	MyPLS[2].Hs	UDINT				读/写
	MyPLS[2].Hs	UDINT				读/写
	- MyPLS[3]	PLS			...	读/写
	MyPLS[3].Hs	DINT				读/写
	MyPLS[3].Hs	DINT				读/写
	MyPLS[3].Hs	UDINT				读/写
	MyPLS[3].Hs	UDINT				读/写
	- MyPLS[4]	PLS			...	读/写
	MyPLS[4].Hs	DINT				读/写
	MyPLS[4].Hs	DINT				读/写
	MyPLS[4].Hs	UDINT				读/写
	MyPLS[4].Hs	UDINT				读/写
	MyStatus	UINT				读/写

图 4-57　结果

在本例中，PLS 变量具有维度 [1··4]。这意味着，HSC 可以具有四对高预设和低预设。高预设应始终设为低于 OFSetting，低预设则应始终高于 UFSetting。HscHPOutPut 值和

HscLPOutPut 值将确定在达到高预设和低预设时会开启的输出。

示例：可编程限位开关（PLS）已启用。

本主题描述了使用特定 HSC 和 PLSData 参数值启用 PLS 后的结果。

HSC 参数值：

本例假定以下 HSC 参数使用这些值。

- HSCApp. OutputMask = 31
- HSCApp. HSCMode = 0
- HSC 仅控制嵌入式输出 0…4

PLSData 参数值：

本例假定变量（HSC_PLS）的 PLSData 参数如图 4-58 所示配置。

名称	数据类型	维度	字符串大小	初始值	特性
+ HSC_1	HSC			…	读/写
− HSC_PLS	PLS	[1..4]		…	读/写
− HSC_PLS[1]	PLS			…	读/写
HSC_PLS[1	DINT			250	读/写
HSC_PLS[1	DINT			−2	读/写
HSC_PLS[1	UDINT			3	读/写
HSC_PLS[1	UDINT			0	读/写
− HSC_PLS[2]	PLS				读/写
HSC_PLS[2	DINT			500	读/写
HSC_PLS[2	DINT			−2	读/写
HSC_PLS[2	UDINT			7	读/写
HSC_PLS[2	UDINT			0	读/写
− HSC_PLS[3]	PLS				读/写
HSC_PLS[3	DINT			750	读/写
HSC_PLS[3	DINT			−2	读/写
HSC_PLS[3	UDINT			15	读/写
HSC_PLS[3	UDINT			0	读/写
− HSC_PLS[4]	PLS			…	读/写
HSC_PLS[4	DINT			1000	读/写
HSC_PLS[4	DINT			−2	读/写
HSC_PLS[4	UDINT			31	读/写
HSC_PLS[4	UDINT			0	读/写

图 4-58　参数值

PLS 启用结果：

在本例中，将发生以下事件。

- 当梯形逻辑首次运行时：HSCSTS. Accumulator = 1，这意味着所有输出均会关闭。
- 当 HSCSTS. Accumulator = 250 时，将通过 HSCAPP. OutputMask 发送 HSC_PLS [1]. HSCHPOutput，并激发输出 0 和 1。
- 当 HSCSTS. Accumulator 达到 500、750 和 1000 时将反复通过输出掩码发送高预设输出，而控制器分别激发输出 0…2、0…3 和 0…4。
- 在整个操作完成后，该周期将重置并从 HSCSTS. HP = 250 开始重复。

4.8 高速计数器指令

4.8.1 IPIDCONTROLLER

IPIDCONTROLLER 用于比例积分微分（PID）功能块逻辑，该逻辑使用过程循环来控制诸如温度、压力、液面或流速等物理属性。如图 4-59 所示，参数见表 4-25。

IPIDCONTROLLER 功能块语言示例

功能块图如图 4-60，梯形图如图 4-61，结构化文本如图 4-62，结果如图 4-63 所示。

（＊与之等效的 ST：IPIDController1 是 IPIDController 块的实例＊）

IPIDController1（Proc，SP，FBK，Auto，Init，G_In，A_Tune，A_TunePar，Err）；

Out_process：= IPIDController1. Output；

A_Tune_Warn：= IPIDController1. ATWarning；

Gain_Out：= IPIDController1. OutGains；

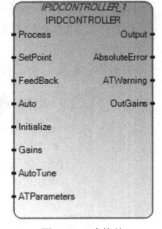

图 4-59 功能块

表 4-25 参　　数

参数	参数类型	数据类型	说　　明
EN	输入	BOOL	功能块启用 当 EN = TRUE 时，执行函数 当 EN = FALSE 时，不执行函数 仅适用于 LD 程序
Process	输入	REAL	流程值，是根据流程输出测量到的值
SetPoint	输入	REAL	设置点
FeedBack	输入	REAL	反馈信号，是应用于流程的控制变量的值 例如，反馈可以为 IPIDCONTROLLER 输出
Auto	输入	BOOL	PID 控制器的操作模式： ● TRUE-控制器以正常模式运行 ● FALSE-控制器导致将 R 重置为跟踪（F-GE）
Initialize	输入	BOOL	值的更改（TRUE 更改为 FALSE 或 FALSE 更改为 TRUE）导致在相应循环期间控制器消除任何比例增益。同时还会初始化 AutoTune 序列
Gains	输入	GAIN_PID	IPIDController 的增益 PID
AutoTune	输入	BOOL	当设置为 TRUE 且 Auto 和 Initialize 为 FALSE 时，会启动 AutoTune 序列
ATParameters	输入	AT_Param	自动调节参数
输出	输出	REAL	来自控制器的输出值
AbsoluteError	输出	REAL	来自控制器的绝对错误（Process ? SetPoint）

（续）

参数	参数类型	数据类型	说　明
ATWarnings	输出	DINT	（ATWarning）自动调节序列的警告。可能的值有： ●0-没有执行自动调节 ●1-处于自动调节模式 ●2-已执行自动调节 ● −1-ERROR 1 输入自动设置为 TRUE，不可能进行自动调节 ● −2-ERROR 2 自动调节错误，ATDynaSet 已过期
OutGains	输出	GAIN _ PID	在 AutoTune 序列之后计算的增益
ENO	输出	BOOL	启用输出 仅适用于 LD 程序

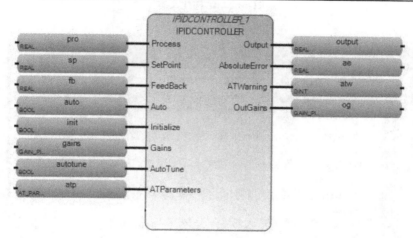

图 4-60　功能图

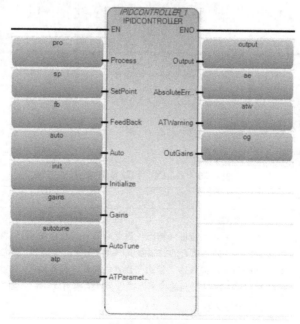

图 4-61　梯形图

```
1   IPIDCONTROLLER_1(pro, sp, fb, auto, init, gains, autotune, atp, em);
2   output := IPIDCONTROLLER_1.Output;
3   ae := IPIDCONTROLLER_1.AbsoluteError;
4   atw := IPIDCONTROLLER_1.ATWarning;
5   og := IPIDCONTROLLER_1.OutGains;
```

```
IPIDCONTROLLER_1(
```
```
void IPIDCONTROLLER_1(REAL Process, REAL SetPoint, REAL FeedBack, BOOL Auto, BOOL I
Type : IPIDCONTROLLER, Proportional Integral Derivative.
```

图 4-62　结构化文本

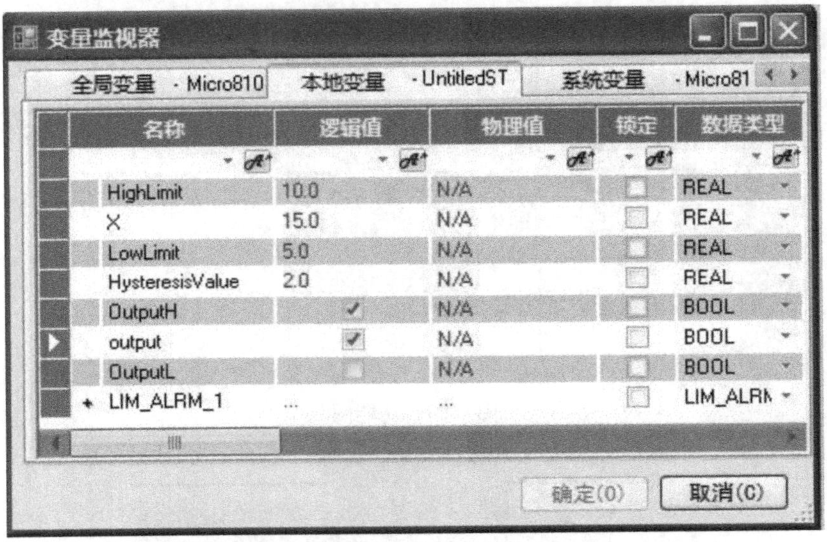

图 4-63　结果图

4.8.2　GAIN_PID 数据类型

GAIN_PID 数据类型，见表 4-26。

表 4-26　GAIN_PID 数据类型

参　　数	数据类型	说　　明
DirectActing	BOOL	作用类型： ●TRUE- 正向作用（输出与误差沿同一方向移动）。也就是说，实际的过程值要大于设定值，并且适当的控制器操作会增加输出（例如：降温） ●FALSE-反向作用（输出与误差沿相反方向移动）。也就是说，实际的过程值要大于设定值，并且适当的控制器操作会降低输出（例如：加热）
ProportionalGain	REAL	PID 的比例增益（ > = 0.0001）

（续）

参　　数	数据类型	说　　明
TimeIntegral	REAL	PID 的时间积分值（ > = 0.0001）
TimeDerivative	REAL	PID 的时间微分值（ > 0.0）
DerivativeGain	REAL	PID 的微分增益（ > 0.0）

4.8.3　AT _ Param 数据类型

AT _ Param 数据类型参数，见表 4-27。

表 4-27　AT _ Param 数据类型

参数	数据类型	说　　明
Load	REAL	自动调节的加载参数。它是启动 AutoTune 时的输出值
Deviation	REAL	自动调节的偏差。这是用于评估 AutoTune 所需噪声频带的标准偏差
步骤	REAL	AutoTune 的步长值。必须大于噪声频带并小于？Load
ATDynamSet	REAL	放弃自动调节之前等待的时间（以秒为单位）
ATReset	BOOL	指示在 AutoTune 序列之后是否要将输出值重置为零： • TRUE-将输出重置为零 • FALSE-将输出保留为 Load 值

示例：如何创建操作值的反馈回路如图 4-64 所示。

通过添加操作值的反馈回路可提供 MV 的最大值和最小值，从而防止调节过头。

（1）温度反馈回路示例

在温度控制过程开始时，过程值（PV）和设定点值（SP）之间的差异较大，如图 4-65 所示。在此温度反馈回路示例中，PV 从 0 摄氏度开始，向 40 摄氏度的 SP 值移动。另请注意，高操作值和低操作值（MV）之间的波动会随时间推移而减少并逐渐稳定。MV 的行为取决于各个 P、I 和 D 参数中使用的值。

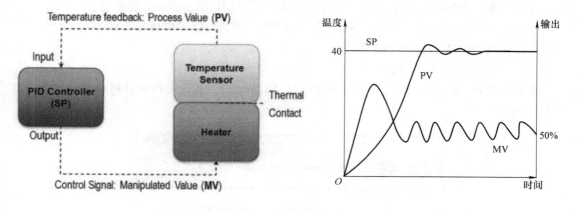

图 4-64　温度反馈回路示例　　　　　　图 4-65　温度反馈回路示例

（2）具有反馈回路的 IPIDController

如图 4-66 所示功能块图包括操作值的反馈回路，它通过提供 MV 的最大值和最小值来防止调节过头。

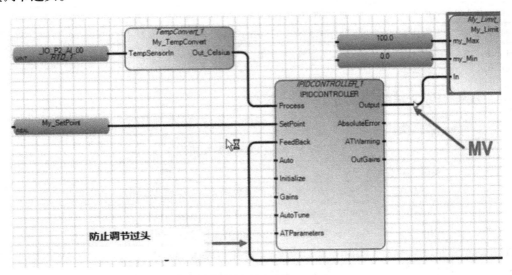

图 4-66　功能块图

通过 IPIDController 功能块实现自动调节：

可在控制程序中使用 IPIDController 功能块的 AutoTune 参数来实现自动调节。

（3）自动调节要求和建议

下面总结了成功实施自动调节的要求和建议。

● 自动调节必须使控制回路的输出发生振荡，这意味着必须足够频繁地调用 IPIDController，以对振荡进行充分采样。

● IPIDController 指令块必须以相对恒定的时间间隔执行。

● 将程序的扫描时间配置为小于振荡周期的一半。

● 可考虑使用结构化文本中断（STI）指令块来控制 IPIDController 指令块。

可在主程序外部添加 UDFB 以执行专门的功能，例如转换单位或传输值。

示例：如何将 UDFB 添加到 PID 程序

（1）传输自动调节增益值

该 UDFB 将 Autotune 增益值传输到 My _ GainTransfer，从而使控制器可以使用该值。如图 4-67 所示。

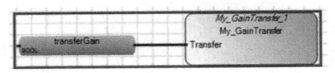

图 4-67　传输自动调节增益值图

（2）将操作值转换为数字输出

此 UDFB 将操作值（MV）转换为数字输出（DO），从而可用其控制数字输入 n（DI）。如图 4-68 所示。

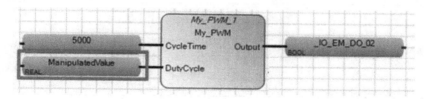

图 4-68　操作值转换为数字输出

（3）将操作值转换为模拟输出

此 UDFB 将操作值（MV）转换为模拟输出（AO），从而可用其控制模拟输入（AI）。如图 4-69 所示。

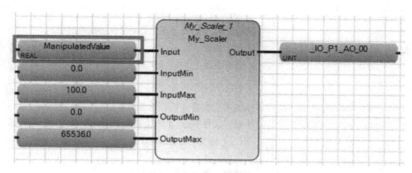

图 4-69　操作值转换为模拟输出

4.9　运动控制指令

4.9.1　MC_Halt

MC_Halt 命令受控制的运动停止。在正常操作条件下，使用 MC_Halt 来停止轴。轴状态更改为 DiscreteMotion，直至速率为零。当速率达到零时，Done 将设置为 TRUE，并且轴状态更改为 Standstill。功能块如图 4-70 所示。

1. MC_Halt 操作

在轴减速期间可以执行其他运动命令，而这将中止 MC_Halt 功能块。

如果在轴正处于 Homing 状态时发布 MC_Halt 功能块，则该功能块会报告错误，而归位进程不会中断。

2. 参数

详见表 4-28。

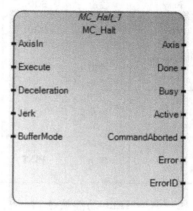

图 4-70　功能块

表 4-28　参　　数

参数	参数类型	数据类型	说　　明
EN	输入	BOOL	功能块启用 当 EN = TRUE 时，执行当前 MC_Halt 计算 当 EN = FALSE 时，不执行计算 仅适用于 LD 程序
AxisIn	输入	AXIS_REF	另请参见 AXIS_REF 数据类型
Execute	输入	BOOL	当为 TRUE 时，在上升沿开始运动 注意：在归位期间执行 MC_Halt 时，MC_Halt 将被设置为 MC_FB_ERR_STATE，并且归位进程继续
Deceleration	输入	REAL	减速的值（始终为正值）（减少电机的能量） 注意：如果 Deceleration < = 0 且轴未处于 Standstill 状态，则 MC_Halt 将被设置为 MC_FB_ERR_RANGE
Jerk	输入	REAL	加加速度的值（始终为正值） 注意：如果 Jerk < 0 且轴处于 Standstill 状态，则 MC_Halt 将被设置为 MC_FB_ERR_RANGE
BufferMode	输入	SINT	未使用。该模式始终为 MC_Aborting
ENO	输出	BOOL	启用输出 仅适用于 LD 程序
Axis	输出	AXIS_REF	LD 程序中的 Axis 输出为只读 另请参见 AXIS_REF 数据类型
Done	输出	BOOL	达到零速率
Busy	输出	BOOL	功能块未完成
Active	输出	BOOL	表示功能块可控制轴
Command Aborted	输出	BOOL	命令已被其他命令或 Error Stop 中止
Error	输出	BOOL	FALSE-没有错误 TRUE-检测到错误
ErrorID	输出	UINT	错误标识 另请参见运动控制功能块错误 ID

3. MC_Halt 功能块语言示例

功能块图如图 4-71，梯形图如图 4-72，结构化文本如图 4-73，结果如图 4-74 所示。

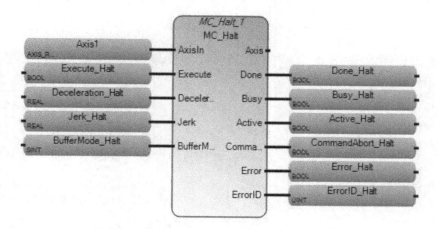

图 4-71　功能图

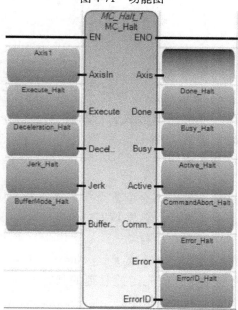

图 4-72　梯形图

```
Deceleration_Halt := 10.0;
Jerk_Halt := 10.0;
MC_Halt_1(Axis1,Execute_Halt,Deceleration_Halt,Jerk_Halt,BufferMode
Done_Halt := MC_Halt_1.Done;
Busy_Halt := MC_Halt_1.Busy;
Active_Halt := MC_Halt_1.Active;
CommandAbort_Halt := MC_Halt_1.CommandAborted;
Error_Halt := MC_Halt_1.Error;
ErrorID_Halt := MC_Halt_1.ErrorID;

MC_Halt_1(
         void MC_Halt_1(AXIS_REF AxisIn, BOOL Execute, REAL Deceleration, REAL Jerk, SINT BufferMode)
         Type : MC_Halt, Commands a controlled motion stop. The axis is moved to the state Discrete Motion, until th
```

图 4-73　结构化文本

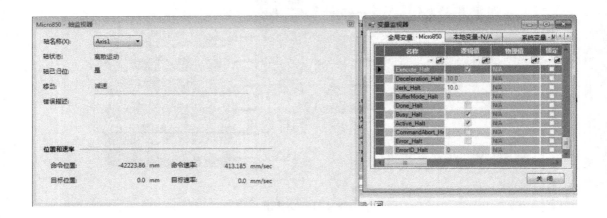

图 4-74　结果

4.9.2　MC_Power

MC_Power 命令轴执行 < search home > 序列。此序列的详细信息依赖于制造商，可根据轴参数进行设置。"Position" 输入用于在检测到参考信号且达到配置的 Home 偏移时设置绝对位置。功能块如图 4-75 所示。

1. MC_Home 操作

发布 MC_Power 后，轴 Homed 状态会重置为 0（未归位）。多数情况下，轴接通电源后，需要执行 MC_Home 功能块，才可以校准轴位置和归位参考。

MC_Home 功能块仅可使用 MC_Stop 或 MC_Power 功能块中止。如果在完成之前中止，则先前搜索到的归位位置会被视为无效并清除轴的 Homed 状态。

2. 参数

参数详见表 4-29。

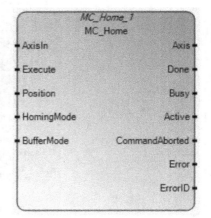

图 4-75　功能块

表 4-29　参　　数

参　　数	参数类型	数据类型	说　　明
EN	输入	BOOL	功能块启用 当 EN = TRUE 时，执行当前 MC_Home 计算 当 EN = FALSE 时，不执行计算 仅适用于 LD 程序
AxisIn	输入	AXIS_REF	另请参见 AXIS_REF 数据类型
Execute	输入	BOOL	当为 TRUE 时，在上升沿开始运动

（续）

参　　数	参数类型	数据类型	说　　明
Position	输入	REAL	当检测到参考信号且达到配置的主偏移时设置绝对位置 在位置从用户位置转换到 PTO 脉冲时，此输入的值范围为 -0x40000000 – 0x40000000 实际值脉冲。设置软限制内的位置值 无效的输入值导致产生了错误 错误 ID = MC _ FB _ ERR _ PARAM
HomingMode	输入	SINT	归位模式的枚举输入 请参见归位模式
BufferMode	输入	SINT	未使用。该模式始终为 mcAborting
ENO	输出	BOOL	启用输出 仅适用于 LD 程序
Axis	输出	AXIS _ REF	LD 程序中的 Axis 输出为只读 另请参见 AXIS _ REF 数据类型
Done	输出	BOOL	当为 TRUE 时，归位操作会成功完成且轴状态设置为 Standstill
Busy	输出	BOOL	当为 TRUE 时，功能块未完成
Active	输出	BOOL	当为 TRUE 时，表示功能块可控制轴
Command Aborted	输出	BOOL	当为 TRUE 时，表示命令已被其他命令或 Error Stop 功能块中止
Error	输出	BOOL	当为 TRUE 时，表示检测到错误
ErrorID	输出	单位	错误标识。另请参见运动控制功能块错误 ID

3. MC _ Home 功能块语言示例

功能块图如图 4-76，梯形图如图 4-77，结构化文本如图 4-78，结果如图 4-79 和图 4-80 所示。

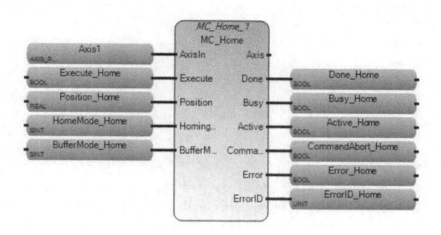

图 4-76　功能图

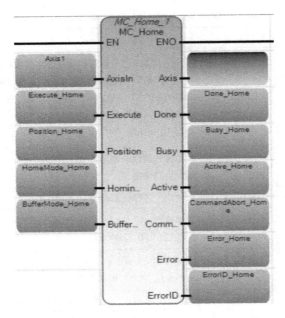

图 4-77   梯形图

```
Position_Home := -50000.0;
HomeMode_Home := 4;    (*1*)
MC_Home_1(Axis1,Execute_Home,Position_Home,HomeMode_Home,BufferMode_Home);
Done_Home := MC_Home_1.Done;
Busy_Home := MC_Home_1.Busy;
Active_Home := MC_Home_1.Active;
CommandAbort_Home := MC_Home_1.CommandAborted;
Error_Home := MC_Home_1.Error;
ErrorID_Home := MC_Home_1.ErrorID;
MC_Home_1(
    void MC_Home_1(AXIS_REF AxisIn, BOOL Execute, REAL Position, SINT HomingMode, SINT BufferMode)
    Type : MC_Home, Commands the axis to perform the home searching sequence
```

图 4-78   结构化文本

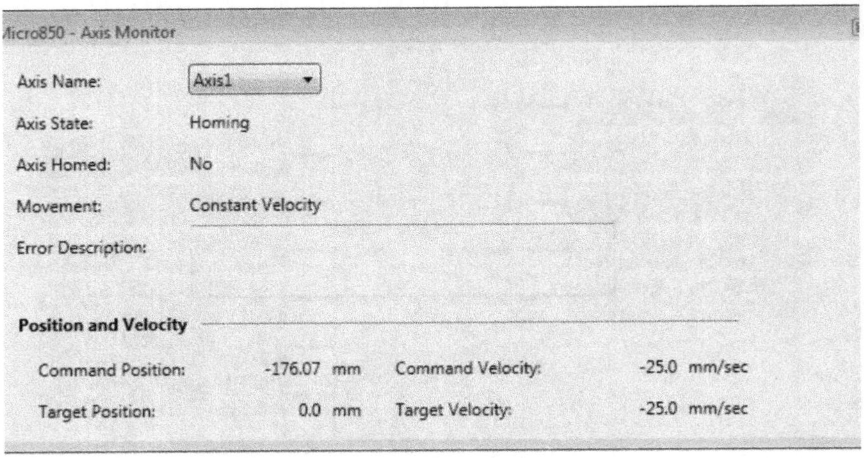

Micro850 - Axis Monitor			
Axis Name:	Axis1		
Axis State:	Homing		
Axis Homed:	No		
Movement:	Constant Velocity		
Error Description:			
Position and Velocity			
Command Position:	-176.07 mm	Command Velocity:	-25.0 mm/sec
Target Position:	0.0 mm	Target Velocity:	-25.0 mm/sec

图 4-79   结果

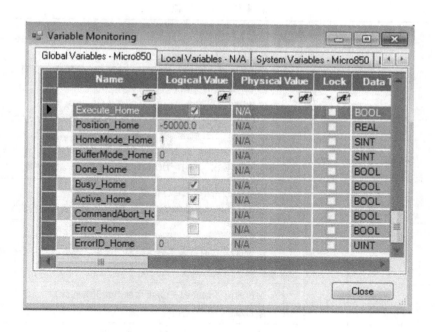

图 4-80　结果

4.9.3　MC _ olute

MC _ MoveAbsolute 命令受控制的运动到指定的绝对位置，其功能块如图 4-81 所示。

1. MC _ MoveAbsolute 操作

对于 Micro800 控制器，由于运动方向是由当前位置和目标位置决定的，因此会忽略 MC _ MoveAbsolute 功能块的输入速率符号。

对于 Micro800 控制器，由于仅有一个数学解答能到达目标位置，因此会忽略 MC _ MoveAbsolute 功能块的输入方向。

如果在 Micro800 控制器轴的状态为 Standstill 且移动相对距离为零时发布 MC _ MoveAbsolute 功能块，则对功能块的执行将直接报告为 Done。

如果将 MC _ MoveAbsolute 功能块发布到非 Homed 位置中的轴，则该功能块将报告错误。

如果未被其他功能块中止，则 MoveAbsolute 功能块会以零速率完成。

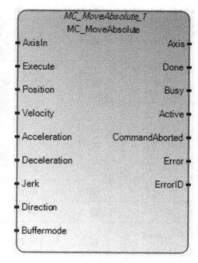

图 4-81　功能块

2. 参数

参数详见表 4-30。

表 4-30　参　　　数

参　数	参数类型	数据类型	说　　　明
EN	输入	BOOL	功能块启用 当 EN = TRUE 时，执行当前 MC _ MoveAbsolute 计算 当 EN = FALSE 时，不执行计算 仅适用于 LD 程序
AxisIn	输入	AXIS _ REF	另请参见 AXIS _ REF 数据类型
Execute	输入	BOOL	当为 TRUE 时，在上升沿开始运动。当发出此执行命令或者出现错误 MC _ FB _ ERR _ NOT _ HOMED 时，轴应处于归位位置
Position	输入	REAL	技术单元中运动的目标位置（负值或正值） 注意：技术单元在轴的"运动-常规"配置页面进行定义
Velocity	输入	REAL	速率最大值 当 Jerk = 0 时可能不会达到最大速率。速率的符号会被忽略，运动方向由输入位置来决定
Acceleration	输入	REAL	加速的值（始终为正值-可增加电动机的能量） 用户单位/sec^2
Deceleration	输入	REAL	减速的值（始终为正值-可减少电动机的能量） u/sec^2
Jerk	输入	REAL	加加速度的值（始终为正值） u/sec^3 注意：当输入加加速度的值为 0 时，Trapezoid 配置将由运动引擎来计算。当 Jerk > 0 时，将计算 S-Curve 配置
方向	输入	SINT	此参数未使用
BufferMode	输入	SINT	此参数未使用
ENO	输出	BOOL	启用输出 仅适用于 LD 程序
Axis	输出	AXIS _ REF	LD 程序中的 Axis 输出为只读 另请参见 AXIS _ REF 数据类型
Done	输出	BOOL	当为 TRUE 时，将达到命令位置 当此轴的原位输入配置为 Enabled 时，则在此操作位变为 TRUE 之前，驱动器需要将原位输入符号设置为活动 此操作完成，速率为零（除非操作中止）
Busy	输出	BOOL	当为 TRUE 时，功能块未完成
Active	输出	BOOL	当为 TRUE 时，表示功能块可控制轴
Command Aborted	输出	BOOL	当为 TRUE 时，表示命令已被其他命令或 Error Stop 功能块中止
Error	输出	BOOL	当为 TRUE 时，表示检测到错误
ErrorID	输出	UINT	错误标识 另请参见运动控制功能块错误 ID

3. MC _ MoveAbsolute 功能块语言示例

功能块图如图 4-82，梯形图如图 4-83，结构化文本如图 4-84，结果如图 4-85 和图 4-86 所示。

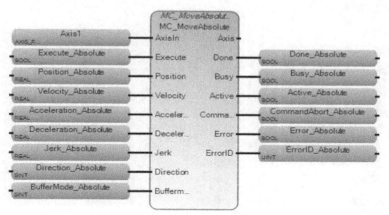

图 4-82　功能图

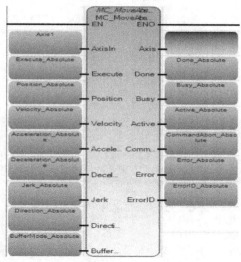

图 4-83　梯形图

```
Position_Absolute := 50000.0;
Velocity_Absolute := 500.0;
Acceleration_Absolute := 1000.0;
Deceleration_Absolute := 1000.0;
Jerk_Absolute := 10.0;
MC_MoveAbsolute_1(Axis1,Execute_Absolute,Position_Absolute,Velocity_Absolute,
Acceleration_Absolute,Deceleration_Absolute,Jerk_Absolute,Direction_Absolute,BufferMod
Done_Absolute := MC_MoveAbsolute_1.Done;
Busy_Absolute := MC_MoveAbsolute_1.Busy;
Active_Absolute := MC_MoveAbsolute_1.Active;
CommandAbort_Absolute := MC_MoveAbsolute_1.CommandAborted;
Error_Absolute := MC_MoveAbsolute_1.Error;
ErrorID_Absolute := MC_MoveAbsolute_1.ErrorID;
```

```
MC_MoveAbsolute_1
void MC_MoveAbsolute_1(AXIS_REF AxisIn, BOOL Execute, REAL Position, REAL Velocity, REAL Acceleration, REAL Deceleration, REAL Jerk, SINT Direction, SI
Type : MC_MoveAbsolute, Commands a controlled motion to a specified absolute position
```

图 4-84　结构化文本

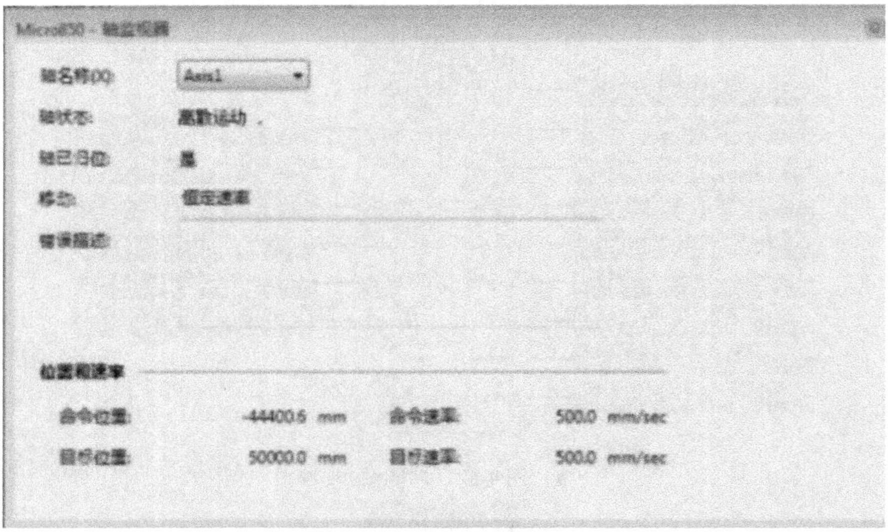

图 4-85　结果

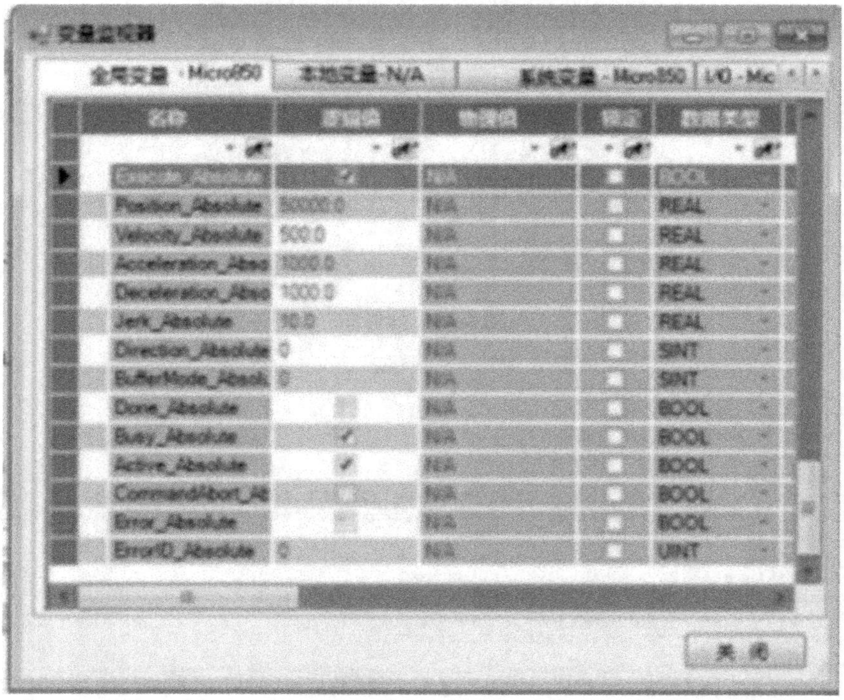

图 4-86　结果

4.9.4　MC_MoveRelative

MC_MoveRelative 在执行时命令与实际位置相对的指定距离的受控运动，功能块如图 4-87 所示。

1. MC_MoveRelative 操作

由于 MC_MoveRelative 功能块的运动方向取决于当前位置和目标位置，因此速率的符号被忽略。

如果未被其他功能块中止，则 MoveRelative 功能块会以零速率完成。

如果在 Micro800 控制器轴的状态为 StandStill 且移动相对距离为零时发布 MC_MoveRelative 功能块，则对功能块的执行将直接报告为 Done。

对于 Micro800 控制器，由于运动方向是由当前位置和目标位置决定的，因此会忽略 MC_MoveRelative 功能块的输入速率符号。

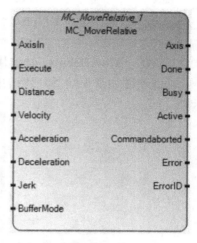

图 4-87　功能块

2. 参数

参数详见表 4-31。

表 4-31　参　　数

参　　数	参数类型	数据类型	说　　明
EN	输入	BOOL	功能块启用 当 EN = TRUE 时，执行当前 MC_MoveRelative 计算 当 EN = FALSE 时，不执行计算 仅适用于 LD 程序
AxisIn	输入	AXIS_REF	另请参见 AXIS_REF 数据类型
Execute	输入	BOOL	当为 TRUE 时，在上升沿开始运动
Distance	输入	REAL	运动的相对距离（以技术单元 [v] 为单位）
Velocity	输入	REAL	速率最大值（不一定达到）[v/s]。由于运动方向取决于输入为止，因此速率的符号会被功能块忽略 注意：当 Jerk = 0 时可能不会达到最大速率
Acceleration	输入	REAL	加速的值（可增加电动机的能量）[v/s^2]
Deceleration	输入	REAL	减速的值（可减少电动机的能量）[v/s^2]
Jerk	输入	REAL	加加速度的值 [v/s^3]
BufferMode	输入	SINT	此参数未使用
ENO	输出	BOOL	启用输出 仅适用于 LD 程序
Axis	输出	AXIS_REF	LD 程序中的 Axis 输出为只读 另请参见 AXIS_REF 数据类型
Done	输出	BOOL	当为 TRUE 时，将达到命令距离 如果轴的原位输入已启用，则在 Done = True 之前，必须将原位输入符号设置为活动
Busy	输出	BOOL	当为 TRUE 时，功能块未完成
Active	输出	BOOL	当为 TRUE 时，表示功能块可控轴

（续）

参　　数	参数类型	数据类型	说　　明
Command Aborted	输出	BOOL	命令已被其他命令或 Error Stop 功能块中止
Error	输出	BOOL	当为 TRUE 时，表示检测到错误
ErrorID	输出	UINT	错误标识 另请参见运动控制功能块错误 ID

3. MC _ MoveRelative 功能块语言示例

功能块图如图 4-88，梯形图如图 4-89，结构化文本如图 4-90，结果如图 4-91 和图 4-92 所示。

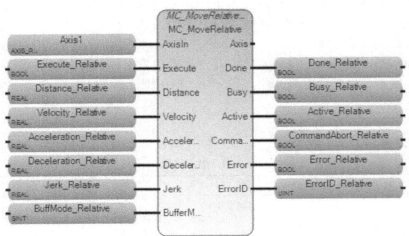

图 4-88　功能图

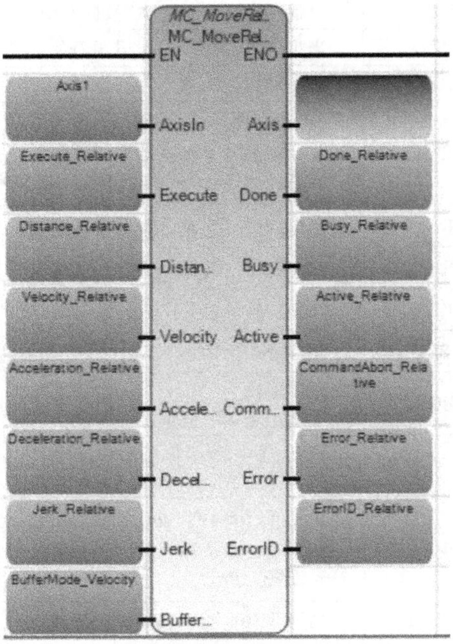

图 4-89　梯形图

```
Distance_Relative := 100000.0;
Velocity_Relative := 300.0;
Acceleration_Relative := 100.0;
Deceleration_Relative := 100.0;
Jerk_Relative := 100.0;
MC_MoveRelative_1(Axis1,Execute_Relative,Distance_Relative,
Velocity_Relative,Acceleration_Relative,Deceleration_Relative,Jerk_Relative,BuffMo
Done_Relative := MC_MoveRelative_1.Done;
Busy_Relative := MC_MoveRelative_1.Busy;
Active_Relative := MC_MoveRelative_1.Active;
CommandAbort_Relative := MC_MoveRelative_1.Commandaborted;
Error_Relative := MC_MoveRelative_1.Error;
ErrorID_Relative := MC_MoveRelative_1.ErrorID;
```

```
MC_MoveRelative_1
    void MC_MoveRelative_1(AXIS_REF AxisIn, BOOL Execute, REAL Distance, REAL Velocity, REAL Acceleration, REAL Deceleration
    Type : MC_MoveRelative, Commands a controlled motion of a specified distance relative to the actual position at the time of the exe
```

图 4-90　结构化文本

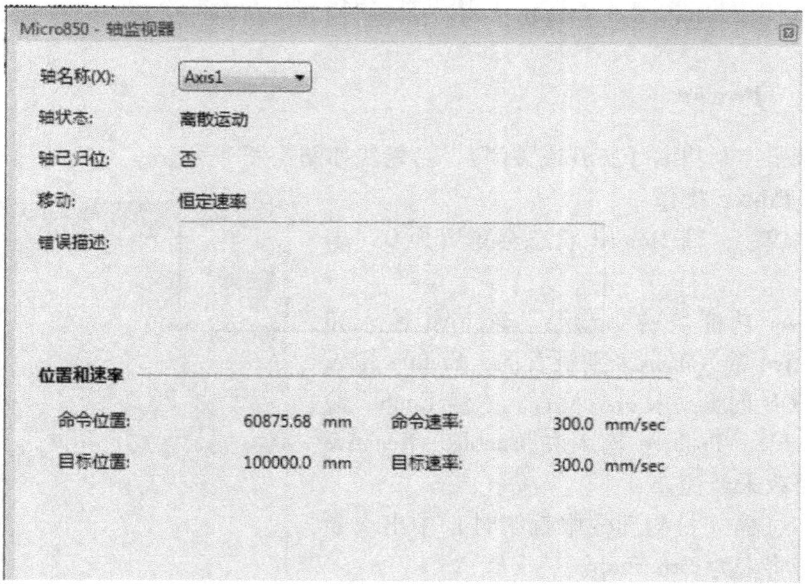

图 4-91　结果

图 4-92　结果

4.9.5　MC_Power

MC_Power 控制功率（打开或关闭），功能块如图 4-93 所示。

1. MC_Power 操作

轴通电完成后，轴 Homed 状态会重置为 0（未归位）。

MC_Power 功能块的 Enable_Positive 输入和 Enable_Negative 输入都是级别触发的，Enable 输入由 OFF 变为 ON 时会对其进行检查。未经 Enable 输入切换的 Enable_Positive 输入和 Enable_Negative 输入的即时更改未经检查。

如果操作过程（检测到伺服就绪时）中出现断电，则轴状态将变为 ErrorStop。

如果调用 Enable 设为 True 的 MC_Power 功能块而轴状态为 Disabled，则轴状态会在未出现错误时变为 StandStill；在出现错误时变为 ErrorStop。

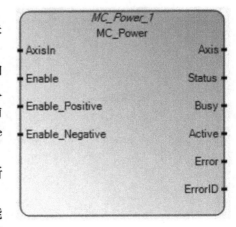

图 4-93　功能块

每个轴仅可发布一个 MC_Power 功能块。运动引擎会拒绝使用不同的 MC_Power 功能块同时控制相同的轴。

轴存在电源开/关状态切换时，则不会重置绝对轴位置。

如果调用 Enable 设置为 False 的 MC _ Power 功能块，则轴所有状态（包括 ErrorStop）变为 Disabled。MC _ Power 功能块可以完成以下任务：

在 Enable 设置为 True 时接通轴的电源；为 False 时切断轴的电源。

2. 参数

参数详见表 4-32。

表 4-32　参　　数

参数	参数类型	数据类型	说　　明
EN	输入	BOOL	功能块启用 当 EN = TRUE 时，执行当前 MC _ Power 计算 当 EN = FALSE 时，不执行计算 仅适用于 LD 程序
AxisIn	输入	AXIS _ REF	另请参见 AXIS _ REF 数据类型
Enable	输入	BOOL	当为 TRUE 时，开启电源
Enable _ Positive	输入	BOOL	当为 TRUE 时，运动方向仅为正
Enable _ Negative	输入	BOOL	当为 TRUE 时，运动方向仅为负
ENO	输出	BOOL	启用输出 仅适用于 LD 程序
Axis	输出	AXIS _ REF	LD 程序中的 Axis 输出为只读 另请参见 AXIS _ REF 数据类型
状态	输出	BOOL	功率的状态： 当为 TRUE 时，驱动器通电完成
Busy	输出	BOOL	当为 TRUE 时，功能块未完成
Active	输出	BOOL	当为 TRUE 时，表示功能块可控制轴
Error	输出	BOOL	当为 TRUE 时，表示检测到一个错误
ErrorID	输出	UINT	错误标识 另请参见 AXIS _ REF 数据类型

3. MC _ Power 功能块语言示例

功能块图如图 4-94，梯形图如图 4-95，结构化文本如图 4-96，结果如图 4-97 和图 4-98所示。

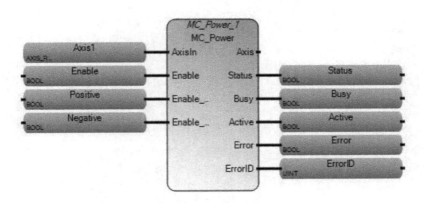

图 4-94　功能图

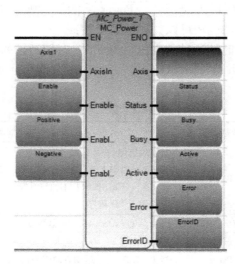

图 4-95　梯形图

```
Positive := True;
Negative := True;
MC_Power_1(Axis1,Enable,Positive,Negative);
Status := MC_Power_1.Status;
Busy := MC_Power_1.Busy;
Active := MC_Power_1.Active;
Error := MC_Power_1.Error;
ErrorID := MC_Power_1.ErrorID;
```

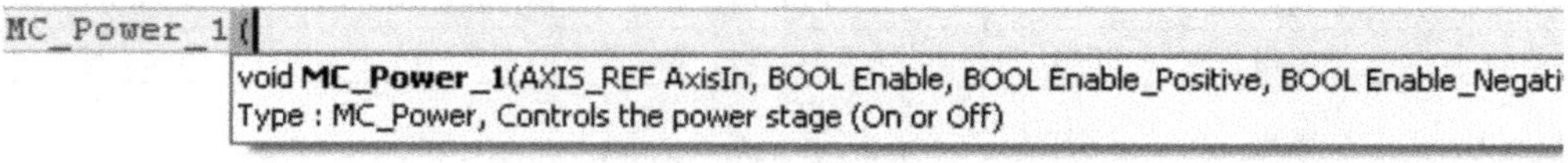

```
MC_Power_1(
    void MC_Power_1(AXIS_REF AxisIn, BOOL Enable, BOOL Enable_Positive, BOOL Enable_Negati
    Type : MC_Power, Controls the power stage (On or Off)
```

图 4-96　结构化文本

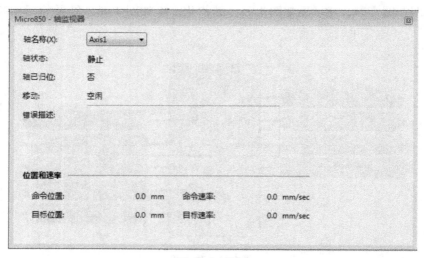

图 4-97　结果

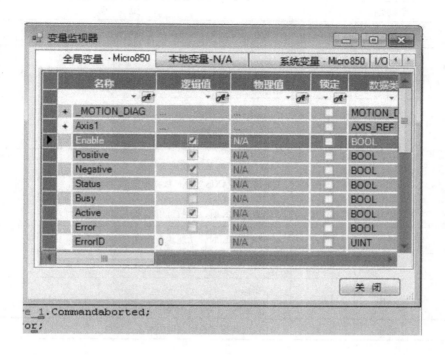

图 4-98 结果

4.9.6 MC_ReadParameter

MC_ReadParameter 返回特定于供应商的参数的值，功能块图如图 4-99 所示。

1. MC_ReadParameter 操作

如果将 MC_ReadParameter 功能块的 Enable 输入设为 False，那么 Value 输出将被重置为 0。

仅支持 REAL 数据类型。

2. 参数

参数详见 4-33。

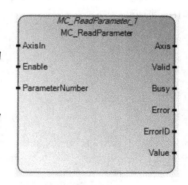

图 4-99 功能块

表 4-33 参 数

参数	参数类型	数据类型	说 明
EN	输入	BOOL	功能块启用 当 EN = TRUE 时，执行当前 MC_ReadParameter 计算 当 EN = FALSE 时，值输出被重置为 0 仅适用于 LD 程序
AxisIn	输入	AXIS_REF	另请参见 AXIS_REF 数据类型

(续)

参数	参数类型	数据类型	说　　明
Enable	输入	BOOL	当为 TRUE 时，可连续获取参数的值
Parameter Number	输入	DINT	参数标识 另请参见运动控制功能块参数编号
ENO	输出	BOOL	启用输出 仅适用于 LD 程序
Axis	输出	AXIS _ REF	LD 程序中的 Axis 输出为只读 另请参见 AXIS _ REF 数据类型
Valid	输出	BOOL	当为 TRUE 时，参数可用
Busy	输出	BOOL	当为 TRUE 时，功能块未完成
Error	输出	BOOL	当为 TRUE 时，表示检测到错误
ErrorID	输出	UINT	错误标识 另请参见运动控制功能块错误 ID
值	输出	REAL	由供应商指定数据类型的指定参数值

3. MC _ ReadParameter 功能块语言示例

功能块图如图 4-100，梯形图如图 4-101，结构化文本如图 4-102，结果如图 4-103 和图 4-104 所示。

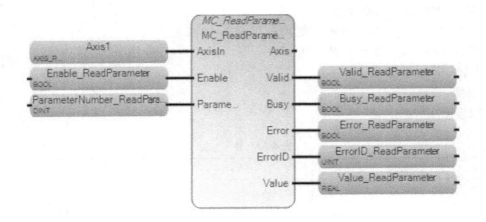

图 4-100　功能图

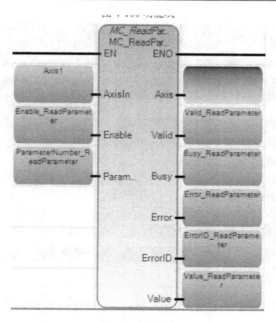

图 4-101 梯形图

```
ParameterNumber_ReadParameter := 11;
MC_ReadParameter_1(Axis1,Enable_ReadParameter,ParameterNumber_ReadPara
Valid_ReadParameter := MC_ReadParameter_1.Valid;
Busy_ReadParameter := MC_ReadParameter_1.Busy;
Error_ReadParameter := MC_ReadParameter_1.Error;
ErrorID_ReadParameter := MC_ReadParameter_1.ErrorID;
Value_ReadParameter := MC_ReadParameter_1.Value;
```

```
MC_ReadParameter_1(
            void MC_ReadParameter_1(AXIS_REF AxisIn, BOOL Enable, DINT ParameterNum
            Type : MC_ReadParameter, Returns the value of a motion specific REAL parameter.
```

图 4-102 结构化文本

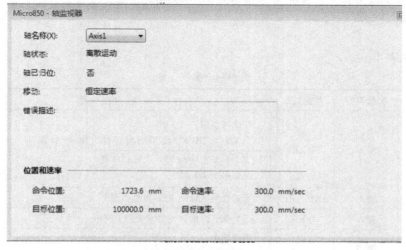

图 4-103 结果

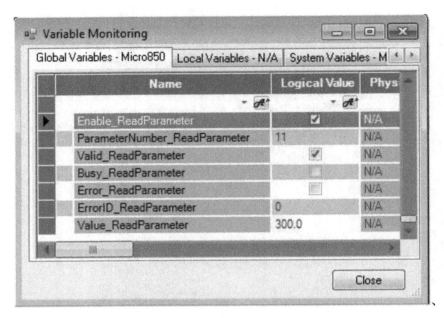

图 4-104　结果

4.9.7　MC _ Reset

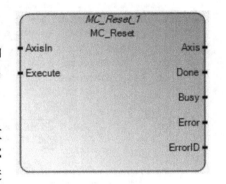

MC _ Reset 可通过重置所有内部轴相关错误，将轴
状态从 ErrorStop 转换为 StandStill。功能块实例的输出
不会改变。功能块如图 4-105 所示。

1. MC _ Reset 操作

MC _ Reset 功能块仅可以将轴的状态由 ErrorStop 重
置为 StandStill。处于其他状态（包括 Disabled）的 MC
_ Reset 功能块的应用程序会导致出现错误，但对正在进
行的运动或轴的状态没有影响。

图 4-105　功能块

2. 参数

参数详见表 4-34。

表 4-34　参　　数

参　数	参数类型	数据类型	说　　明
EN	输入	BOOL	功能块启用 当 EN = TRUE 时，执行当前 MC _ Reset 计算 当 EN = FALSE 时，不执行计算 仅适用于 LD 程序
AxisIn	输入	AXIS _ REF	另请参见 AXIS _ REF 数据类型
Execute	输入	BOOL	当为 TRUE 时，将轴重置在上升沿
ENO	输出	BOOL	启用输出 仅适用于 LD 程序

（续）

参　数	参数类型	数据类型	说　明
Axis	输出	AXIS _ REF	LD 程序中的 Axis 输出为只读 另请参见 AXIS _ REF 数据类型
Done	输出	BOOL	当为 TRUE 时，轴状态为 StandStill
Busy	输出	BOOL	当为 TRUE 时，功能块未完成
Error	输出	BOOL	当为 TRUE 时，表示检测到一个错误
ErrorID	输出	UINT	错误标识 另请参见运动控制功能块错误 ID

3. MC _ Reset 功能块语言示例

功能块图如图 4-106，梯形图如图 4-107，结构化文本如图 4-108，结果如图 4-109 所示。

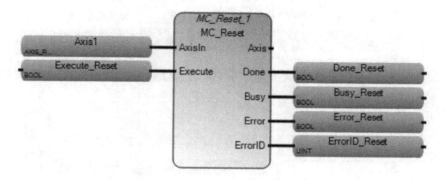

图 4-106　功能块

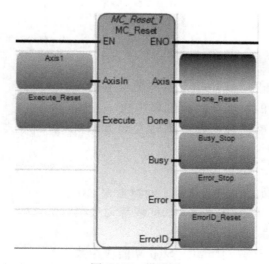

图 4-107　梯形图

```
MC_Reset_1(Axis1,Execute_Reset);
Done_Reset   := MC_Reset_1.Done;
Busy_Reset   := MC_Reset_1.Busy;
Error_Reset  := MC_Reset_1.Error;
ErrorID_Reset := MC_Reset_1.ErrorID;
```

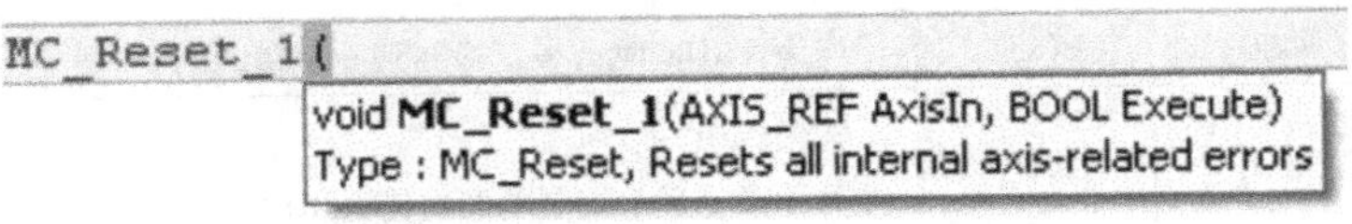

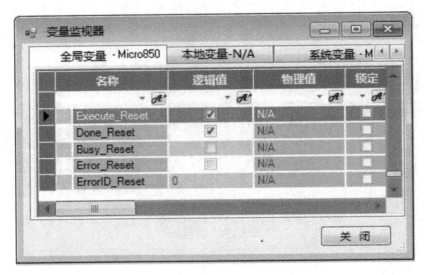

MC_Reset_1(

void **MC_Reset_1**(AXIS_REF AxisIn, BOOL Execute)
Type : MC_Reset, Resets all internal axis-related errors

图 4-108　结构化文本

图 4-109　结果

4.9.8　MC_Stop

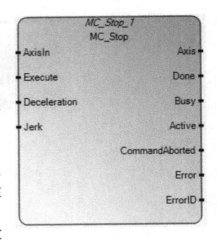

MC_Stop 命令受控制的运动停止，并将轴状态转为 Stopping。任何正在进行的功能块执行都将中止。所有功能块移动命令也就忽略，直至轴状态转变为 Standstill。如图 4-110 所示。

1. MC_Stop 操作

只要 Execute 输入高，轴便保持在 Stopping 状态。轴处于 Stopping 状态时，任何其他运动功能块都无法在相同的轴上执行任何运动。

如果 Deceleration 等于零，则 MC_Stop 功能块参数取决于轴配置紧急停止设置，包括紧急停止类型、紧急

图 4-110　功能块

停止减速和紧急停止加加速度。

如果在停止序列期间未检测到错误，则在 Done 位置位且 Execute 输入改为 False 后，轴的状态会变为 StandStill。

MC_Stop 功能块主要用于紧急停止功能或异常情况。对于正常运动停止，通常会使用 MC_Halt 功能块。

2. 参数

参数详见表 4-35。

表 4-35　参　　数

参数	参数类型	数据类型	说　　明
EN	输入	BOOL	功能块启用 当 EN = TRUE 时，执行当前 MC_Stop 计算 当 EN = FALSE 时，不执行计算 仅适用于 LD 程序
AxisIn	输入	AXIS_REF	另请参见 AXIS_REF 数据类型
Execute	输入	BOOL	当为 TRUE 时，在上升沿开始操作
Deceleration	输入	REAL	减速的值 [v/s^2]
Jerk	输入	REAL	加加速度的值 [v/s^3]
ENO	输出	BOOL	启用输出 仅适用于 LD 程序
Axis	输出	AXIS_REF	LD 程序中的 Axis 输出为只读 另请参见 AXIS_REF 数据类型
Done	输出	BOOL	当为 TRUE 时，将达到零速率，并且在停止序列期间没有出现错误
Busy	输出	BOOL	当为 TRUE 时，功能块未完成
Active	输出	BOOL	当为 TRUE 时，表示功能块可控制轴
Command Aborted	输出	BOOL	当为 TRUE 时，表示命令已被 MC_Power（OFF）或 ErrorStop 功能块中止
Error	输出	BOOL	当为 TRUE 时，表示检测到错误
ErrorID	输出	UINT	错误标识 另请参见运动控制功能块错误 ID

3. MC_Stop 功能块语言示例

功能块如图 4-111，梯形图如图 4-112，结构化文本如图 4-113，结果如图 4-114 及图 4-115 所示。

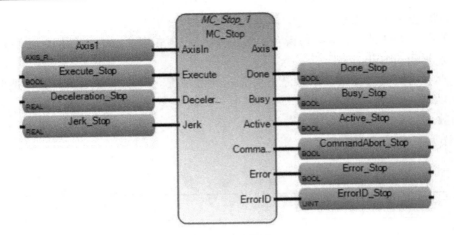

图 4-111　功能块

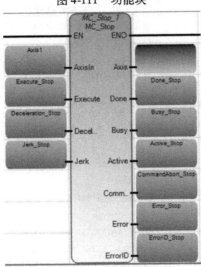

图 4-112　梯形图

```
Deceleration_Stop := 10.0;
Jerk_Stop := 10.0;
MC_Stop_1(Axis1,Execute_Stop,Deceleration_Stop,Jerk_Stop);
Done_Stop := MC_Stop_1.Done;
Busy_Stop := MC_Stop_1.Busy;
Active_Stop := MC_Stop_1.Active;
CommandAbort_Stop := MC_Stop_1.CommandAborted;
Error_Stop := MC_Stop_1.Error;
ErrorID_Stop := MC_Stop_1.ErrorID;
```

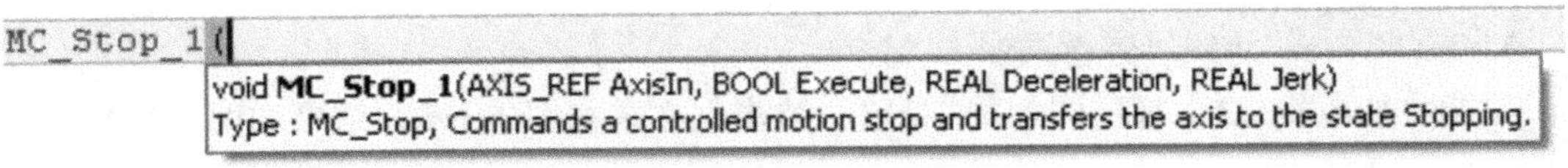

```
MC_Stop_1(
    void MC_Stop_1(AXIS_REF AxisIn, BOOL Execute, REAL Deceleration, REAL Jerk)
    Type : MC_Stop, Commands a controlled motion stop and transfers the axis to the state Stopping.
```

图 4-113　结构化文本

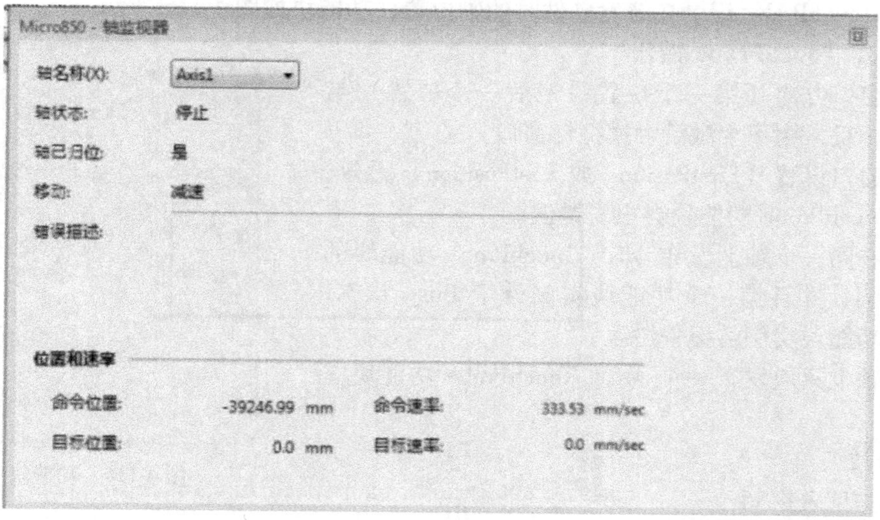

图 4-114　结果

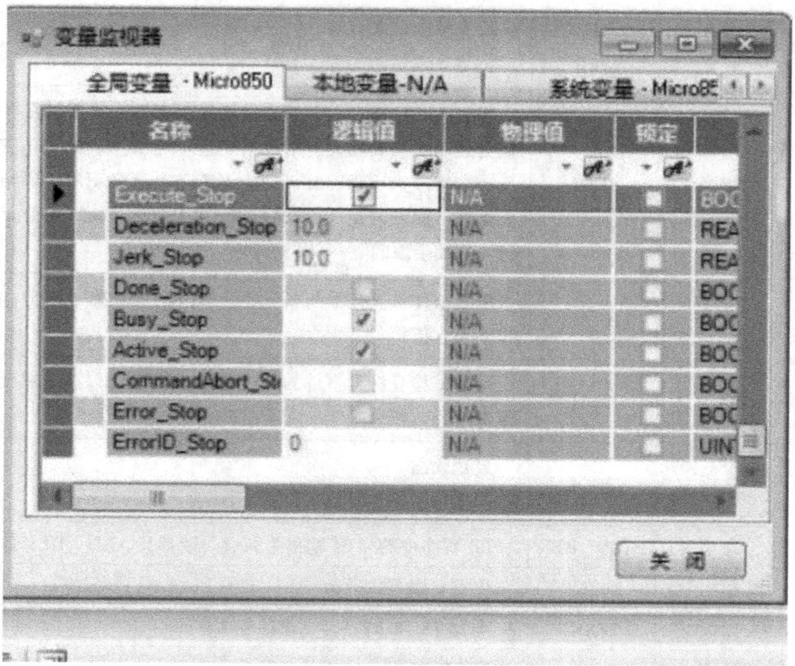

图 4-115　结果

4.9.9　MC _ TouchProbe

MC _ TouchProbe 记录在触发事件时的轴位置，功能块如图 4-116 所示。

1. MC _ TouchProbe 操作

如果窗口方向（第一个位置→最后一个位置）与运动方向相反，则不会激活触摸探针窗口。

如果窗口设置（FirstPosition 或 LastPosition）无效，则 MC _ TouchProbe 功能块会报告错误。

如果在同一个轴上发布 MC _ TouchProbe 功能块的第二个实例，并且第一个功能块实例处于 Busy 状态，则第二个功能块实例将报告错误。

一个轴上只应发布一个 MC _ TouchProbe 功能块实例。

2. 参数

参数详见表 4-36。

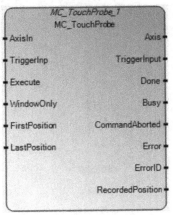

图 4-116　功能块

表 4-36　参　　数

参数	参数类型	数据类型	说　　明
EN	输入	BOOL	功能块启用。当 EN = TRUE 时，执行当前 MC _ TouchProbe 计算。当 EN = FALSE 时，不执行计算。仅适用于 LD 程序
AxisIn	输入	AXIS _ REF	另请参见 AXIS _ REF 数据类型
Trigger Inp	输入	USINT	仅支持嵌入式运动
Execute	输入	BOOL	当为 TRUE 时，在上升沿开始触摸探针记录
Window Only	输入	BOOL	当为 TRUE 时，仅使用窗口（此处定义）接受触发事件。运动分辨限制为运动引擎间隔，由用户来配置。对于 WindowOnly TouchProbe 功能，FirstPosition 和 LastPosition 激活均存在与运动引擎间隔相等的最大响应时间延迟。触发位置（FirstPosition 和 LastPosition）中最大的可能延迟可通过（运动引擎间隔 * 移动速率）来计算
First Position	输入	REAL	触发事件从其接受的窗口的开始位置（以技术单元［u］为单位）。窗口中包含值
Last Position	输入	REAL	从其未接受触发事件的窗口的停止位置（以技术单元［u］为单位）。窗口中包含值
ENO	输出	BOOL	启用输出 仅适用于 LD 程序
Axis	输出	AXIS _ REF	LD 程序中的 Axis 输出为只读。请参见 AXIS _ REF 数据类型
Trigger Input	输出	USINT	仅支持嵌入式运动
Done	输出	BOOL	当为 TRUE 时，会记录触发事件
Busy	输出	BOOL	当为 TRUE 时，功能块未完成
Command Aborted	输出	BOOL	当为 TRUE 时，表示命令已被 MC _ Power（OFF）或 Error Stop 功能块中止

（续）

参数	参数类型	数据类型	说　　明
Error	输出	BOOL	当为 TRUE 时，表示检测到错误
ErrorID	输出	UINT	错误标识。另请参见运动控制功能块错误 ID
Recorded Position	输出	REAL	触发事件发生的位置（以技术单元［u］为单位）运动为开环式运动。发生触发事件时的轴位置 如果轴运动是开环式运动，则为发生触发事件时的命令位置（不是实际位置），并假定驱动器与电机之间没有运动延迟。

3. 运动固定输入/输出

详见表 4-37。

表 4-37　运动固定输入/输出

运动信号	PTO0	PTO1	PTO2
PTO 脉冲	Output _ 0	Output _ 1	Output2
PTO 方向	Output _ 3	Output _ 4	Output _ 5
较低（负）限制开关	Input _ 0	Input _ 4	Input _ 8
较高（正）限制开关	Input _ 1	Input _ 5	Input _ 9
绝对归位开关	Input _ 2	Input _ 6	Input _ 10
触摸探针输入开关	Input _ 3	Input _ 7	Input _ 11

4. MC _ TouchProbe 功能块语言示例

功能块图如图 4-117，梯形图如图 4-118，结构化文本如图 4-119，结果如图 4-120 和图 4-121 所示。

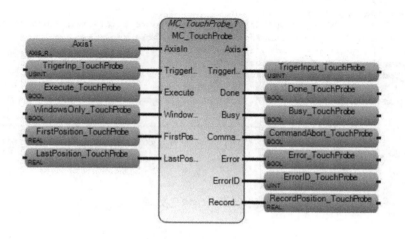

图 4-117　功能块

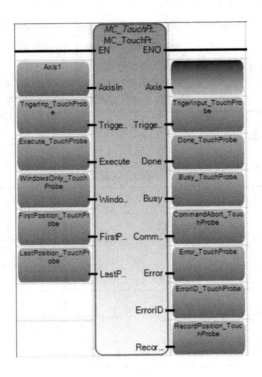

图 4-118　梯形图

```
FirstPosition_TouchProbe := 10000.0;
LastPosition_TouchProbe := 50000.0;
MC_TouchProbe_1(Axis1,TrigerInp_TouchProbe,Execute_TouchProbe,WindowsOnly_Touc
FirstPosition_TouchProbe,LastPosition_TouchProbe);
Done_TouchProbe := MC_TouchProbe_1.Done;
Busy_TouchProbe := MC_TouchProbe_1.Busy;
Error_TouchProbe := MC_TouchProbe_1.Error;
ErrorID_TouchProbe := MC_TouchProbe_1.ErrorID;
RecordPosition_TouchProbe := MC_TouchProbe_1.RecordedPosition;
```

```
Type : MC_TouchProbe, Records an axis position at a trigger event
void MC_TouchProbe_1(AXIS_REF AxisIn, USINT TriggerInp, BOOL Execute, BOOL WindowOnly, REAL FirstPosition, REAL L
MC_TouchProbe_1(
```

图 4-119　结构化文本

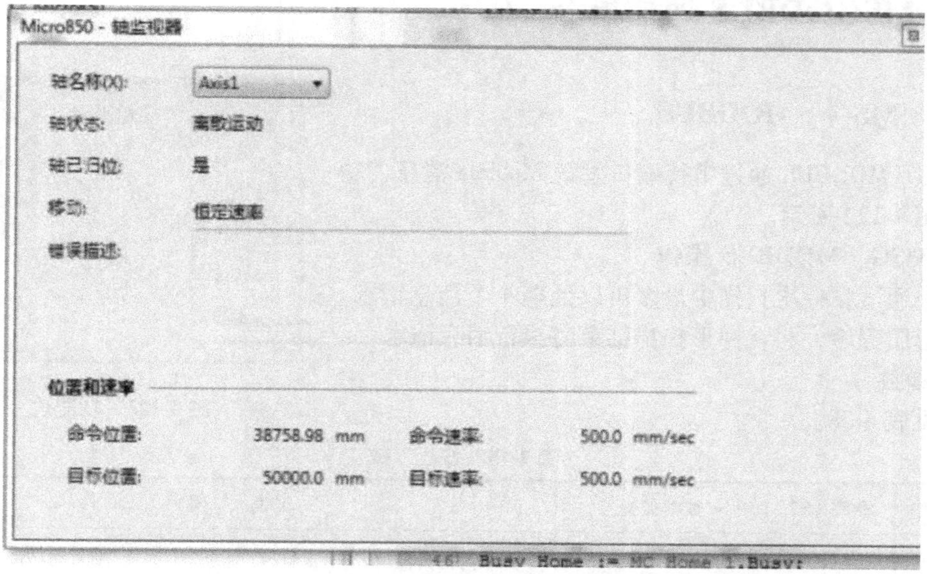

图 4-120　结果

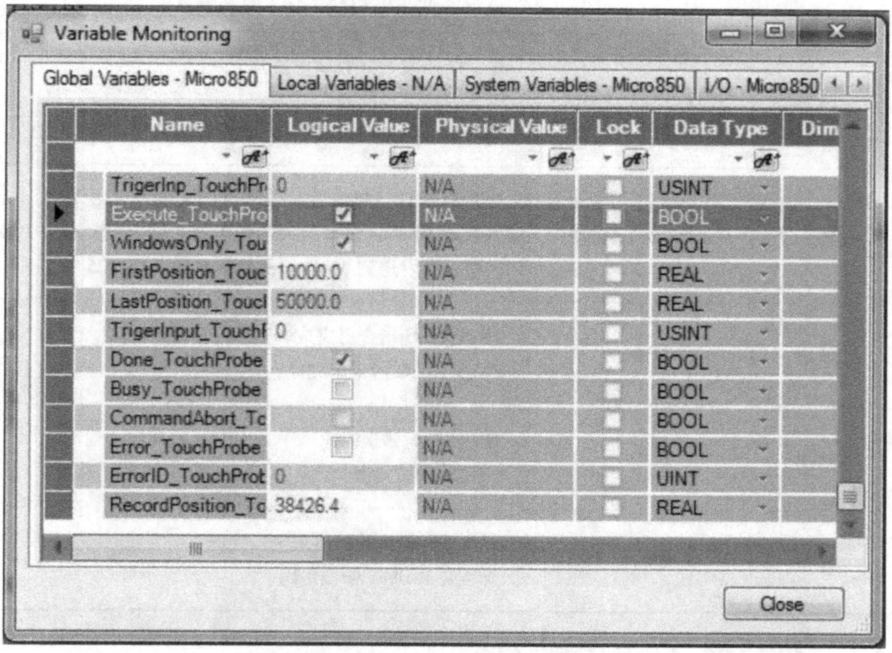

图 4-121　结果

4.10　MSGODBUS 通信指令

4.10.1　MSG _ MODBUS

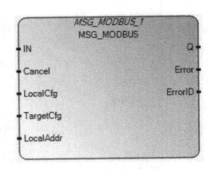

图 4-122　功能块

MSG _ MODBUS 通过串行端口发送 Modbus 消息，功能块如图 4-122 所示。

1. MSG _ MODBUS 操作

每个通道在一次扫描中最多可以处理 4 个消息请求。对于梯形图程序，将在梯形扫描结束时执行消息请求。

2. 参数

详见表 4-38。

表 4-38　参　　数

参　数	参数类型	数据类型	说　　明
IN	输入	BOOL	如果为上升沿（IN 从 FALSE 变为 TRUE），则启动功能块，前提是上一操作已完成
Cancel	输入	BOOL	TRUE-取消功能块的执行
LocalCfg	输入	MODBUSLOCPARA	定义结构输入（本地设备） 定义本地设备的输入结构 请参见 MODBUSLOCPARA 数据类型
TargetCfg	输入	MODBUSTARPARA	定义结构输入（目标设备） 定义目标设备的输入结构 请参见 MODBUSTARPARA 数据类型
LocalAddr	输入	MODBUSLOCADDR	MODBUSLOCADDR 是一个大小为 125 个字的数组，由读取命令用来存储 Modbus 从站返回的数据（1～125 个字），并由写入命令用来缓存要发送到 Modbus 从站的数据（1～125 个字）
Q	输出	BOOL	TRUE-MSG 指令已完成 FALSE-MSG 指令未完成
Error	输出	BOOL	TRUE-发生错误时 FALSE-没有错误
ErrorID	输出	UINT	当消息传输失败时显示错误代码 请参见 Modbus 错误代码

3. MSG _ MODBUS 功能块语言示例

功能块图如图 4-123，梯形图如图 4-124，结构文本如图 4-125 所示。

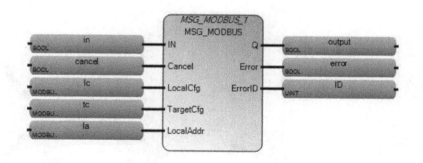

图 4-123　功能块

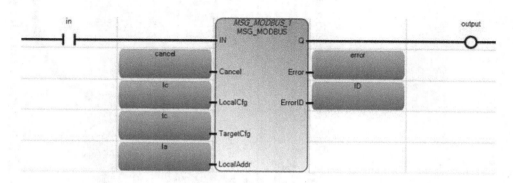

图 4-124　梯形图

```
1  MSG_MODBUS_1(in, cancel, lc, tc, la);
2  output := MSG_MODBUS_1.Q;
3  error := MSG_MODBUS_1.Error;
4  ID := MSG_MODBUS_1.ErrorID;
```

MSG_MODBUS_1
void **MSG_MODBUS_1**(BOOL IN, BOOL Cancel, MODBUSLOCPARA LocalCfg, MODBUSTARPARA TargetCfg, MODBUSLOCADDR LocalAddr, UINT __ADI_
Type : MSG_MODBUS, Send a modbus message.

图 4-125　结构化文本

4.10.2　配置 Modbus 通信以读取和写入驱动器

这些示例展示了如何配置 Modbus 通信以便使用 MSG＿MODBUS 功能块从 PowerFlex 4 驱动器读取状态数据和向其写入控制数据。

1. Micro830 配线

本示例使用在第一个插槽（通道 5）中插有 SERIALISOL 模块的 Micro830 控制器。已连接一个 PowerFlex 40，但如图 4-126 所示说明了如何为多点通信配线。有关其他配线信息，请参考用户手册。

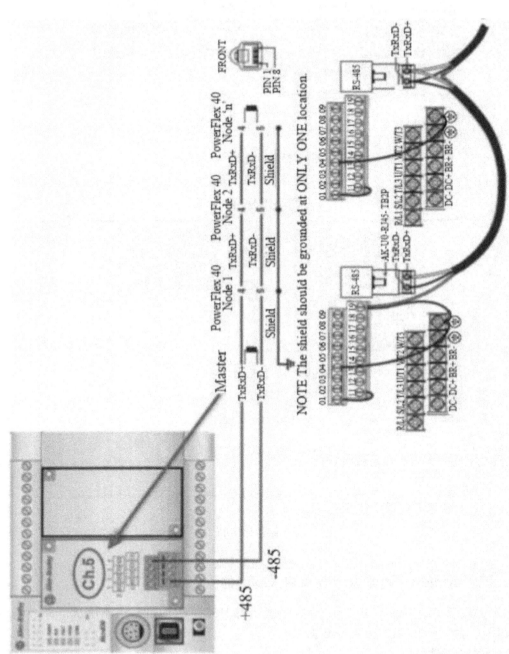

AK-U0-RJ45-TB2P is an RJ45 connector with 2 terminal blocks for RS485 cpmmunications.

图4-12 6　配线图

2. Modbus 读取示例

如图 4-127 所示 MSG_MODBUS 指令可用于从 PowerFlex 40 驱动器读取状态数据。

驱动器状态：

"1807" 指示驱动器

- 已就绪（位 0 置位）；
- 处于活动状态（位 1 置位）；
- 被指示正向转动（位 2 置位）；
- 正在正向转动（位 3 置位）；
- 驱动器上某些数字输入的状态，278"

表示 27.8Hz。

有关逻辑状态字位、错误代码说明、指示及实际速度以及其他状态代码的其他信息，请参考 PowerFlex 用户手册。

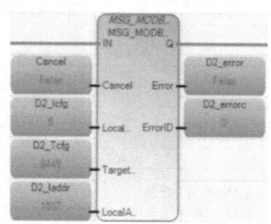

图 4-127　读取示例

3. MSG_MODBUS 读取配置

如图 4-128 所示。用于从 PowerFlex 40 驱动器读取状态数据的 MSG_MODBUS 指令块的变量选项。

名称	数据类型	方向	维度
+ MSG_MODBUS_1	MSG_MODI ▾	Var	▾
− D2_lcfg	MODBUSLC ▾	Var	▾
D2_lcfg.Channel	UINT	Var	
D2_lcfg.TriggerType	USINT	Var	
D2_lcfg.Cmd	USINT	Var	
D2_lcfg.ElementCnt	UINT	Var	
− D2_Tcfg	MODBUSTA ▾	Var	
D2_Tcfg.Addr	UDINT	Var	
D2_Tcfg.Node	USINT	Var	
− D2_laddr	MODBUSLC ▾	Var	▾
D2_laddr[1]	WORD	Var	
D2_laddr[2]	WORD	Var	
D2_laddr[3]	WORD	Var	
D2_laddr[4]	WORD	Var	
D2_laddr[5]	WORD	Var	

图 4-128　变量选项

4. MSG_MODBUS 读取变量

配置 MSG_MODBUS 指令以从 PowerFlex 4 驱动器读取状态数据的变量和值。见表 4-39。

表 4-39　标　识

变　量	值	说　明
＊.Channel	5	通道 5-SERIALISOL 模块的位置
＊.TriggerType	0	FALSE-TRUE 转换触发器

（续）

变　量	值	说　明
＊. Cmd	3	Modbus 函数代码 "03" –读取保持寄存器
＊. ElementCnt	4	Length
＊. Addr	8449	PowerFlex 逻辑状态字地址 ＋ 1
＊. Node	2	PowerFlex 节点地址
＊_laddr［1］	｛data｝	PowerFlex 逻辑状态字
＊_laddr［2］	｛data｝	PowerFlex 错误代码
＊_laddr［3］	｛data｝	PowerFlex 指示的速度（速度参考）
＊_laddr［4］	｛data｝	PowerFlex 速度反馈（实际速度）

5. MOV 指令示例

如图 4-129 所示使用 MOV 指令将 ＊_l［1］数组值移至一个字的示例，这使您能够直接访问各个位。

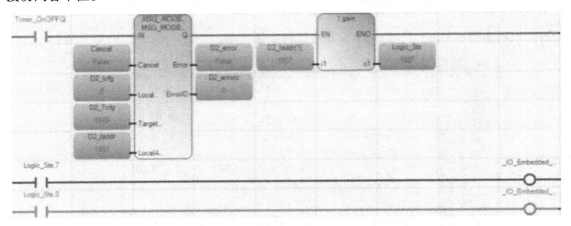

图 4-129　MOV 指令示例

6. Modbus 写入示例

如图 4-130 所示，MSG _ MODBUS 指令用于向 PowerFlex 40 驱动器写入控制数据。

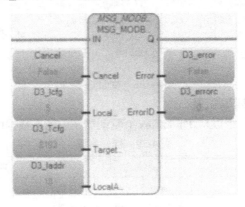

图 4-130　Modbus 写入示例

7. MSG _ MODBUS 写入配置

如图 4-131 所示配置 MSG _ MODBUS 指令以将控制数据写入 PowerFlex 4 驱动器的变量和值。

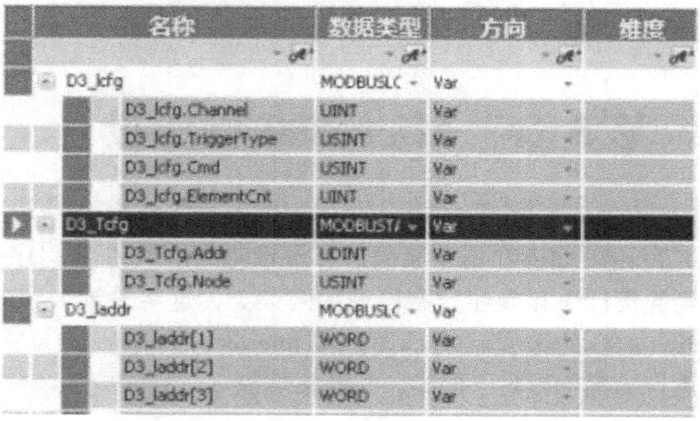

名称	数据类型	方向	维度
⊟ D3_lcfg	MODBUSLC ▾	Var	
D3_lcfg.Channel	UINT	Var	
D3_lcfg.TriggerType	USINT	Var	
D3_lcfg.Cmd	USINT	Var	
D3_lcfg.ElementCnt	UINT	Var	
⊟ D3_Tcfg	MODBUST/ ▾	Var	
D3_Tcfg.Addr	UDINT	Var	
D3_Tcfg.Node	USINT	Var	
⊟ D3_laddr	MODBUSLC ▾	Var	
D3_laddr[1]	WORD	Var	
D3_laddr[2]	WORD	Var	
D3_laddr[3]	WORD	Var	

图 4-131　配置 MSG _ MODBUS 指令

8. MSG _ MODBUS 写入变量

表 4-40 列出了这些变量及其值并说明了每个变量的用途。

表 4-40　变量说明

变　　量	值	说　　明
*. Channel	5	通道 5-SERIALISOL 模块的位置
*. TriggerType	0	FALSE-TRUE 转换触发器
*. Cmd	16	Modbus 函数代码 "16" – 写入保持寄存器
*. ElementCnt	2	Length
*. Addr	8193	PowerFlex 逻辑状态字地址 + 1
*. Node	2	PowerFlex 节点地址
*_ laddr [1]	{data}	PowerFlex 逻辑命令字
*_ laddr [2]	{data}	PowerFlex 速度参考字

4.11　习题

1. 中断事件有哪些?

2. 利用定时中断产生一个闪烁的频率。当按下开关 a 时开关接通时, 闪烁频率减半; 当按下开关 b 时, 又恢复成原有的闪烁频率。

3. 总结 Micro 800 高速计数器的工作模式及应用场合。

4. 演示高速脉冲输出指令的使用。

5. 思考 PID 指令中正反作用回路的选择与控制系统的关系。

第三篇 实例应用篇

第 5 章 Micro800 程序设计

前面介绍了 PLC 的硬件知识和指令系统后，本章将讲解 PLC 的程序设计方法。PLC 的程序设计方法分为经验设计法和顺序控制设计法两大类，这些设计方法对不同厂家 PLC 都是通用的。此外，Micro800 的编程软件 CCW（Connecteel Components workbench）一体化编程组态软件为方便用户的操作提供了向导，只需根据提示设置相应的参数即可完成一些程序的编写。

5.1 经验设计法

可编程序控制器的产生和发展与继电接触器控制系统密切相关，可以采用继电接触器电路图的设计思路来进行 PLC 程序的设计，即在一些典型梯形图程序的基础上，结合实际控制要求和 PLC 的工作原理不断修改和完善，这种方法称为经验设计法。

下面给出经验设计法中常用的典型梯形图电路。

5.1.1 常用典型梯形图电路

1. 启保停电路

如图 5-1 所示，按_IO_EM_DI_00，其常开触点接通，此时没有按下_IO_EM_DI_01，其常闭触点是接通的，_IO_EM_DO_00 线圈通电，同时_IO_EM_DO_00 对应的常开触点接通；如果放开_IO_EM_DI_00，"能流"经_IO_EM_DO_00 常开触点和_IO_EM_DI_01 流过_IO_EM_DO_00，_IO_EM_DO_00 仍然接通，这就是"自锁"或"自保持"功能。按下_IO_EM_DI_01，其常闭触点断开，_IO_EM_DO_00 线圈"断电"，其常开触点断开，此后即使放开_IO_EM_DI_01，_IO_EM_DO_00 也不会通电，这就是"停止"功能。

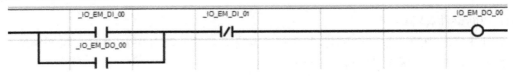

图 5-1　启保停电路

通过分析，可以看出这种电路具备启动（_IO_EM_DI_00）、保持（_IO_EM_DO_00）和停止（_IO_EM_DI_01）的功能，这也是其名称的由来。在实际的电路中，启动信号和停止信号可能由多个触点或者其他指令的相应位触点串并联构成。

2. 延时接通/断开 T 电路

图 5-2 所示为_ IO _ EM _ DI _ 00 控制_ IO _ EM _ DO _ 01 的梯形图电路,当_ IO _ EM _ DI _ 00 常开触点接通后,TON _ 1 开始定时,10S 后 TON _ 1 的常开触点接通,TOF _ 1. Q 输出接通,由于此时_ IO _ EM _ DI _ 00 常闭触点断开,所以 TOF _ 2 开始定时。

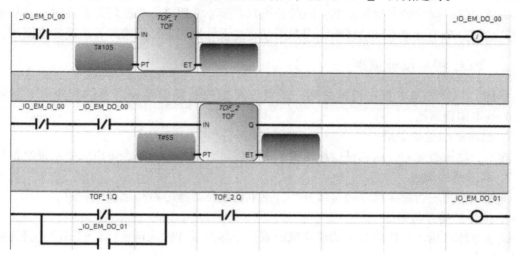

图 5-2　延时接通/断开电路

当 5s 后 TOF _ 2. Q 常闭触点断开,_ IO _ EM _ DO _ 01 接通,从而形成启保停电路。

3. 闪烁电路

如图 5-3 所示_ IO _ EM _ DI _ 00 接通,其常开触点接通,TONOFF _ 1 开始定时,2s 后定时时间到,_ IO _ EM _ DO _ 00 常开触点接通,_ IO _ EM _ DO _ 00 接通,同时 TONOFF _ 2 开始定时,2s 后 TONOFF _ 2 定时时间到,其常闭触点接通,_ IO _ EM _ DO _ 01 接通。由于_ IO _ EM _ DO _ 01 之前闭合,现在断开,使 TONOFF _ 1 定时断开,_ IO _ EM _ DO _ 00 断开。

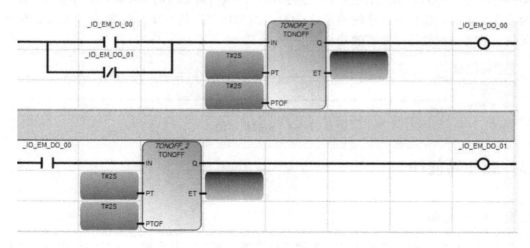

图 5-3　闪烁电路

闪烁电路也可以看作是振荡电路，在实际 PLC 程序具有广泛的应用。

经验设计法在上面几种典型电路的基础上进行综合应用编程，但是它没有固定的方法和步骤可以遵循，具有很大的试探性和随意性，最后的结果也不是唯一的，设计程序的质量与设计者的经验有密切的关系，通常需要反复调试和修改，增加一些中间环节的编程元件和触点，最后才能得到一个较为满意的结果。在设计复杂系统的梯形图时，需要用大量的中间单元来完成记忆、联锁和互锁等功能，同时分析和阅读非常困难，修改局部程序时，容易对程序的其他部分产生意想不到的影响，因此用经验法设计出的梯形图维护和改进非常困难。

5.1.2 PLC 程序设计原则

掌握了 PLC 的基本程序设计之后，就可以根据控制要求编写简单的程序。下面给出 PLC 的基本编程原则。

1. 继电器触点的使用

输入、输出继电器、内部辅助继电器、定时器、计数器等的触点可以无限制重复使用。

2. 梯形图的母线

梯形图的每一行都是从左边母线开始，继电器线圈或指令符号接在最右边。

3. 指令的输入与输出

必须有能流输入才能执行的功能块或线圈指令称为条件输入指令，它们不能直接连接到左侧母线上。

触点比较指令没有能流输入时，输出为 O，有能流输入时，输出与比较结果有关。

4. 程序的结束

Micro800 编程软件在程序结束时默认不需要其他指令，用户不必输入。

5. 尽量避免双线圈输出

使用线圈输出指令时，同一编号的继电器线圈在同一程序中使用两次以上，称为双线圈输出。双线圈输出容易引起误动作或逻辑混乱，因此一定要慎重。

例如图 5-4 所示，设 I0.0 为 ON 、I0.1 为 OFF。由于 PLC 是按扫描方式执行程序的，执行第一行时 Q0.0 对应的输出映像寄存器为 ON，而执行第二行时 Q0.0 对应的输出映像寄存器为 OFF。本次扫描执行程序的结果是，Q0.0 的输出状态是 OFF。显然 Q0.0 前面的输出状态无效，最后一次输出才是有效的。

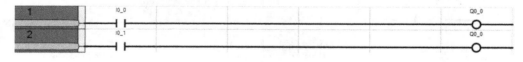

图 5-4 双线圈示例

5.2 顺序功能图

5.2.1 顺序控制

所谓顺序控制，就是按照生产工艺预先规定的顺序，在各个输入信号的作用下，根据内部状态和时间的顺序，在生产过程中各个执行机构自动地有秩序地进行操作。

如图 5-5 所示电镀自动生产线就是一个典型的顺序控制过程：在上主产线前要求毛坯无严重缺陷，并经过滚磨或磨光前处理。经吹尘后，上线用弱碱性溶液，采用阴极电解除油。时间控制在 10～15s，电流密度为 3～5A/dm2，清洗后，用氢氟酸溶液浸蚀 5s，提高镀层附着力。采用预镀氰化铜的方法，在零件表面形成一层完全覆盖，致密区附着良好的镀层。水洗后，镀镍 5min。其中，除油，预镀铜，镀镍的槽温控制在 50～60℃，镀铜和镀镍要求初始用高密度电流冲击 2min，之后镀镍再用涓流镀 3min，同时阴极移动，用于搅拌电镀溶液，以保证镀层均匀，致密，不起皮等。上面是电镀生产线工艺流程的简单描述。

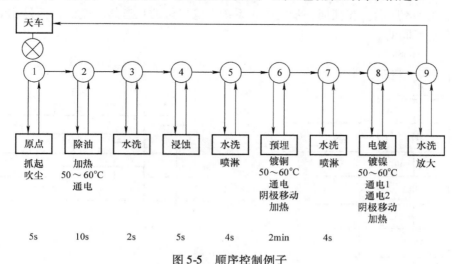

图 5-5　顺序控制例子

5.2.2　顺序功能图

我们以图 5-6 所示组合机床动力头的进给运动控制为例来说明顺序功能图的含义及绘制方法。动力头初始位置停在左边，由限位开关 I0.3 指示，按下启动按钮 I0.0，动力头向右快进（Q0.0 和 Q0.1 控制），到达限位开关 I0.1 后，转入工作进给（Q0.1 控制），到达限位开关 I0.2 后，快速返回（Q0.2 控制）至初始位置（I0.3）停下。再按一次启动按钮，动作过程重复。

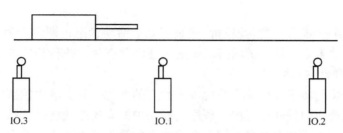

图 5-6　组合机床动力头运动示意

可以看出，上述组合机床动力头的进给运动控制是典型的顺序控制，我们可以采用如图 5-7 所示的顺序功能图来描述该控制过程。

观察如图 5-7 所示的顺序功能图，可以发现它包含以下几部分：内有编号的矩形框，如 M0.3 等，将其称为步，双线矩形框代表初始步，步里面的编号称为步序；连接矩形框的带箭头的线称为有向连线；有向连线上与其相垂直的短线称为转换，旁边的符号如 I0.0 等表示转换条件；步的旁边与步并列的矩形框如 Q0.2 等表示该步对应的动作或命令。

1. 步

将系统的一个工作周期划分为若干个顺序相连的阶段，这些阶段称为步（Step）。那么步是如何划分的呢？主要是根据系统输出状态的改变，即将系统输出的每一个不同状态划分为一步，如图 5-8 所示。在任何一步之内，系统各输出量的状态是不变的，但是相邻两步输出量的状态是不同的。

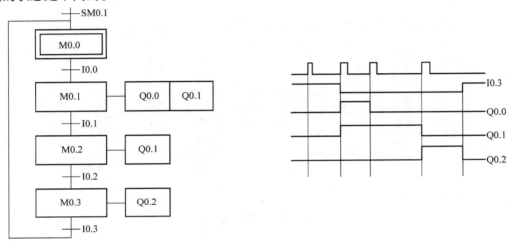

图 5-7　动力头控制的顺序功　　　　　　　　图 5-8　步的划分

与系统的初始状态相对应的步称为初始步，初始状态一般是系统等待起动命令的相对静止的状态。初始步用双线方框表示，可以看出图 5-7 中 M0.0 为初始步，每一个顺序功能图至少应该有一个初始步。

步中可以用数字表示该步的编号，也可以用代表该步的编程元件的地址如 M0.0 等作为步的编号，这样在根据顺序功能图设计梯形图时较为方便。

2. 活动步

当系统正处于某一步所在的阶段时，称该步处于活动状态，即该步为"活动步"，可以通过编程元件的位状态来表征步的状态。步处于活动状态时，执行相应的动作。

3. 有向连线与转换条件

有向连线表明步的转换过程，即系统输出状态的变化过程。顺序控制中，系统输出状态的变化过程是按照规定的程序进行的，顺序功能图中的有向连线就是该顺序的体现。有向连线的方向若是从上到下或从左至右，则有向连线上的箭头可以省略；否则应在有向连线上用箭头注明步的进展方向，通常为易于理解加上箭头。

如果在绘制顺序功能图时有向连线必须中断（如在复杂的顺序功能图中，或用几个图来表示一个顺序功能图时），应在有向连线中断之处标明下一步的标号和所在的页数，如步 21、20 页等。

转换将相邻两步分隔开，表示不同的步或者说系统不同的状态。步的活动状态的进展是由转换的实现来完成的，并与控制过程的发展相对应。

转换条件是实现步的转换的条件，即系统从一个状态进展到下一个状态的条件。转换条件可以是外部的输入信号，如按钮、指令开关、限位开关的接通/断开等，也可以是可编程序控制器内部产生的信号，如定时器、计数器常开触点的接通等。转换条件还可能是若干个信号的与、或、非逻辑组合。可以用文字语言、布尔代数表达式或图形符号标注表示转换条件。

4. 与步对应的动作或命令

系统每一步中输出的状态或者执行的操作标注为步对应的动作或命令，用矩形框中的文字或符号表示。根据需要，指令与对象的动作响应之间可能有多种情况，如有的动作仅在指令存续的时间内有响应，指令结束动作终止（如常见点动控制）；而有的一旦发出指令，动作就将一直继续，除非再发出停止或撤销指令（如开车、急停、左转、右转等），这就需要不同的符号表示来进行区别。各种动作或命令的表示方法，见表 5-1。

表 5-1　各种动作或命令的表示方法

符号	动作类型	说　明
N	非记忆	步结束，动作即结束
S	记忆	步结束，动作继续，直至被复位
R	复位	终止被 S、SD、SL 及 DS 启动的动作
L	时间限制	步开始，动作启动，直至步结束或定时到
SL	记忆与时间限制	步开始，动作启动，直至定时到或复位
D	时间延迟	步开始，先延时，延时到，如步仍为活动步，动作启动，直至步结束
SD	记忆与时间延迟	延迟到后启动动作，直至被复位
DS	延迟与记忆	延时到，如步仍为活动步，启动动作，直至被复位
P	脉冲	当步变为活动步动作被起动，并且只执行一次

如果某一步有几个动作，则要将几个动作全部标注在步的后面，可以平行并列排放，也可以上下排放，如图 5-9 所示，但同一步的动作之间无顺序关系。

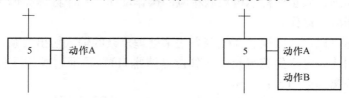

图 5-9　动作的形式表示

5. 子步（Micro step）

在顺序功能图中，某一步可以包含一系列子步和转换，如图 5-10 所示，通常这些序列表示系统的一个完整的子功能。子步的使用使在总体设计时容易抓住系统的主要矛盾，用更加简洁的方式表示系统的整体功能和概貌，而不是一开始就陷入某些细节之中。设计者可以

从最简单的对整个系统的全面描述开始，然后画出更详细的顺序功能图，子步中还可以包含
更详细的子步。这种设计方法的逻辑性很强，可以减
少设计中的错误，缩短总体设计和查错需要的时间。

　　由上，顺序功能图是描述控制系统的控制过程、
功能和特性的一种图形，并不涉及所描述的控制功能
的具体技术，而是一种通用的技术语言，可以供进一
步设计和不同专业的人员之间进行技术交流之用。

　　1994 年 5 月公布的 IEC 可编程序控制器标准
（IECll31）中，顺序功能图被确定为可编程序控制器位
居首位的编程语言。我国也在 1986 年颁布了顺序功能
图的国家标准 GB6988.6—1986。

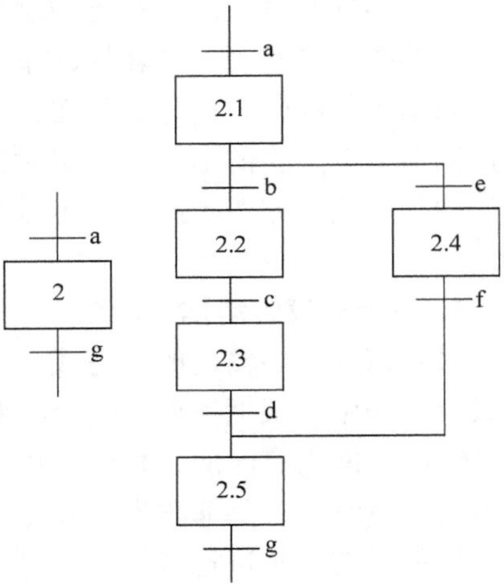

图 5-10　子步

5.2.3　顺序控制的设计思想

　　顺序控制设计法的最基本思想是将系统的一个工
作周期划分为称为步的若干个顺序相连的阶段，并用
编程元件（例如位存储器 M 和顺序控制继电器 S）来代表各步。用转换条件控制代表各步
的编程元件，让它们的状态按一定的顺序变化，然后用代表各步的编程元件去控制可编程序
控制器的各输出位，如图 5-11 所示。

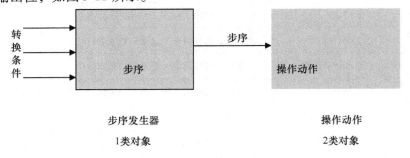

图 5-11　顺序控制设计法的基本思想

　　引入两类对象的概念使转换条件与操作动作在逻辑关系上进行分离。步序发生器根据转
换条件发出步序标志；而步序标志再控制相应的操作动作。步序标志类似于令牌，只有取得
令牌，才能操作相应的动作。

　　经验设计法通过记忆、联锁、互锁等方法来处理复杂的输入输出关系，而顺序控制设计
法则是用输入控制代表各步的编程元件（如位存储器 M），再通过编程元件来控制输出，实
现了输入输出的分离，如图 5-12 所示。

图 5-12　两种程序设计法
a）经验设计法　b）顺序控制设计法

5.2.4　顺序功能图的基本结构

1. 单序列

如图 5-13a 所示的顺序功能图由一系列顺序连接的步组成，每一步的后面仅有一个转换，每一个转换的后面只有一个步，这样的顺序功能图结构称为单序列结构。

2. 选择序列

如图 5-13b 所示的结构称为选择序列，选择序列的开始称为分支，可以看出步序 5 后面有一条水平连线，其后两个转换分别对应着转换条件。

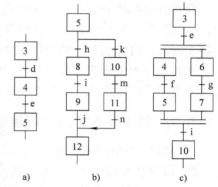

如果步 5 是活动步，并且转换条件 h = 1，则步 8 变为活动步而步 5 变为不活动步；如果步 5 是活动步，并且 k = 1，则步 10 变为活动步而步 5 变为不活动步。若步 5 为活动步，而 h = k = 1，则存在一个优先级的问题。一般只允许选择一个序列。

选择序列的结束称为合并，几个选择序列合并到一个公共序列时，都需要有转换和转换条件来连接它们。如果步 9 是活动步，并且转换条件 i = 1，则步 12 变为活动步而步 9 变为不活动步；如果步 11 是活动步，并且 n = 1，则步 12 变为活动步而步 11 变为不活动步。

图 5-13　顺序功能图的三种结构

3. 并列序列

如图 5-13c 所示的结构称为并列序列，并行序列用来表示系统的几个同时工作的独立部分的工作情况。并行序列的开始称为分支，当转换的实现导致几个序列同时激活时，这些序列称为并行序列。如果步 3 是活动的，并且转换条件 e = 1，则步 4 和 6 同时变为活动步而步 3 变为不活动步。为了强调转换的同步实现，水平连线用双线表示。步 4 和步 6 被同时激活后，每个序列中活动步的进展将是独立的。在表示同步的水平双线之上，只允许有一个转换符号。

并行序列的结束称为合并，在表示同步的水平双线之下，只允许有一个转换符号。只有当直接连在双线上的所有前级步，如步 5 和 7 都处于活动步状态，并且转换条件 i = 1 时，才有步 10 变为活动步而步 5 和 7 同时变为不活动步。

5.2.5　绘制顺序功能图的基本规则

1. 转换实现的条件

在顺序功能图中，步的活动状态的进展是由转换的实现来完成的。转换实现必须同时满足两个条件：

1）该转换所有的前级步都是活动步；

2）相应的转换条件得到满足。

如果转换的前级步或后续步不止一个，转换的实现称为同步实现，如图 5-14 所示。为了强调同步实现，有向连线的水平部分用双线表示。

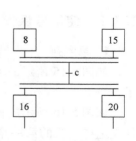

图 5-14　转换的同步实现

转换实现的基本规则是根据顺序功能图设计梯形图的基础。

2. 转换实现应完成的操作

转换实现时应完成以下两个操作：

1）使所有由有向连线与相应转换符号相连的后续步都变为活动步；

2）使所有由有向连线与相应转换符号相连的前级步都变为不活动步。

绘制顺序功能图的以上规则针对不同的功能图结构有一定的区别：

在单序列中，一个转换仅有一个前级步和一个后续步；

在并行序列的分支处，转换有几个后续步，在转换实现时应同时将它们对应的编程元件置位；在并行序列的合并处，转换有几个前级步，它们均为活动步时才有可能实现转换，在转换实现时应将它们对应的编程元件全部复位；

在选择序列的分支与合并处，一个转换实际上只有一个前级步和一个后续步，但是一个步可能有多个前级步或多个后续步。

5.2.6　绘制顺序功能图的注意事项

1）顺序功能图中两个步绝对不能直接相连必须用一个转换将它们隔开；

2）顺序功能图中两个转换不能直接相连必须用一个步将它们隔开；

3）顺序功能图中的初始步一般对应于系统等待启动的初始状态，不要遗漏这一步；

4）实际控制系统应能多次重复执行同一工艺过程，因此在顺序功能图中一般应有由步和有向连线组成的闭环回路，即在完成一次工艺过程的全部操作之后，应该根据工艺要求返回到初始步或下一工作周期开始运行的第一步；

5）在顺序功能图中，只有当某一步的前级步是活动步时，该步才有可能变成活动步。如果用没有断电保持功能的编程元件代表各步，进入 RUN 工作方式时，它们均处于 OFF 状态，必须用初始化脉冲 SM0.1 的常开触点作为转换条件，将初始步预置为活动步，否则因顺序功能图中没有活动步，系统将无法工作。

5.3　顺序控制设计法

学习了绘制顺序功能图的方法后，对于提供顺序功能图编程语言的 PLC 在编程软件中生成顺序功能图后便完成了编程工作，而对于没有提供顺序功能图编程语言的 PLC 则需要根据顺序功能图编写梯形图程序，编程的基础是顺序功能图的规则。

5.3.1　使用启保停电路

1. 单序列

如图 5-15 所示的单序列顺序功能图，采用启保停方法实现的梯形图程序如图 5-16 所示。

如图 5-16 所示的梯形图是根据转换条件实现的步序标志的转换，M0.0 变为活动步的条件是上电运行的第一个扫描周期（即 SM0.1）或者 M0.3 为活动步且转换条件 I0.3 满足，故 M0.0 的启动条件为两个，即 SM0.1 和 M0.3 + I0.3；由于这两个信号是瞬时起作用，需要 M0.0 来自锁；那么 M0.0 什么时候变为不活动步呢？如图 5-15 所示及顺序功能图和顺序功能图实现规则可以知道：当 M0.0 为活动步而转换条件 I0.0 满足时，M0.1 变为活动步而 M0.0 变为不活动步，故 M0.0 的停止条件为 M0.1 = 1。所以采用启保停典型电路即可实现顺序功能图中 M0.0 的控制，如图 5-16 所示的梯级 1。

同理可以写出 M0.1 ~ M0.3 的控制梯形图如图 5-16 的"梯级 2 ~ 梯级 4"。

如图 5-16 所示为步序标志控制操作动作的梯形图。根据图 5-16 所示顺序功能图，M0.1 步输出 Q0.0 和 Q0.1，如图 5-16 的梯级 5 所示实现了步序 M0.1 输出 Q0.0；M0.3 步输出 Q0.2，梯形图如图 5-16 梯级 7 所示；M0.1 步 4 – 和 M0.2 步都输出动作 Q0.1，故梯形图如图 5-16 梯级 6 所示。

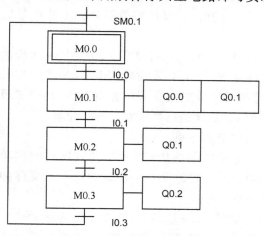

图 5-15 单序列结构的顺序功能

2. 选择序列

对于如图 5-17 所示的选择序列顺序功能图，采用启保停方法实现的梯形图程序如图 5-18 所示。由于步序标志控制输出动作的程序是类似的，在此省略步序后面的动作，而只是说明如何实现步序标志的状态控制。

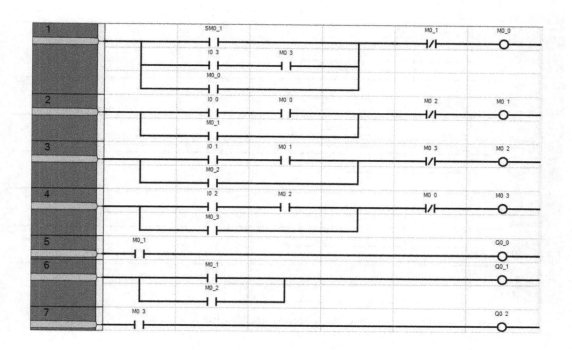

图 5-16 顺序功能图的梯形图实现

如图 5-17 所示，M0.1 步变为活动步的条件是 M0.0 + I0.0，而 M0.4 步变为活动步的条件是 M0.0 + I0.4，故启保停电路如图 5-18 的梯级 3 所示。这就是选择序列分支的处理，对于每一分支，可以按照单序列的方法进行编程。

如图 5-17 所示，M0.3 步变为活动步的条件是 M0.2 + I0.2 或者 M0.5 + I0.5 & T38，故控制 M0.3 的启保停电路如图 5-18 的梯级 7 所示。这就是选择序列合并的处理。

3. 并列序列

对于如图 5-19a 所示的并列序列顺序功能图，采用启保停方法实现的梯形图程序如图 5-19b 所示。

如图 5-19a 所示，M0.1 步变为活动步的条件是 M0.0 + I0.0，而 M0.4 步变为活动步的条件也是 M0.0 + I0.0，即 M0.1 步和 M0.4 步在 M0.0 步为活动步且满足转换条件 I0.0

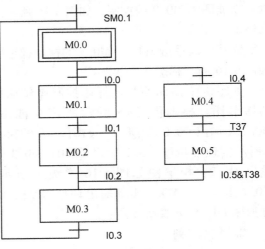

图 5-17 选择序列

时同时变为活动步，故启保停电路如图 5-19b 梯级 2 和梯级 3 所示。这就是并列序列分支的处理，对于每一分支，可以按照单序列的方法进行编程。

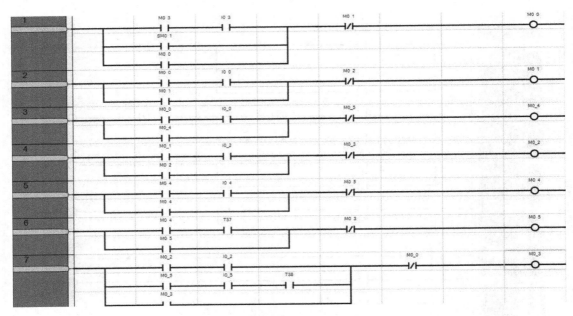

图 5-18 选择序列的梯形图实现

如图 5-19a 所示，M0.3 步变为活动步的条件是 M0.2 步和 M0.5 步同时为活动步，且满足转换条件 I0.2 时，故控制 M0.3 的启保停电路如图 5-19b 梯级 6 所示。这就是并列序列合并的处理。

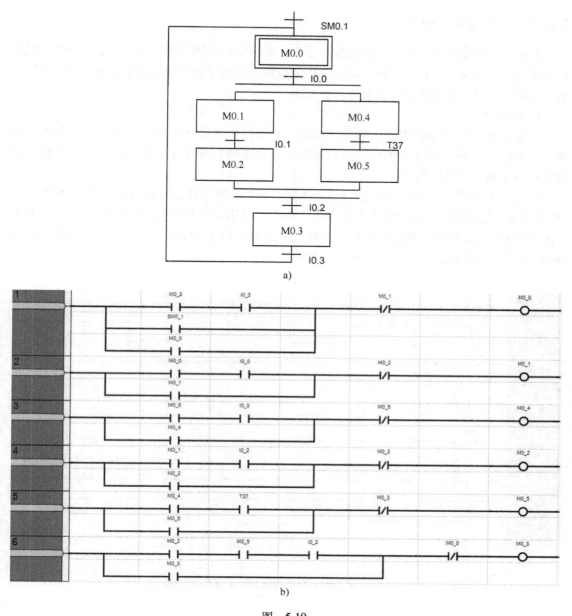

图　5-19

a）并列序列　b）并列序列的梯形图实现

分析如图 5-19b 所示的梯形图，画出 I0.0，M0.1，M0.2 的时序图如图 5-20 所示，可以看出有一个扫描周期 M0.0 和 M0.1 将同时为 1，即 M0.0 步和 M0.1 步同时为 1，这是由 PLC 的循环扫描工作方式决定的，编程时要注意这一点。

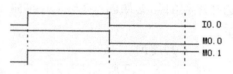

图 5-20　启保停电路的时序图

5.3.2　使用置位复位指令

前面学过的置位复位指令记忆功能，每步正常的维持时间不受转换条件信号持续时间长短的影响，则不需要自锁；另外，采用置位复位指令在步序的传递过程中能避免两个及以上的标志同时有效，故也不用考虑步序间的互锁。

1. 单序列

对于如图 5-17 所示的单序列顺序功能图，采用置位复位法实现的梯形图程序如图 5-21 所示。如图 5-21 所示梯级 1 的作用是初始化所有将要用到的步序标志，一个实际工程中的程序初始化是非常重要的。

由如图 5-19 所示可知，上电运行或者 M0.3 步为活动步且满足转换条件 I0.3 时都将是 M0.0 步变为活动步，且将 M0.3 步变为不活动步，采用置位复位法编写的梯形图程序如图 5-21 所示梯级 2。同样，M0.0 步为活动步且转换条件 I0.0 满足时，M0.1 步变为活动步而 M0.0 步变为不活动步，如图 5-21 梯级 3 所示。

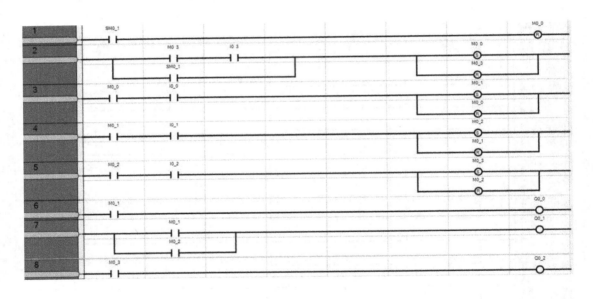

图 5-21　单序列顺序功能图的置位复位法实现

2. 选择序列

对于如图 5-17 所示的选择序列，采用置位复位法实现的梯形图程序如图 5-22 所示。选择序列的分支如图 5-22 所示的梯级 3 和梯级 4，选择序列的合并如图 5-22 梯级 7 所示。

3. 并列序列

对于如图 5-19 所示的并列序列，采用置位复位法实现的梯形图程序如图 5-23 所示。并列序列的分支如图 5-23 梯级 3 所示，并列序列的合并如图 5-23 梯级 6 所示。

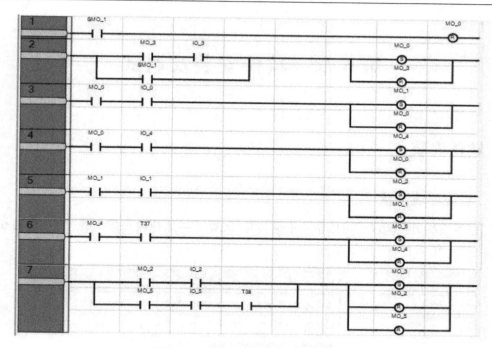

图 5-22　选择序列的置位复位法实现

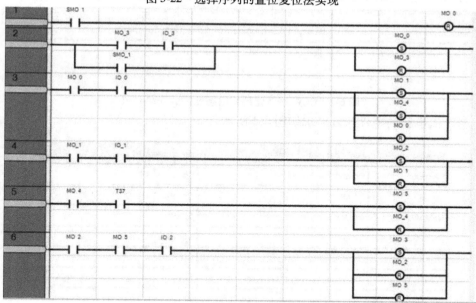

图 5-23　并列选择序列的置位复位法实现

5.4　习题

1. PLC 程序设计的原则有哪些，通过例子进行说明。
2. 以交通灯控制为例说说顺序功能图的组成。
3. 利用经验设计法设计一个交通灯控制程序。

第 6 章　软件安装及调试

6.1　软件安装

6.1.1　系统环境配置

1）以下系统通过测试，可以正常安装使用 CCW（一体化编程组态软件）。如图 6-1 所示。

Operating system	Tested versions (and service packs)
Microsoft® Windows® XP® Professional	Microsoft Windows XP Professional (32-bit) with Service Pack 3 This version of Connected Components Workbench is expected to operate correctly on all other editions and service packs of Microsoft Windows XP (excluding Windows XP Home).
Microsoft Windows Vista®	Microsoft Vista Business (32-bit) with Service Pack 2. Microsoft Vista Home Basic (32-bit) with Service Pack 2.
Microsoft Windows 7®	Microsoft Windows 7 Home Basic (32-bit). Microsoft Windows 7 Home Premium (32-bit).

图 6-1　CCW 一体化编程组态软件的安装要求

2）对个人电脑的硬件配置要求如图 6-2 所示。

Component	Minimum requirement	Recommended
Processor	Pentium 3 or better	Pentium 4 or better
Speed	2.8 MHz	3.8 GHz
RAM Memory	512 MB	1.0 GB
Hard Disk Space	3.0 GB free	4.0 GB free
Optical Drive	CD-ROM	CD-ROM
Pointing Device	Any Windows-compatible pointing device	Any Windows-compatible pointing device

图 6-2　电脑配置要求

CCW 一体化编程组态软件为罗克韦尔自动化少有的一款全免费软件，可以直接到官方网站上下载，也可以通过论坛的 CCW 一体化编程组态软件下载链接按提示即可下载。

6.1.2　软件安装

1）软件下载好以后，自行安装，若没有，则到文件中选择安装图标，双击。出现如下图标，单击 Next，如图 6-3 所示。

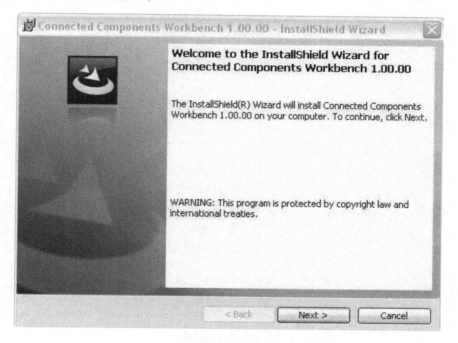

图 6-3　安装设置

单击 I accept，如图 6-4 所示。

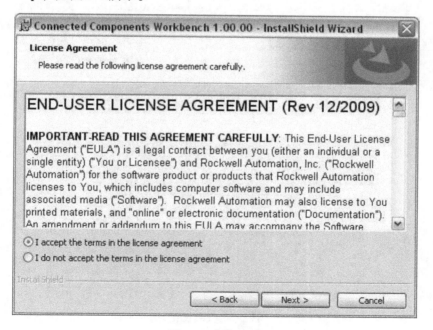

图 6-4　安装设置

填写用户名，如图 6-5 所示。

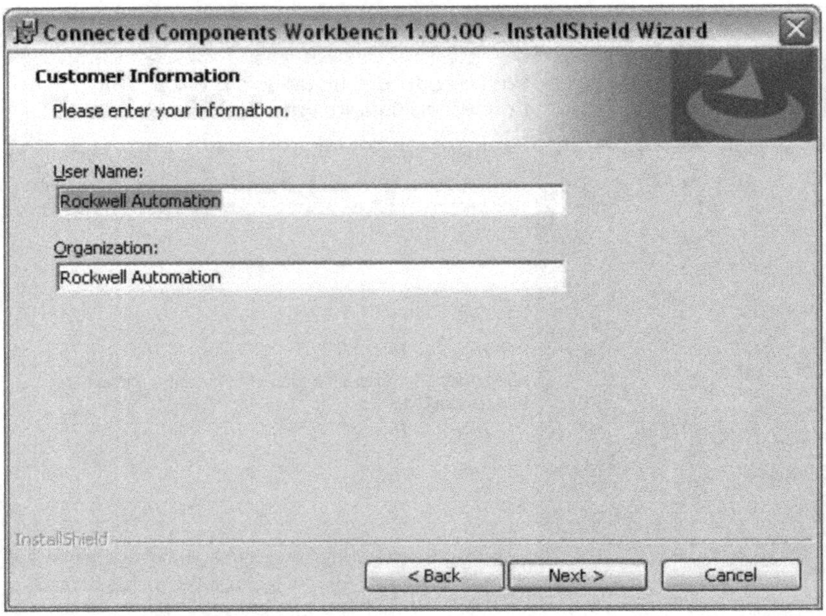

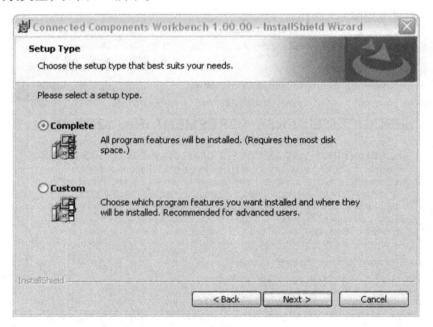

图 6-5　安装设置

选择安装类型，如图 6-6 所示。

图 6-6　安装设置

选定后单击"next"，单击"Install"，"finish"。

2）下载时有多种语言版本可以选择，有中文、英文等，通常下载中文版本。如图 6-7 所示。

下载好以后，单击 CCWStep，可以选择安装的软件语言版本。

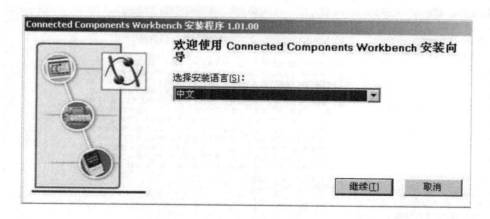

图 6-7　安装设置

有经典和自定义两个安装类型，经典的会自行选择标准的程序功能安装，自定义则用户自己根据对功能进行增减以后进行安装。如图 6-8 所示。

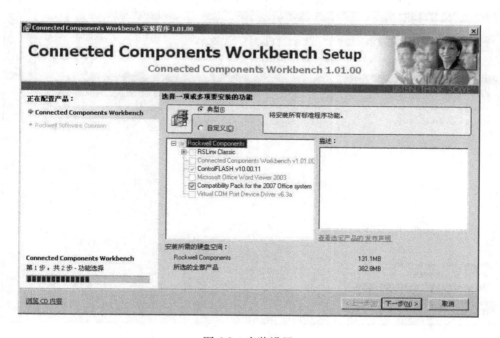

图 6-8　安装设置

单击"下一步"，填写用户名，单击"下一步"，如图 6-9 所示。
单击"下一步"，可以选择你的软件安装路径。如图 6-10 所示。

图 6-9　安装设置

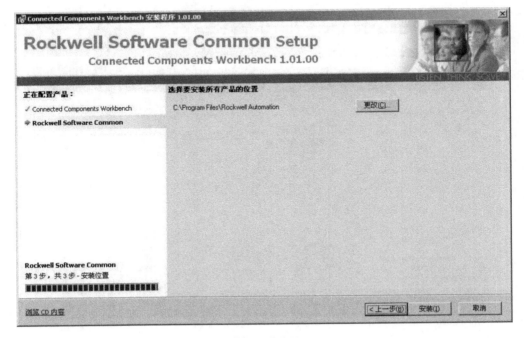

图 6-10　安装设置

　　安装过程全程显示你所选功能的安装过程，每个功能都会提示你，需要用户进行简单的操作。如图 6-11 和图 6-12 所示。

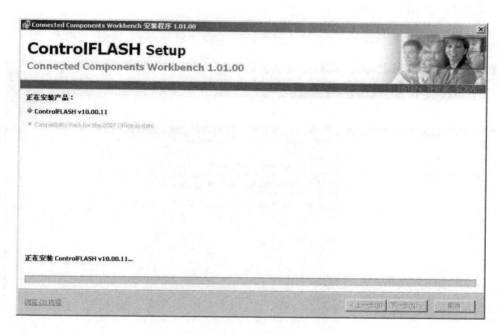

图 6-11　安装设置

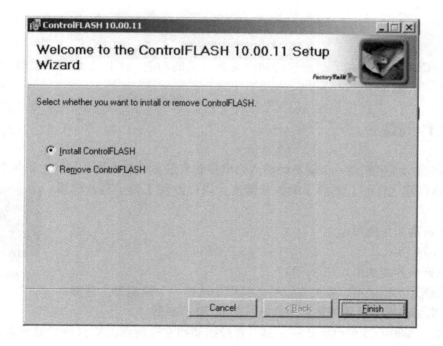

图 6-12　安装设置

安装完成：如图 6-13 所示。

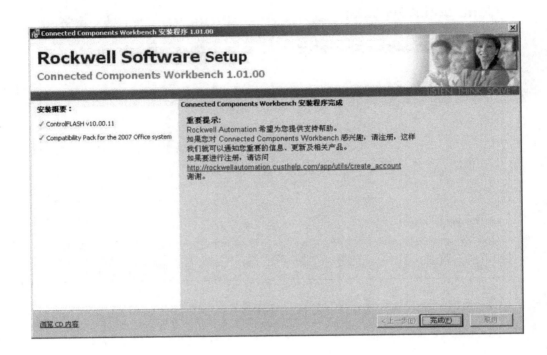

图 6-13　安装设置

注意：CCW 一体化编程组态软件初次安装未选的功能，可以在第二次安装时选择后再进行安装！

6.2　软件调试

本节将演示如何创建一个简单的输入输出控制自定义功能模块，虽然无需每个项目都要创建，但是创建这样一个模块方便捕获重复代码以及便于整个项目的重用。

1）单击桌面快捷图标

如图 6-14 所示。

2）点开后界面如图 6-15 所示。

3）在创建工程之前，首先在设备工具箱中选择一个控制器，如图 6-16 所示。例如根据实例硬件要求，选择一个 LC30 控制器。

4）选中 2080-LC30-16QWB 控制器，直接拖动到左边所示的项目组织器或者双击即可！出现如图 6-17 左边所示的项目组织器。

图 6-14　图标

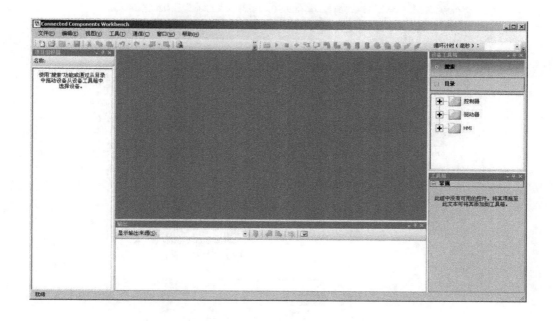

图 6-15　界面示意图

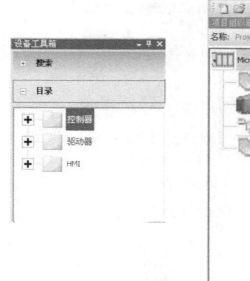

图 6-16　选择控制器

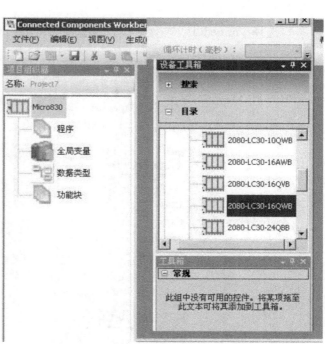

图 6-17　选择控制器

5）选中项目组织器的程序，右键单击选择添加梯形图。如图 6-18 所示。

图 6-18　新建梯形图

6）选择 UntitledLD，右键单击选择重命名。如图 6-19 所示。

图 6-19　对梯形图进行重命名

7）重命名为 INPUT _ OUTPUT

如图 6-20 所示。

图 6-20　重名为 INPUT _ OUTPUT

8）双击 INPUT _ OUTPUT 开始梯形图的编程

如图 6-21 所示。

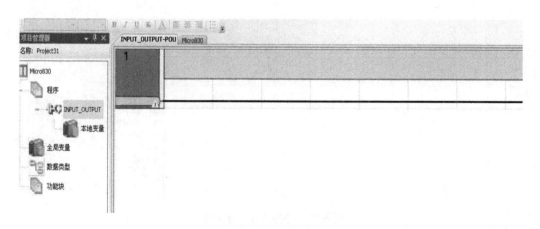

图 6-21　对梯形图进行编程

9）梯形图指令工具箱，位置在软件平台右边，如图 6-22 所示。

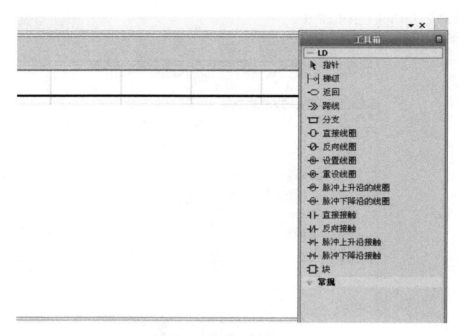

图 6-22　选择梯形图指令工具箱

10）我们需要一个直接接触指令，单击直接接触指令从工具箱中拖拽到横线上，然后释放。如图 6-23 所示。

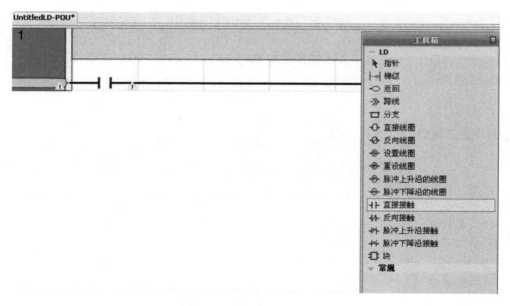

图 6-23　选择直接接触指令

11）释放指令的同时会弹出变量选择界面，先选择 I/O—Micro830，再选择 _ IO _ EM _ DI _ 00。单击确定！（同时可以放好以后，双击指令来设置），如图 6-24 所示。

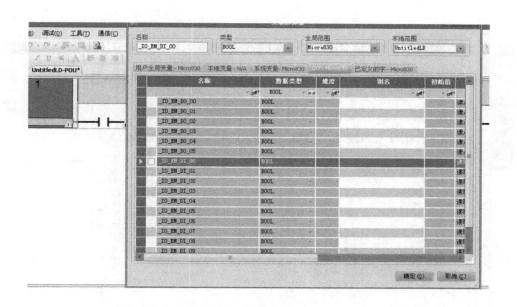

图 6-24　选择 I/O

12）然后需要一个直接线圈指令，单击直接接触指令从工具箱中拖拽到横线上，然后释放。如图 6-25 所示。

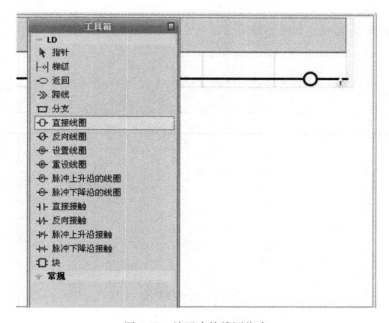

图 6-25　放置直接线圈指令

13）释放指令的同时会弹出变量选择界面，先选择 I/O—Micro830，再选择选择_ IO _ EM _ DO _ 00。单击确定（同时可以放好以后，双击指令来设置）。如图 6-26 所示。

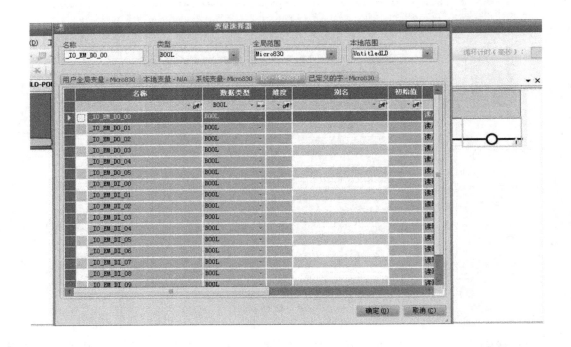

图 6-26　选择 I/O 点

14）整个梯形图完成，如图 6-27 所示。

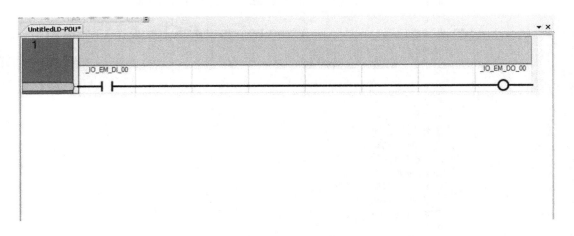

图 6-27　完成梯形图

15）右键单击在工程名上，选择生成，如图 6-28 所示。

16）在编程框下面输出窗口查看是否生成成功，成功以后，保存。如图 6-29 所示。

17）双击左上角的 Micro830，然后出现如图 6-30 所示。

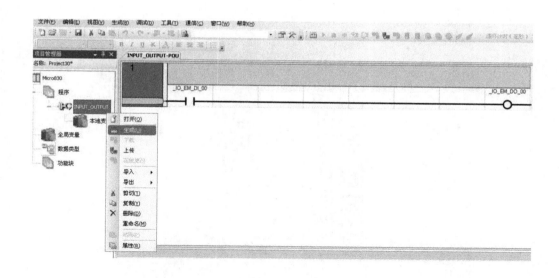

图 6-28　工程生成

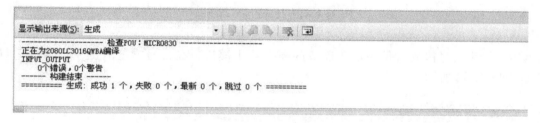

图 6-29　编译成功

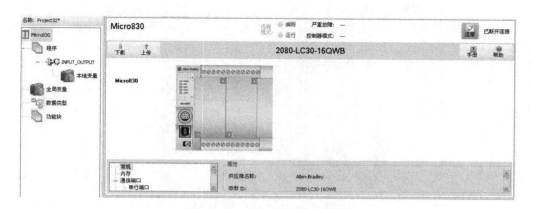

图 6-30　进行 Micro830 控制器设置

18）设定一号槽放入是一块 2 通道的模拟输入模块，在二号槽上右键单击选择 2080-IF2。如图 6-31 所示。

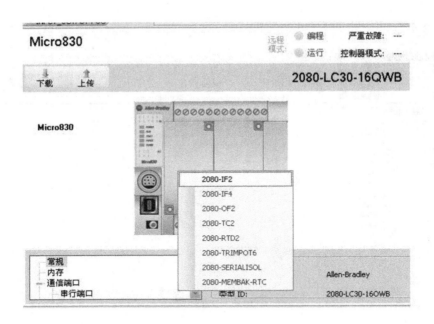

图 6-31　添加 2080 – IF2

19）设定二号槽放入是一块 2 通道的模拟输出模块，在二号槽上右键单击选择 2080-OF2。如图 6-32 所示。

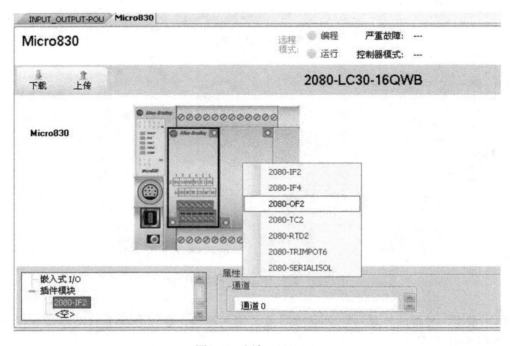

图 6-32　添加 2080-OF2

20）需要用 USB 接口连接到到 Micro830，首先要打开 RSLinx Classic Lite，如图 6-33 所示。

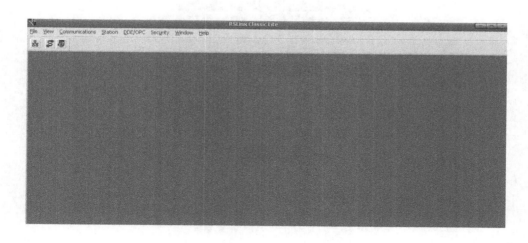

图 6-33　打开 RSLinx

21）单击左上角的 RSWho。如图 6-34 所示。

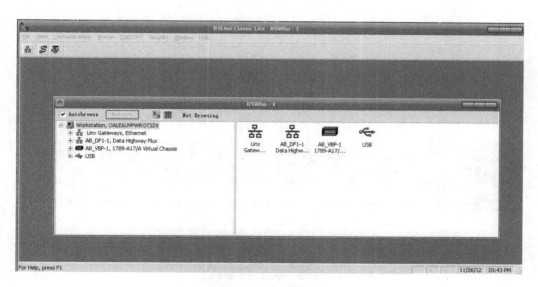

图 6-34　查看驱动

22）右键单击 Micro830 上，选择下载。如图 6-35 所示。

23）单击下载后会出现此界面，选择 USB，然后确定。

24）程序进行下载中，完成后出现此界面，选择如图 6-36 所示。

25）然后进行测试是否成功，若机器按照程序进行，说明调试成功；否则重新调试。

图 6-35　下载程序

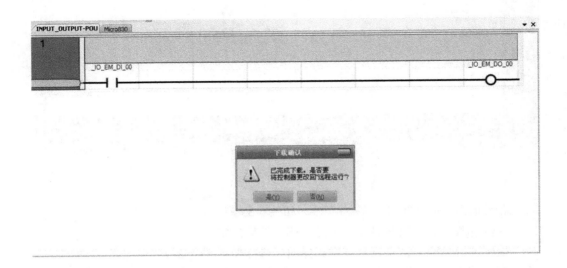

图 6-36　下载程序成功

6.3　流水灯实例

1）要求：六盏灯每隔 1s 依次点亮，全亮 2s 后，再每隔 1s 从第六盏灯开始依次熄灭。

创建一个新的 CCW（一体化编程组态软件）工程，命名为 LIUSHUIDENG。如图 6-37 所示。

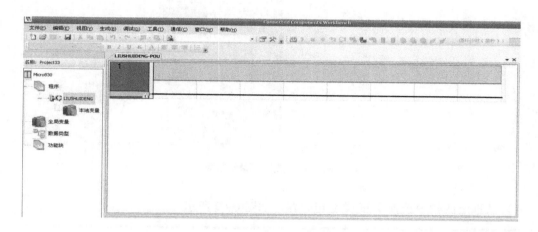

图 6-37　新建 LIUSHUIDENG 工程

2）第一梯级需要一个直接接触指令，一个块指令设定定时器，块指令设定如下，释放块指令会弹出设定窗口（也可双击块指令进行设定）。如图 6-38 所示。

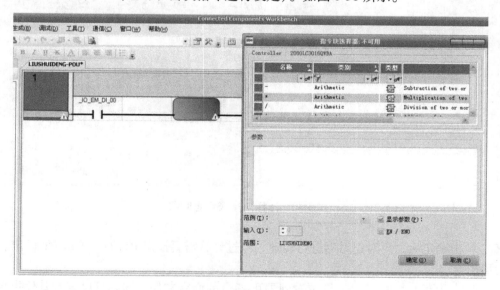

图 6-38　添加功能块

3）从类型栏中选择 Time。如图 6-39 所示。

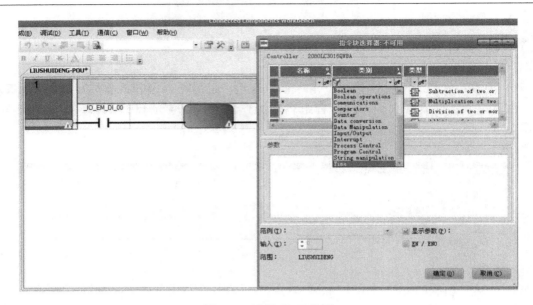

图 6-39　选择 TIME 类别

4）从选定的栏中选择 TOF 类型定时器。如图 6-40 所示。

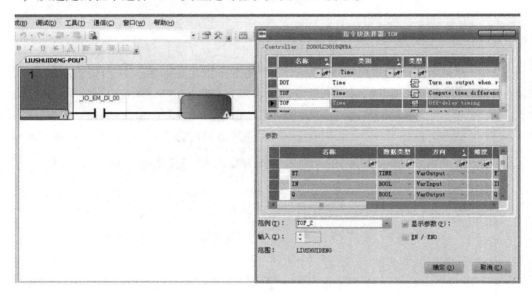

图 6-40　选择 TOF 类型定时器

5）单击确定后，再对定时器进行设定，经过计算需要设定 PT12s，单击 PT 设定。如图 6-41 所示。

6）选中 TOF，然后按 F1，即可看到 TOF 指令的介绍文件，同理可以查看其他指令的介绍文件。如图 6-42 所示。

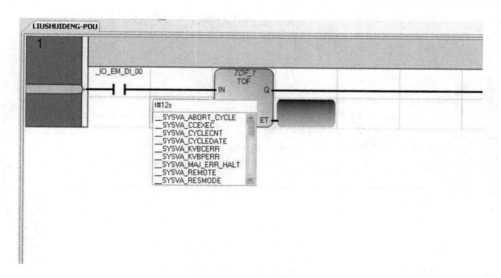

图 6-41　PT 设定

图 6-42　TOF 指令的介绍文件

7）设定好定时器后，再需要一个直接线圈指令，设定好后第一梯级完成。如图 6-43 所示。

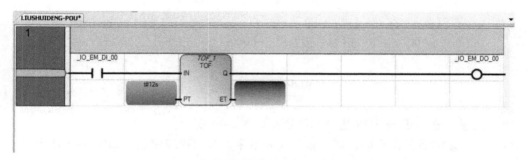

图 6-43　完成梯级 1 的编程

8）下一步进行第二梯级的设定，从工具栏选择梯级工具。如图 6-44 所示。

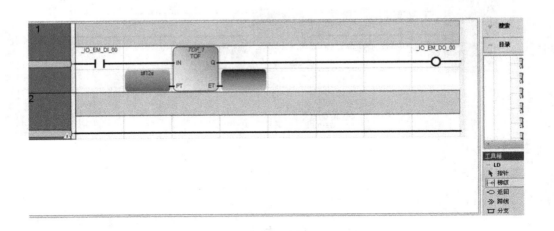

图 6-44　添加新的梯级

9）这一梯级需要一个直接接触指令，三个块指令，进过计算进行定时器的设定。如图 6-45 所示。

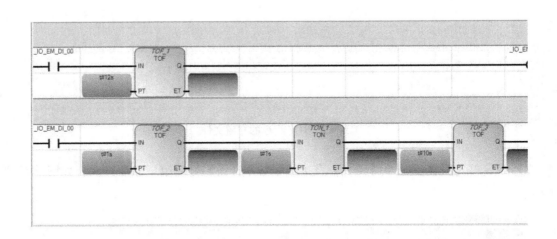

图 6-45　添加指令

10）注意区分 TOF 与 TON 指令的区别。如图 6-46 所示。

11）完成定时器的设定后，加上直接线圈指令，第二梯级完成。如图 6-47 所示。

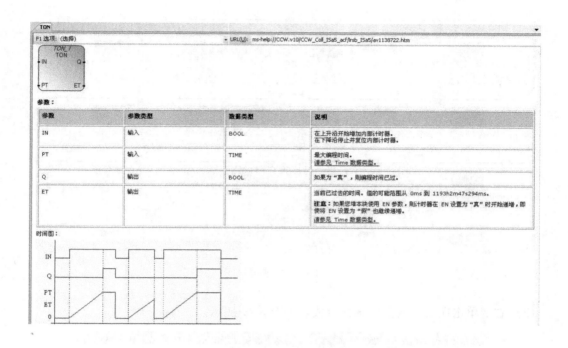

图 6-46　TOF 与 TON 指令的区别

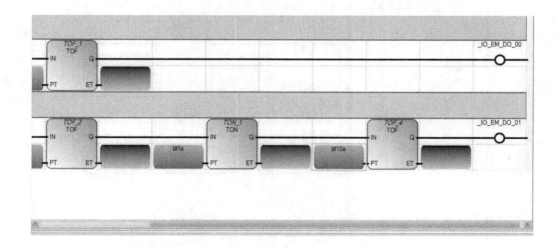

图 6-47　完成第二梯级设计

12）依次第三、四、五、六梯级完成。如图 6-48 所示。

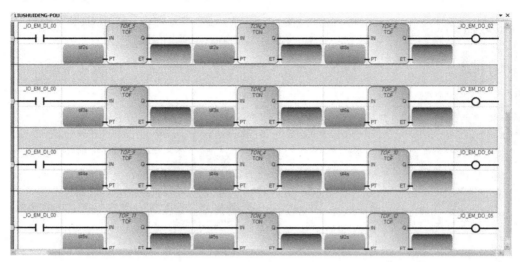

图 6-48　完成编程

13）右键单击在工程名上，选择生成。如图 6-49 所示。

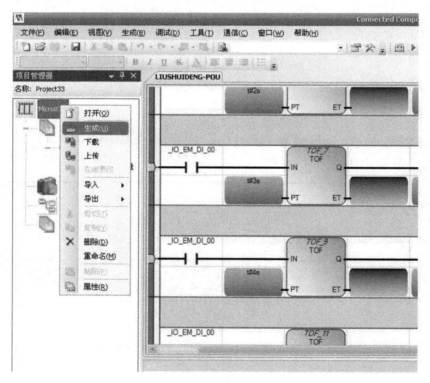

图 6-49　生成程序

14）在编程框下面输出窗口查看是否生成成功，成功以后，保存。如图 6-50 所示。

图 6-50　编译成功

15）双击左上角的 Micro830，然后出现如图 6-51 所示。

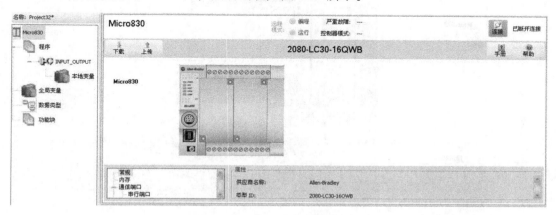

图 6-51　Micro830 控制器设置

16）设定一号槽放入是一块 2 通道的模拟输入模块，在二号槽上右键单击选择 2080-IF2。如图 6-52 所示。

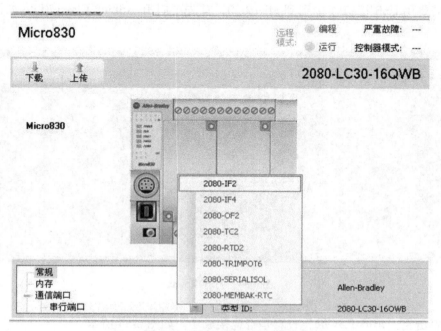

图 6-52　添加 2080 – IF2 模块

17）设定二号槽放入是一块 2 通道的模拟输出模块，在二号槽上右键单击选择 2080-OF2。如图 6-53 所示。

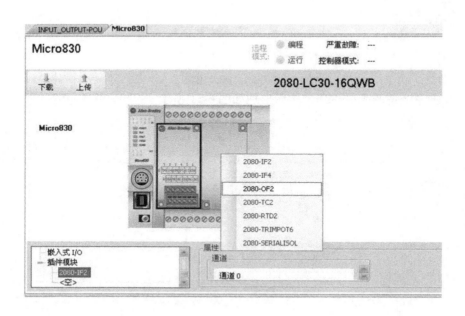

图 6-53　添加 2080-OF2 模块

18）需要用 USB 接口连接到到 Micro830，首先要打开 RSLinx Classic Lite 如图 6-54 所示。

图 6-54　打开 RSlinx

19）单击左上角的 RSWho，查看是否连接成功。如图 6-55 所示。

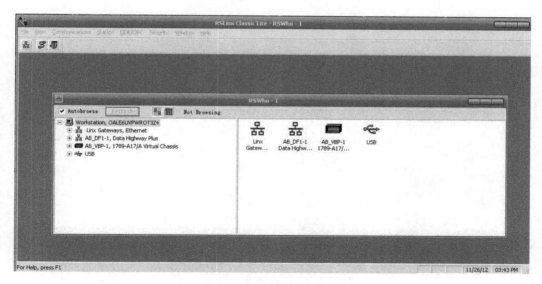

图 6-55　查看连接是否成功

20）右键单击 Micro830 上，选择下载。如图 6-56 所示。

图 6-56　下载程序

21）单击下载后会出现此界面，选择 USB，然后确定。如图 6-57 所示。

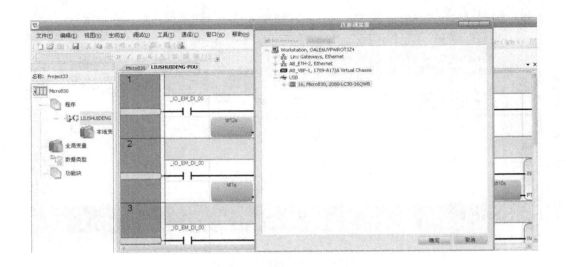

图 6-57　选择下载的控制器

22）出现下图，选择是。如图 6-58 所示。

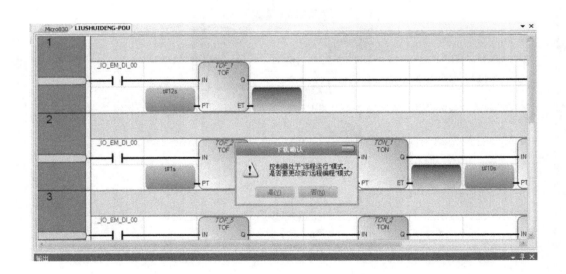

图 6-58　下载程序

23）程序进行下载中，完成后出现此界面，选择是。如图 6-59 所示。
最后检验是否成功。

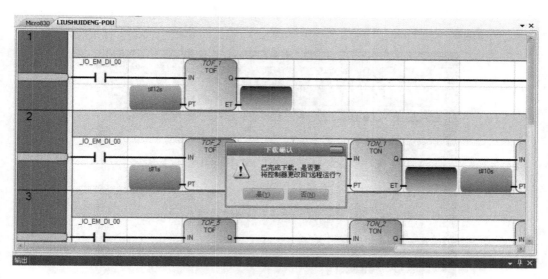

图 6-59　下载成功

6.4　Flash 刷新 Micro830 硬件组件

硬件要求如下：

Micro830，2080-LC30-16QWB

Micro830 Plug-In，2080-SERIALISOL

标准的 USB 数据线

软件要求：

Connected Components Workbench（CCW），Release 1.4

RSLinx，v 2.57

以下操作会演示如何通过控制器的 Control FLASH 给其固件版本进行刷新。当安装好 CCW（一体化编程组态软件）的同时，Control FLASH 已经安装好了或者 Micro830 的固件版本已经更新到最新。

1）首先通过 RSLinx Classic 软件的 RSWho 核实控制器 Micro830，通过 USB 与 RSLinx Classic 软件的通信正常，如图 6-60 所示。

2）打开 Control FLASH，单击 Next，如图 6-61 所示。

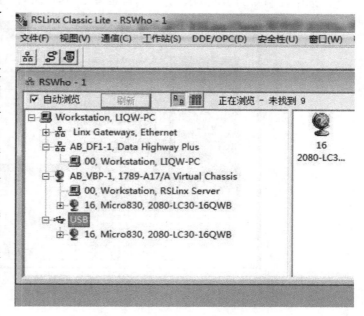

图 6-60　查看驱动

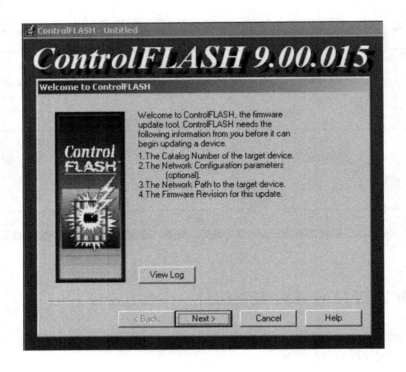

图 6-61　打开 Control FLASH

3）选中要刷新的 Micro830 的产品目录号 2080-LC30-16QWB，如图 6-62 所示。

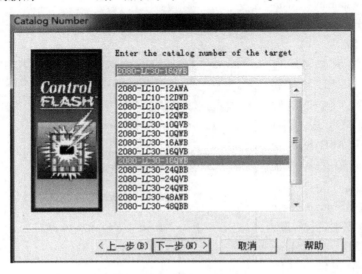

图 6-62　选择控制器型号

4）选中浏览窗口中的控制器，然后单击"ok"，如图 6-63 所示。

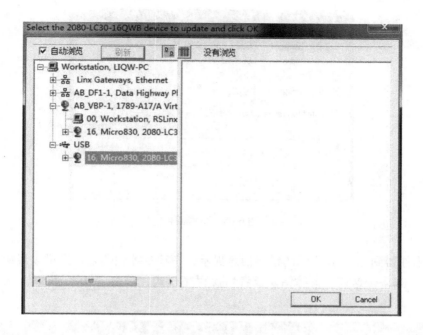

图 6-63　选择控制器驱动

5）单击"下一步"继续，核实版本，然后单击"下一步"开始更新，如图 6-64 所示。

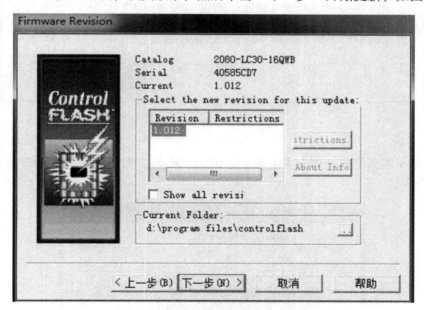

图 6-64　确定控制器版本号

6）然后就会出现下载过程的显示界面，如图 6-65 所示。

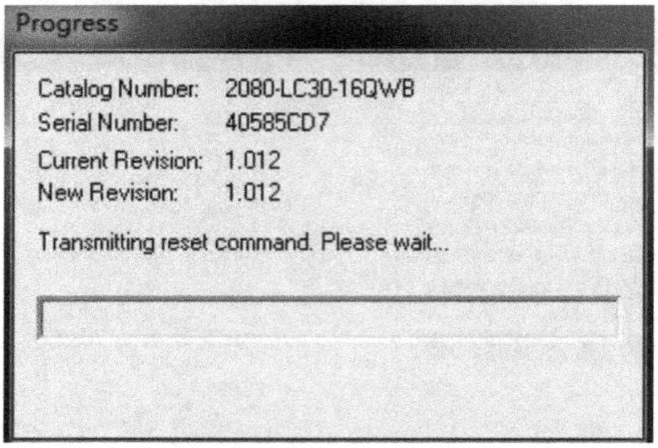

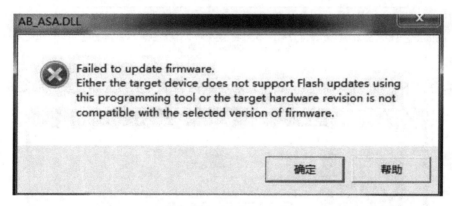

图 6-65　下载固件

7）如果你得到图 6-66 所示的错误信息提示，请检查控制器是否出错或者钥匙开关打到了运行模式。如果是这样，清除错误或者切换程序模式，单击"OK"再试一次。如图 6-66 所示。

图 6-66　下载固件失败

8）当 flash 刷新完成，你会在屏幕上看到一个状态显示界面，比图 6-67 所示要小。单击"OK"完成。

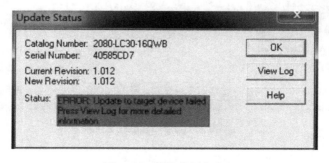

图 6-67　固件升级完成

6.5　习题

1. 演示 CCW（一体化编程组态软件）安装及调试过程。
2. 怎样进行硬件的刷新？
3. 说说 PLC 应用系统的硬件设计包括哪些内容？
4. 结合具体实例进行 PLC 应用系统的设计。

第7章 交通灯实例与自定义功能块的应用

道路交通灯在实际生活中经常能够见到，本章通过公路交通灯作为实例，利用 Micro830 创建一个公路交通灯的实例，以此来学习 Micro830 的一些基础功能。

7.1 工程实例介绍

实例功能：

通过汽车传感器监视交通流量的一个十字路口的四路控制程序，如图7-1所示。

1. 工程原理及要求

如果南北方向的红灯和东西方向的绿灯是亮的，同时一辆车触发南北方向的传感器 5s 以上，则将东西方向的绿灯转为黄灯。

如果东西方向黄灯亮了 2s 以上，那么将东西方向的黄灯转为红灯，将南北方向的红灯转为绿灯。

如果东西方向的红灯和南北方向的绿灯是亮的，同时一辆车触发东西方向的传感器 5s 以上，则将南北方向的绿灯转为黄灯；

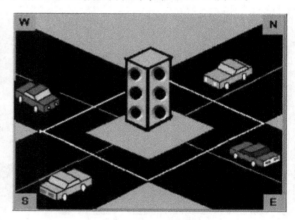

图7-1 实际交通灯引导

如果南北方向黄灯亮了 2s 以上，那么将南北方向的黄灯转为红灯，将东西方向的红灯转为绿灯；

为了初次下载之后初始化程序，如果所有的灯都是关的，打开南北方向的红灯和东西方向的绿灯。

2. 软硬件要求

硬件要求：Micro830，2080-LC30-16QWB；Standard USB Cable；

软件要求：Connected Components Workbench（CCW），Release 1.2；

RSLinx，v 2.57。

7.2 工程实例创建

7.2.1 创建新的 CCW（一体化编程组态软件）工程

根据第6章介绍创建新的 CCW（一体化编程组态软件）工程，重命名项目名称为 Traf-fic Light。单击"文件"菜单"项目另存为…"，选择路径在 D：\ rockwell \ Traffic Light 即可完成重命名，如图 7-2 所示。

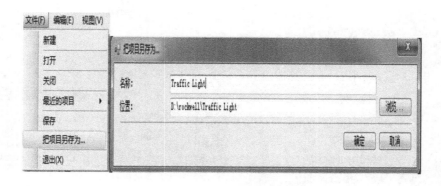

图 7-2　创建新的程序

7.2.2　给控制器配置插件模块

在该工程中我们会用到 2080-SERIALISOL 和 2080-IF4。

双击 Micro830 控制器，显示如图 7-3 所示。

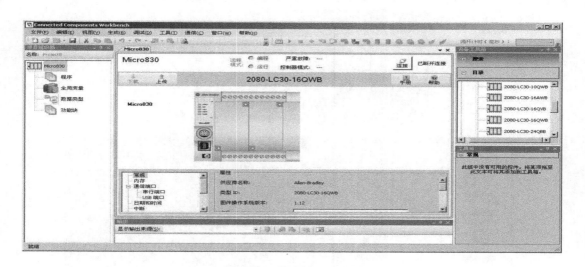

图 7-3　对控制器进行设置

设定为一号槽插上一个独立的串行端口模块。我们选中一号槽，右键单击选择 2080-SE-RIALISOL，如图 7-4 所示。

设定二号槽插入一块 4 通道的模拟量输入模块，在二号槽上右键单击选择 2080-IF4，如图 7-5 所示。

注意：Micro830 图形更改为显示已安装的插件。现在，如果你需要改变通道 0 模拟量输入模块的输入类型，只需通过下面的属性，就可以选择你要设定的输入类型电流或者电压以及改变频率与输入状态，如图 7-6 所示。

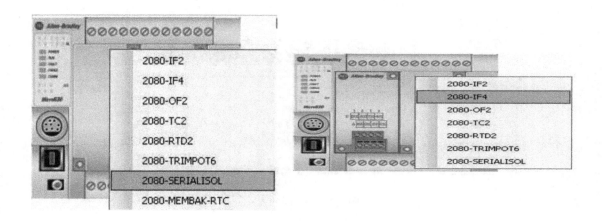

图 7-4 添加 2080-SERIALISOL 功能块   图 7-5 添加 2080-IF4 功能块

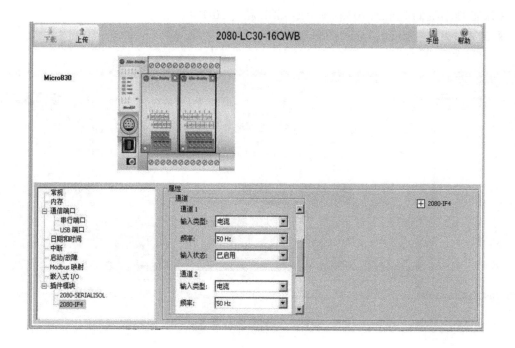

图 7-6 设置功能块参数

注意：RTC 插件模块只能放在 Micro830 的 1 号槽，否则系统会报错，出现不兼容情况，如图 7-7 所示。

目前，在 Micro830 上能使用的功能插槽如图 7-8 所示，在其他工程中如果需要用到不同的功能块，可以按照要求进行替换。

图 7-7 程序报错指示

Category	Catalog Number	Description	Controller Support
Analog I/O	2080-IF2	2-ch Analog Input, 0-20mA, 0-10V,non-isolated 12-bit	Micro810,Micro830,Micro850
	2080-IF4	4-ch Analog Input, 0-20mA, 0-10V,non-isolated 12-bit	Micro810,Micro830,Micro850
	2080-OF2	2-ch Analog Output, 0-20mA, 0-10V,non-isolated 12-bit	Micro810,Micro830,Micro850
Specialty	2080-TC2	2-ch TC, non-isolated, 1C	Micro810,Micro830,Micro850
	2080-RTD2	2-ch RTD, non-isolated, 0.5C	Micro810,Micro830,Micro850
	2080-TRIMPOT6	6-ch Trimpot Analog Input	Micro810,Micro830,Micro850
Communications	2080-SERIALISOL	RS232/485 isolated serial port	Micro810,Micro830,Micro850
Backup Memory	2080-MEMBAK-RTC	Project, Data Log, Recipe Backup and High Accuracy RTC	Micro830,Micro850

图 7-8 功能块介绍

7.2.3 创建用户自定义功能模块

本部分将向大家介绍如何创建一个交通灯的自定义功能模块,虽然无需每个项目都要创建,但是创建这样一个模块方便捕获重复代码以及便于整个项目的重用。

1)选中项目组织器的功能块,右键单击选择添加梯形图,如图 7-9 所示。

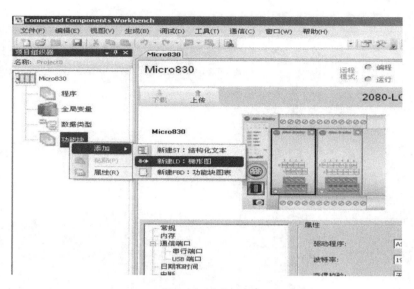

图 7-9　新建程序

2）选择 UntitledLD，右键单击选择重命名，重命名为 TRAFFIC ＿ CONTROLLER ＿ FB。如图 7-10 所示。

3）一般交通控制器算法的功能块实现的梯形图程序如下：逻辑算法，如果一辆小汽车在红灯处等待至少 5s，其他方向绿色灯转变成黄色持续 2s 然后转变成红色，同时小车所在的方向的红灯转变成绿色。

4）当用户自定义一个功能模块时，其预定义中最重要的是功能模块的输入要求和产生怎样的输出。这些输入和输出被定义为功能模块的本地变量。因此，在 TRAFFIC ＿ CONTROLLER ＿ FB 下双击本地变量。右键单击顶部第一行选择重置设置。

5）针对此用户自定义功能模块我们需要 4 个布尔输入（十字路口 4 个方位各需要一个传感器）和 7 路布尔输出（红灯、黄

图 7-10　对程序进行重命名

灯、绿灯为一组，共有两个方向）。输入用 VarInput 表示，输出用 VarOutput 表示。输入变量名分别为 Names，DateTypes 和 Directions 如图 7-11 所示。

6）定义好本地变量后，双击交通灯控制功能块（TRAFFIC ＿ CONTROLLER ＿ FB）图标，开始梯形图的编程。

第一梯级逻辑如下：如果南北红灯和东西绿灯亮，一辆汽车行驶进入北方向或者南方向的传感器范围内 5s，把东西方向的绿灯改为黄灯。

7）梯形图指令工具箱，位置在软件平台右边，如图 7-12 所示。

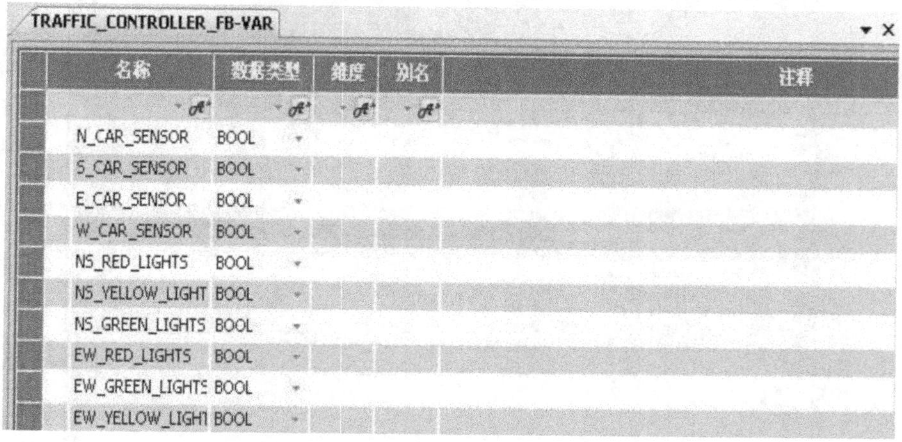

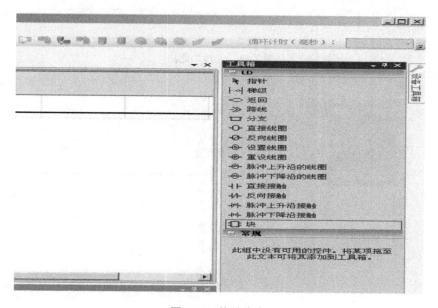

图 7-11　变量命名

图 7-12　拖放指令

8）我们需要两个直接接触串联，南北红灯和东西绿灯，单击直接接触指令从工具箱中拖拽到横线上，然后释放，释放指令的同时会弹出变量选择界面，选择 NS ＿ RED ＿ LIGHTS。单击确定（同时可以放好以后，双击指令来设置），如图 7-13 所示。

9）放上 EW ＿ GREEN ＿ LIGHTS，同上。完成后如图 7-14 所示。

10）根据逻辑，我们要完成第一步还需要将两个直接接触并联，一个为北方向传感器，一个为南方向传感器。拖动一个分支指令，然后释放到第一行，如图 7-15 所示。

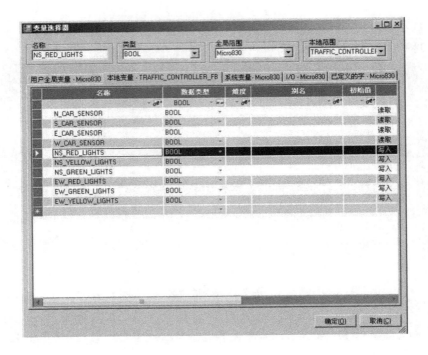

图 7-13　选择功能块

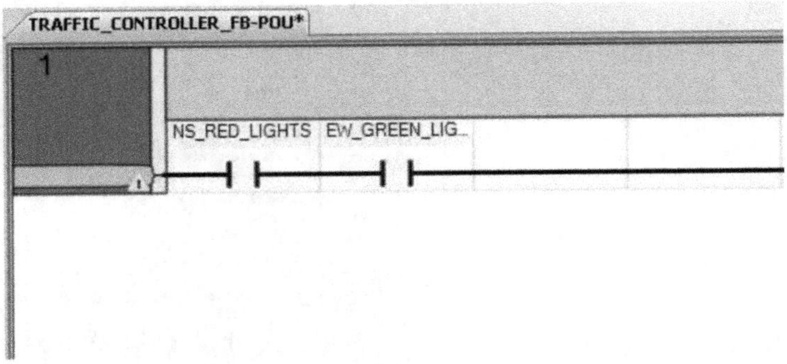

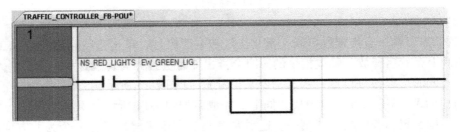

图 7-14　放置指令

图 7-15　放置分支指令

11）拖拽两个直接接触指令分别放在分支上，分别为 E _ CAR _ SENSOR 和 W _ CAR _ SENSOR。如图 7-16 所示。

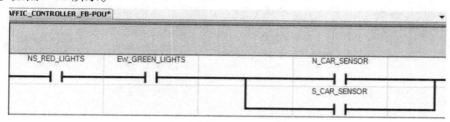

图 7-16　放置指令

12）下一步我们需要一个 5s 的延时，从工具箱中单击并拖拽一个功能指令到右边的分支并释放。指令选择模块如下所示。在类别项，选择 Time，就会列出所有的 Time 基本指令，如图 7-17 所示。

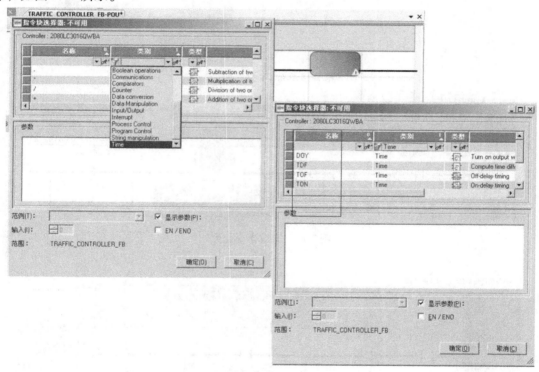

图 7-17　TIME 指令集

13）选择 TON，然后单击"OK"。单击 PT（输入模块）上半部分，输入" T#5s"（800 的时间格式），然后单击回车，如图 7-18 所示。

14）下一步实现关闭东西方向的绿灯和开启东西方向的黄灯。引出分支指令和对应的设置线圈和重置线圈，分别命名为 EW _ GREEN _ LIGHTS 和 EW _ YELLOW _ LIGHTS，如图 7-19 所示。

15）双击程序上方的绿色地带，然后可以加入程序说明：如果南北红灯亮和东西灯亮时，当小车进入传感器范围内至少 5s，改变东西方向灯，由绿色变成黄色，如图 7-20 所示。

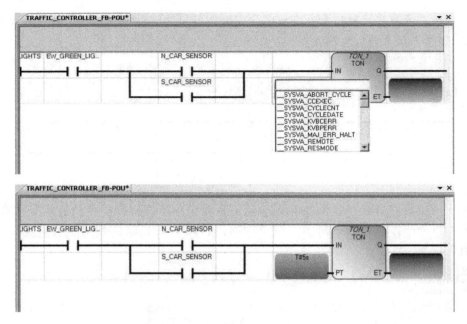

图 7-18 对 PT 进行赋值

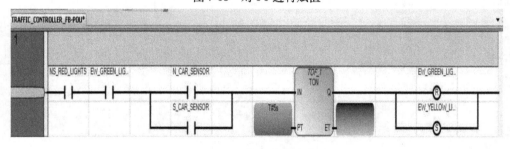

图 7-19 完成指令配置

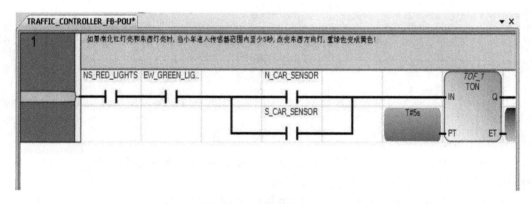

图 7-20 对指令进行注释

16）第二梯级如下所示：如果东西灯是黄色的而且至少 2s，然后改变东西方向灯，从黄色改为红色，同时南北方向灯由红色改为绿色。剩下的两条梯形横条如上述同理可得，这样我们就完成了十字路口的逻辑，逻辑相同，方向不同，所有可以直接复制上一个方向的梯形图，进行修改即可。修改 TON 名称，EW 改为 NS，NS 改为 EW。

17）上述完成后，需要再加一个梯级，来处理初始条件。当第一次下载上电运行时，六盏灯亮与熄我们都是不确定的，所以得对其进行初始化。故而在最后一梯级对其进行检查，设定所有灯都关闭，然后开启南北红灯和东西绿灯。

从工具箱中拖拽出一个梯级在第四级后面的空白处，拖拽出 7 个反向接触，在最后一梯级上，并把各个变量赋予给 7 个反向接触，如图 7-21 所示。

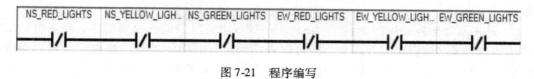

图 7-21　程序编写

18）下一步，添加一对并联的设置线圈，开启 NS＿RED＿LIGHTS 和 EW＿GREEN＿LIGHTS。整个梯形图完成，如图 7-22 所示。

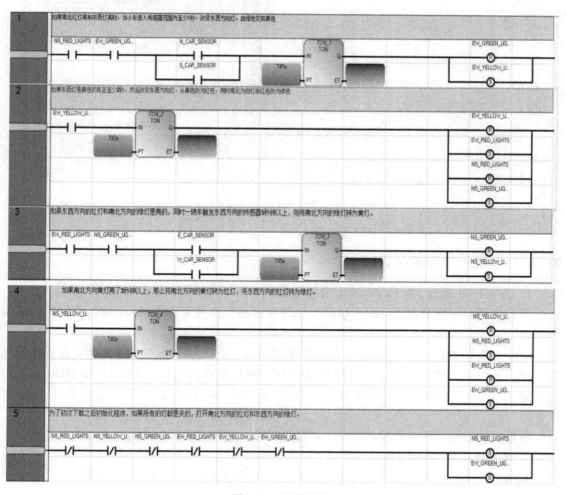

图 7-22　程序示例

19）右键单击在工程名上，选择生成，在编程框下面输出窗口查看是否生成成功，成功以后，保存。

7.2.4　创建一个新的梯形图程序

本环节通过创建一个新程序调用上一章创建的功能模块，以实现功能模块的反复利用。

1）创建一个新程序，重命名程序名为：Traffic _ Light _ Control，双击创建的新程序，进行编程。

2）从工具箱中拖动块指令到梯形图的第一梯级上，从块的选择窗口中，在名称栏输入你创建的自定义功能模块的前几个字符可以查询到定义的功能模块。如输入 tr 可以查询到前一章定义的功能模块，选中以后会显示你所定义的所有参数，如图 7-23 所示。

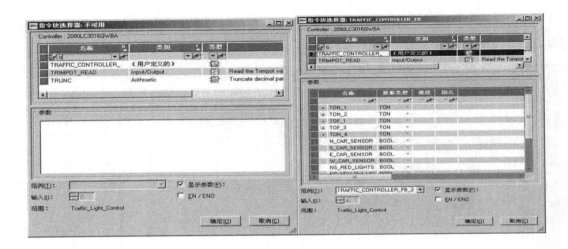

图 7-23　功能块选择

7.2.5　下载程序和调试错误

1. 通过 USB 建立 Micro830 和电脑的连接

下面的操作将展示在第一次连接时，如何在电脑上配置 USB 和 Micro800 控制器的驱动程序。

同样安装好 RSLinx 工具来连接，在安装 CCW（一体化编程组态软件）时，在标准情况下，RSLinx 已经是附带安装好了。打开 Micro800 控制器的电源。把电脑和 Micro830 用 USB 连接好。windows 将会弹出发现新硬件，选择 No, not this time（否下一次），如图 7-24 所示。

选择自动安装软件，然后单击 next，等待安装。安装完以后，单击 finish。

2. 连接电脑和 Micro830

双击如图 7-25 所示左边的控制器，然后会弹出右边的画面，单击连接按键。

图 7-24 驱动安装

图 7-25 连接电脑和 Micro830

将会出现如图 7-25 所示的连接浏览器，选中控制器，单击确定设备工具栏的状态会显示已经连接，如图 7-26 所示。

3. 下载和调试

在项目组织器中双击 Micro830 图标，选择生成。查看输出窗口是否有报错，如图 7-27 所示。

当确认没有错误以后，右键单击 Micro830 控制器图标，选择下载。如果 PLC 正处在远程运行模式，会提示你是否把模式改为远程编程模式，当下载完成以后是否改成原模式，确定即马上运行下载程序，否则需要做出进一步的修改，如图 7-28 所示。

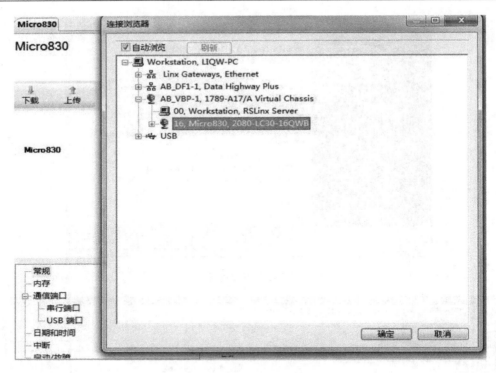

图 7-26　设备连接

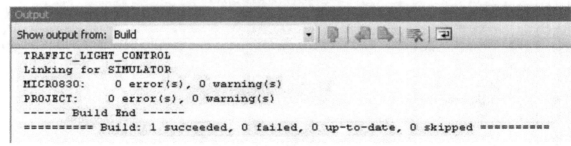

图 7-27　程序生成和调试

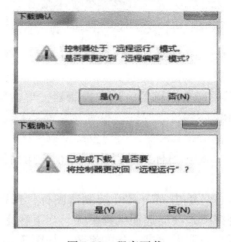

图 7-28　程序下载

4. 调试和改错

当下载好程序以后，一种普遍的错误是项目工程和控制器不匹配，如图 7-29 所示。接下来将会学习如何检测错误并修正。

双击项目组织器中的控制器图标，然后可以看到 Micro830 中的一些信息。将会看到控制器的一些状态信息，并允许配置插件程序和其他参数。

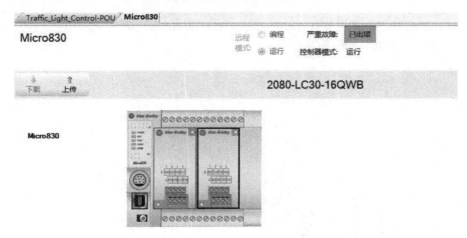

图 7-29　程序报错

在控制器的配置处单击启动/故障，如图 7-30 所示。

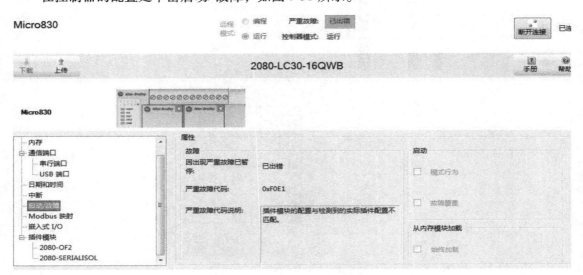

图 7-30　启动/故障选项

为了纠正配置的不匹配情况，需更新 1、2 两槽里的插件来满足硬件需求。

5. 测试一个正在运行的程序

本环节主要讲解如何调试，如何向正在运行一个程序的 PLC 发出强制命令。

1）按照前面几章所述，创建、生成、下载一个程序，假定此程序已经在 PLC 上运行。

2）查实 PLC 处在运行状态。如果不是处在运行状态，切换到运行状态，如图 7-31 所示。

图7-31 PLC 状态查询

3）从调试菜单中选择，开始调试。屏幕将出现 Traffic _ Control _ POU 标签，如图 7-32 所示。

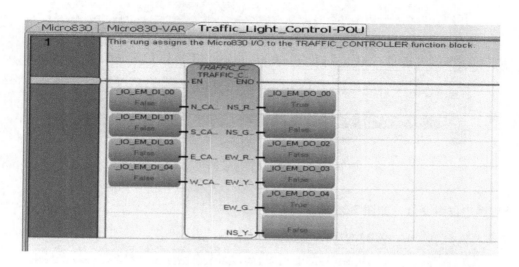

图 7-32 程序运行时功能块工作状态

4）左键单击组织控制器中的全局变量，如图 7-33 所示。

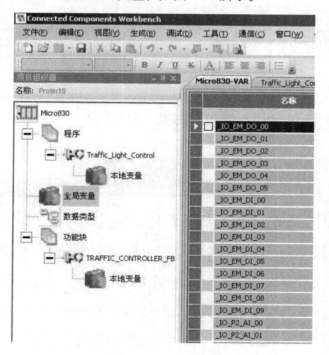

图 7-33 全局变量

5）找出设定要强制的变量，假定要强制_ IO _ EM _ DI _ 00，如图 7-34 所示。

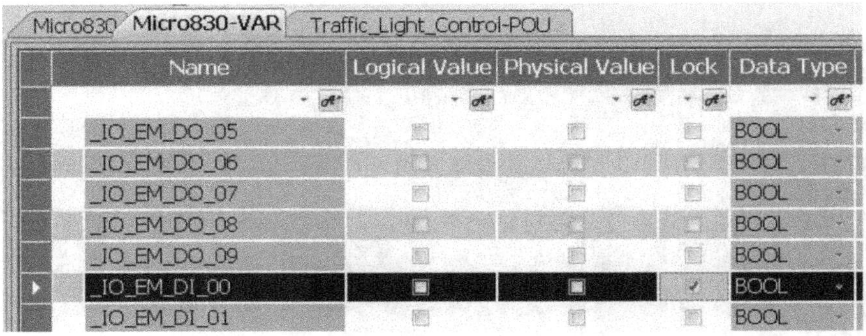

图 7-34　强制_ IO _ EM _ DI _ 00

6）选中逻辑变量，如图 7-35 所示。

图 7-35　设置逻辑变量

7）这时可以在同一列表中看到输出的变化，如图 7-36 所示。

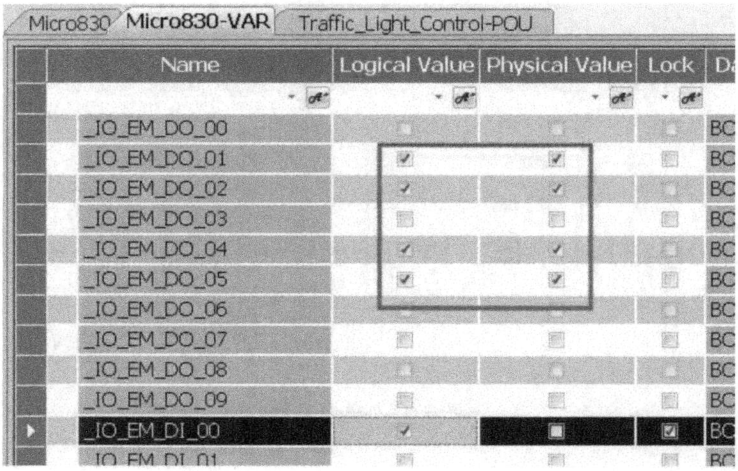

图 7-36　全局变量变化

8）如果是要取消，则去掉选中的逻辑变量。如果是允许程序或者外部来源改变变量，单击不可检查的锁箱。

9）停止调试，单击调试菜单，选中停止调试。

可以离开 Micro830 在远程运行模式，可以选中程序模式，或者根据你的喜好打开 Micro830 标签，然后选择其他断开 Micro830。

6. 如何连接已经存在的控制器

1）保存并关闭一个项目，下面是一个我们打开的项目，如图 7-37 所示。

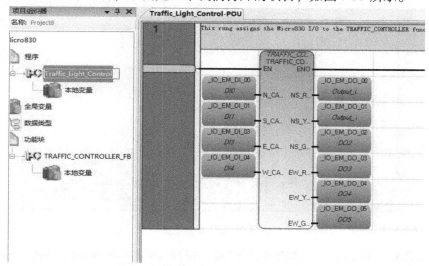

图 7-37　打开新程序

单击菜单中的文件，选择保存，项目文件会保存在文档的 CCW（一体化编程组态软件）文件下。随后即可选择菜单中的文件，选择关闭。

2）在一个新建的项目中，连接一个控制器，并上传其中程序。

①打开 CCW（一体化编程组态软件），从设备工具箱中选择收索栏，单击浏览连接，就会出现如图 7-38 所示的控制器选择界面。

②选择控制器单击确定，整个项目就读上来了，并显示在项目组织器中，如图 7-39 所示。

③如果是从设备工具箱的目录把控制器拖到项目组织器中的，可以选中控制器右键选择上传，单击确定。

④上传完成以后，可以从输出窗口中看到提示。双击控制器图标，可以看到控制器的配置，如图 7-40 所示。

⑤双击程序中的源程序名称，可以看到上传的控制器中的程序；这时就可以对控制器中的源程序进行处理；

注意：在连接过程中，如果出现项目控制器同实际在线的控制器不符，平台会给出对应的提示。

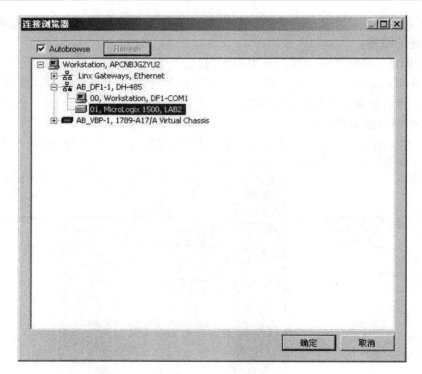

图 7-38　连接浏览器

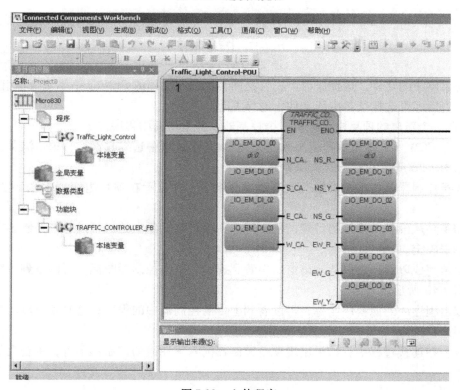

图 7-39　上传程序

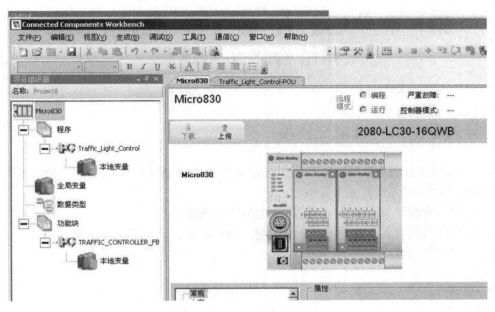

图 7-40 控制器的配置

7.3 习题

1. 演示自定义功能块的操作步骤。
2. 独立编写 7.1 中交通灯的程序系统。
3. 演示 PC 与控制器的通信、程序下载、程序上载。

第8章 交通灯扩展——功能模块图表和结构化文本编程

8.1 导入导出用户自定义模块

本节将演示怎样创建并导出一个用户自定义的功能模块（UDFB）SIM_FB，而导出的功能模块同样能够导入到其他工程中去。

1）创建一个新的 Micro830 工程项目，如图 8-1 所示。

2）在项目组织器下，右键单击功能模块，选择添加，下一级菜单选择新建0 ST：结构化文本，如图 8-2 所示。

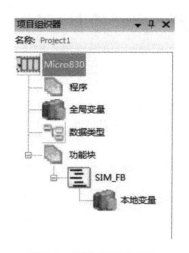

图 8-1　创建新工程项目

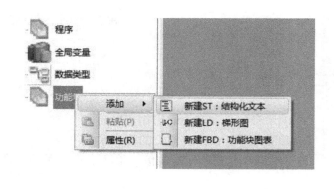

图 8-2　新建功能块

3）右键单击未命名的功能模块，选择重命名，然后输入 SIM_FB。双击 SIM_FB 然后输入如图 8-3 所示程序代码。

4）完成以后，将进行模块变量的建立与设定，双击本地变量，在窗口中输入如图 8-4 所示的变量参数。

5）右键单击 SIM_FB 并选择编译：如果得到任何的编译错误，修改错误，重新编译直到没有错误。在项目组织器下面，右键单击 SIM_FB，选中导出并选择导出程序。单击导出按键，如图 8-5 所示。

6）选择本地文件保存路径，并单击保存。

7）完成导出功能块之后，我们新建一个项目，右键单击项目组织其中的 Micro830，选择导入，然后导入刚才导出的文件，如图 8-6 所示。

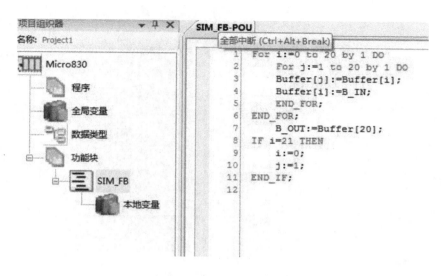

图 8-3 程序代码输入

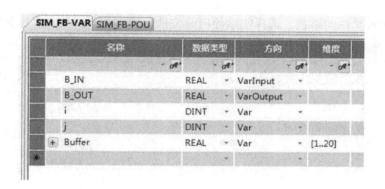

图 8-4 变量参数设置

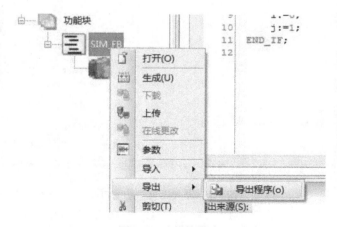

图 8-5 功能块导出

图 8-6　导入功能块

8）选择导入文件的路径，选择刚刚导出的文件，单击打开，导入界面如图 8-7 所示。

图 8-7　导入导出功能窗口

9）选择好导入文件，单击导入并核实输出窗口，看是否导入成功，如图 8-8 所示。

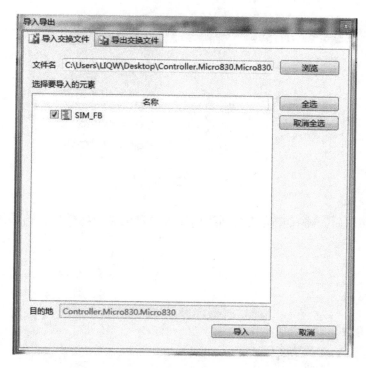

图 8-8　导入功能块示意图

8.2　功能模块图表编程（PID 指令的使用）

本节的主要内容是向大家讲解如何创建一个功能图表程序，在这里以 PID 指令为例。在创建的功能图程序中使用 PID 指令，同时还将引用一个用户自定义的功能模块（仿真过程变量）。功能模块图语言是与数字逻辑电路类似的一种 PLC 编程语言。采用功能模块图的形式来表示模块所具有的功能，不同的功能模块有不同的功能。

功能模块图程序设计语言的特点是：以功能模块为单位，分析理解控制方案简单容易；功能模块是用图形的形式表达功能，直观性强，对于具有数字逻辑电路基础的设计人员很容易掌握的编程；对规模大、控制逻辑关系复杂的控制系统，由于功能模块图能够清楚表达功能关系，使编程调试时间大大减少。

1）首先是打开 CCW（一体化编程组态软件）。

2）在程序的窗口中，拖出控制器 2080-LC30-16QWB，在项目组织器中创建一个新工程。

3）项目命名为 FBD _ Program。

4）在创建好的项目中，在程序功能块右键单击添加一个功能图表程序，如图 8-9 所示。

5）给程序重命名为 Process _ SIM，如图 8-10 所示。

6）选中控制器 Micro830，右键单击，选中导入交换文件。

7）导入窗口将会弹出，选中路径，选中文件 SIM _ FB. 7z，选中 SIM _ FB，单击导入按键，进行导入。然后关闭窗口。注意：如果不能找到 SIM _ FB，参考前一节内容，创建自定

图 8-9　新建功能块图

义功能模块。

8）导入成功以后，将在功能块看到我们导入的自定义功能模块，结果如图 8-11 所示。

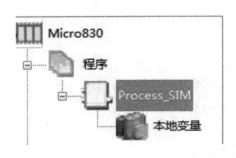

图 8-10　新建程序

图 8-11　导入功能块成功

9）双击以后可以看到先前自定义的功能图模块，如图 8-12 所示。

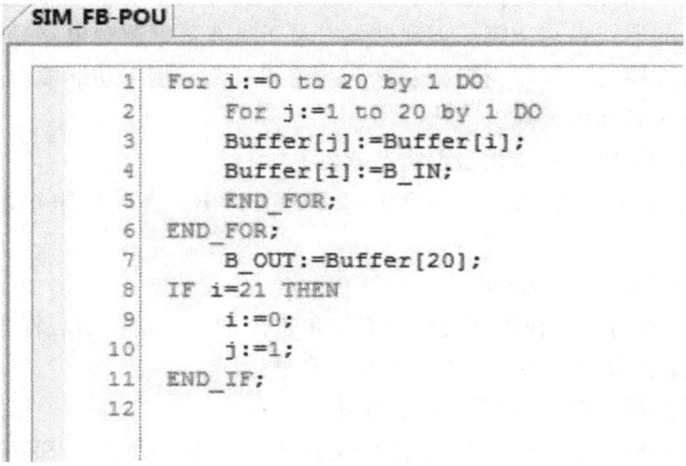

```
SIM_FB-POU
 1  For i:=0 to 20 by 1 DO
 2      For j:=1 to 20 by 1 DO
 3      Buffer[j]:=Buffer[i];
 4      Buffer[i]:=B_IN;
 5      END_FOR;
 6  END_FOR;
 7      B_OUT:=Buffer[20];
 8  IF i=21 THEN
 9      i:=0;
10      j:=1;
11  END_IF;
12
```

图 8-12　编写的结构化文本程序

10）对程序进行编译，同时新建主程序，可以看到功能图表 FBD 大致样式，如图 8-13 所示。

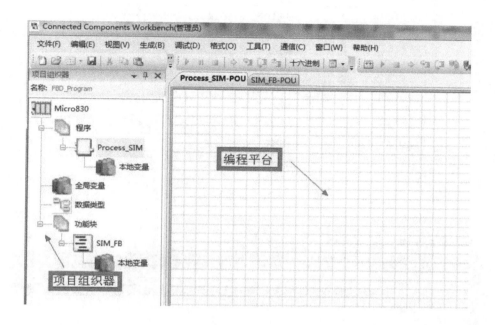

图 8-13　功能图表 FBD 编辑区域

11）本章的主要程序逻辑如图 8-14 所示。

图 8-14　程序逻辑图

12）程序逻辑图主要组成如下。

Average 功能模块将作为仿真模拟输入的采样率。

PID 功能模块将会产生一个控制变量（CV），作为过程变量（PV），追踪设定变量（SV）。

SIM_FB 是仿真模块，用作 FIFO 概念，用过 PID 的延迟反馈功能模块。

13）双击 Process_SIM 本地变量在控项目组织器中，输入以下变量到 Process_SIM-VAR Tab，如图 8-15 所示。

完成以后，变量表如图 8-16 所示。

14）双击 Process_SIM，在工具箱中选择功能模块到编程区中，就会出现指令选择窗口，在 Name 下拉菜单中选择 AVERAGE 指令，如图 8-17 所示。

Name	Data Type	Initial Value
SV	REAL	10.0
FB	REAL	0
PID1_G	GAIN_PID	-
PID1_AT	AT_PARAM	-
AUTO_RUN	BOOL	-
INIT	BOOL	-
PID1_AT_EXEC	BOOL	-

图 8-15　变量定义

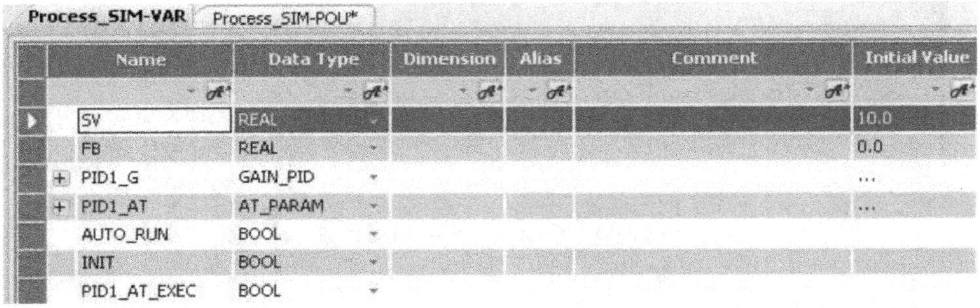

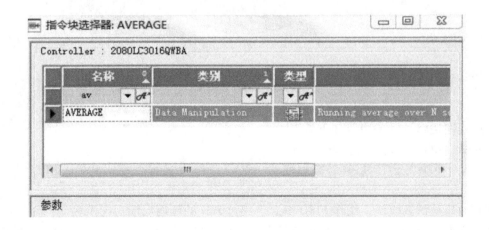

图 8-16　变量命名表

图 8-17　AVERAGE 指令功能块

15）AVERAGE_1 将被创立，然后单击"OK"。就可以在工作区中看到创建的指令，AVERAGE_1。

16）继续拖入一个模块，选择 IPIDCONTROLLER 功能从下拉菜单中。创建 IPIDCON-
TROLLER _ 1。工作区域中的程序如图 8-18 所示。

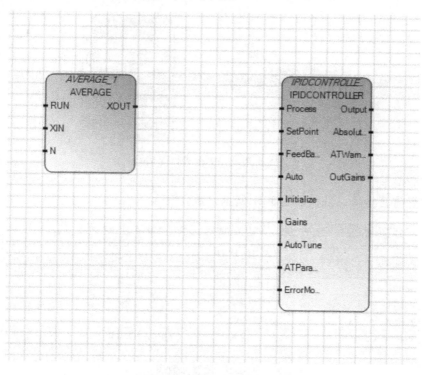

图 8-18　工作区域示意图

17）继续拖入功能模块，从下拉菜单中选中用户自定义的功能模块 SIM _ FB 功能模块，
重复前面步骤，可以在编程区看到如下 3 个功能模块。

18）从工具箱中选择变量指令拖入编程区。与 IPIDCONTROLLER 点对应起来，如图 8-
19 所示。

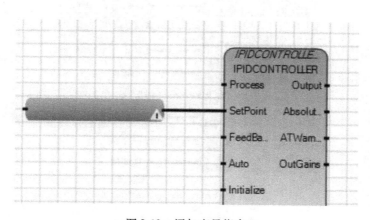

图 8-19　添加变量指令

19）双击变量指令，从 Process _ SIM 的本地变量选择 SV，分配到与 IPICONTROLLER SetPoint 对应的点。SV 将把参数的值传递给 IPIDCONTROLLER 的 SetPonit，如图 8-20 所示。

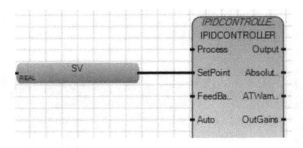

图 8-20　将变量进行连接

20）重复前面步骤，设置如图 8-21 所示参数。

IPIDCONTROLLER Parameter	Local Variable – Process_SIM	Value
Feedback	FB	
Auto	AUTO_RUN	
Initialize	INIT	
Gains	PID1_GAINS	
AutoTune	PID1_AT_EXEC	
ATParameters	PID1_AT	
ErrorMode		0

图 8-21　设置参数表

21）当所有参数设置完成以后，如图 8-22 所示。

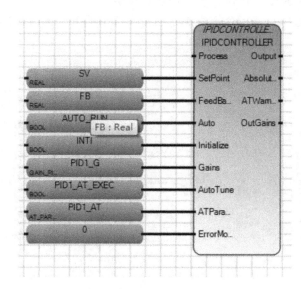

图 8-22　IPID 模块配置变量

22）单击 IPIDCONTROLLER _ 1 的输出，连接 SIM _ FM _ 1 的 B _ IN。然后连接 SIM _ FB _ 1 的 B _ OUT 和 AVERAGE _ 1 的 XIN。给 AVERAGE _ 1 的 N 拖入一个变量，并设定值为 5，同时在给 RUN 插入一个变量 TRUE。连接 AVERAGE _ 1 的 XOUT 与 IPIDCONTROLLER _ 1 的 Precess。再次单击 IPIDCONTROLLER _ 1 的 OUTPUT 然后与 IPIDCONTROLLER _ 1 的 FeedBack 连接起来。整个程序完成如图 8-23 所示。

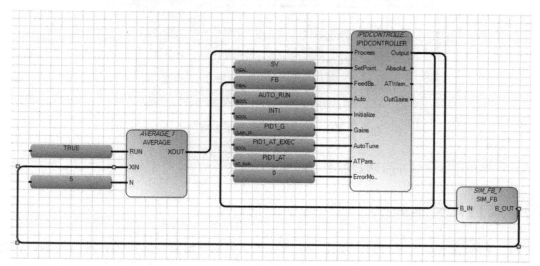

图 8-23　变量连接

23）编译下载，启动调试。同时可以观察到指令中变量的数值如图 8-24 所示。

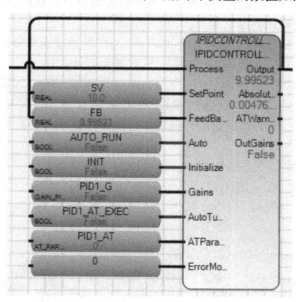

图 8-24　运行后的变量参数

24）改变 IPIDCONTROLLER _ 1 中 SV 的值，双击变量 SV，改变 SV 的逻辑值为 15.0

（注意这里是变量测试，并非实际值，所以修改逻辑值）。通过监视 IPIDCONTROLLER _ 1 的
Output 的值，我们可以看到其不断的增加，达到前面的设定值 SV 的值，如图 8-25 所示。

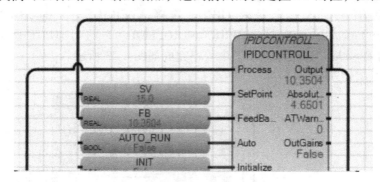

图 8-25　运行后的变量参数

25）停止调试，断开与 PLC 控制器的连接。

8.3　结构化文本编程（PID 指令的使用）

　　ST（结构化文本）是针对自动化系统的高级文本编程语言。简单的标准结构确保快速、高效的编程。ST 使用了高级语言的许多传统特性，包括：变量、操作符和控制流程语句。

　　ST 还能与其他 PLC 编程语言一起工作。那么什么是结构文本呢？"结构"是指高水平的结构化编程能力，像一个"结构化的编程"；"文本"是指应用文本而不是梯形图和顺序功能表的能力。ST 语言不能代替其他语言，每种语言都有它自己的优点和缺点。ST 主要的一个优点就是能简化复杂的数学方程。

　　本节主要向大家介绍结构化文本编程，以一个简单的数学运算样例编程。

　　1）启动 CCW（一体化编程组态软件）编程平台。在项目组织器中拖入控制器，创建项目。

　　（在布尔表达式中，"true"用 1 表示，"false"用 0 表示）

　　2）双击本地变量，然后创建变量。创建一个整型变量如图 8-26 所示。

　　3）在项目组织器中，双击全局变量，给输出创建一个别名。在 Micro830 变量中，创建对应别名 Output _ 0 为 _IO _ EM _ DO _ 00，别名　Output _ 1 为_IO _ EM _ DO _ 01 的别名，如图 8-27 所示。

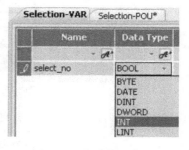

图 8-26　变量类型确定

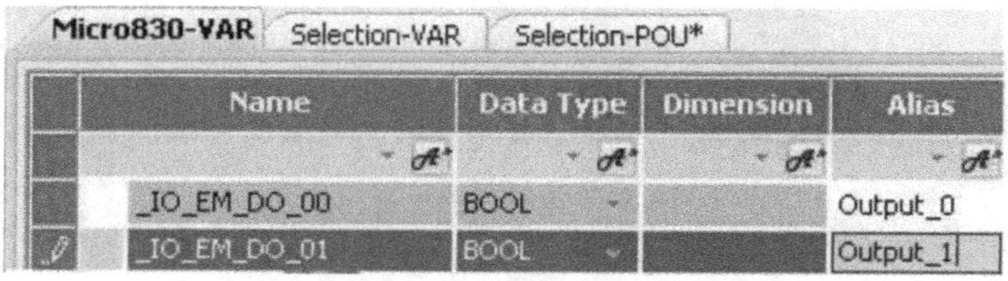

图 8-27　变量别名设置

4）保存并生成程序。

5）从第 10 行起输入如图 8-28 所示程序。

6）在第 13 行输入"AV"，在下拉菜单中找到 AVERAGE，如图 8-29 所示。

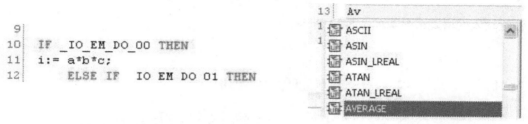

图 8-28　程序例程

图 8-29　选择 AVERAGE 功能块

7）在 AVERAGE 后面输入"（"将会弹出下拉菜单，选择创建新实例。会出现如图 8-30 的对话窗口，AVERAGE＿1 将被创建，如图 8-30 所示。

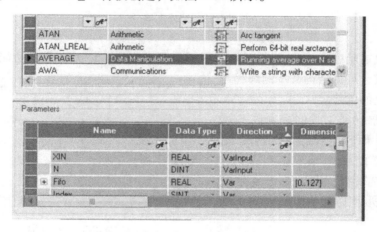

图 8-30　AVERAGE 功能块变量设置

Average 功能模块的输入要求和梯形图一样。其中 RUN，XIN，N 等参数都需要。

8）单击确定创建实例。当输入实例的时候，将会弹出对话框如图 8-31 所示，标明功能模块需要设定的参数。

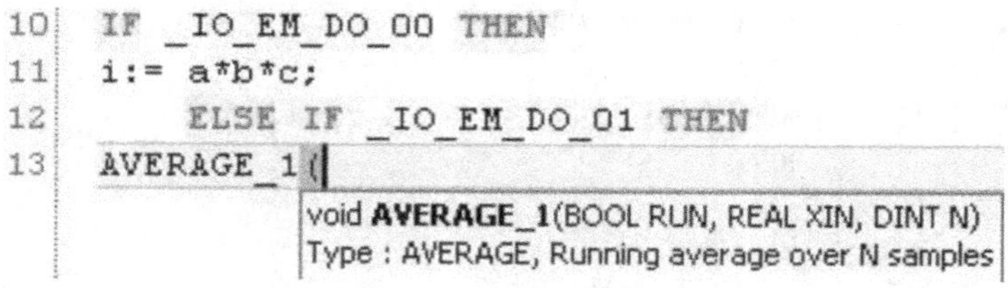

```
10  IF _IO_EM_DO_00 THEN
11  i:= a*b*c;
12      ELSE IF _IO_EM_DO_01 THEN
13  AVERAGE_1 (
        void AVERAGE_1(BOOL RUN, REAL XIN, DINT N)
        Type : AVERAGE, Running average over N samples
```

图 8-31　AVERAGE 功能块变量示例

9）参数设置如下。

'AVERAGE＿1（＿IO＿EM＿DO＿01，a，3）'

Where：

RUN ＝ ＿ IO ＿ EM ＿ DO ＿ 01

XIN ＝ a

N ＝ 3

注意输入的格式请参考如图 8-32 所示。

```
 9
10  IF _IO_EM_DO_00 THEN
11  i:= a*b*c;
12      ELSE IF _IO_EM_DO_01 THEN
13      AVERAGE_1(_IO_EM_DO_01,a,3);
14      j:= AVERAGE_1.XOUT;
15      END_IF;
16  END_IF;
```

图 8-32　编程实例

数学方程式表示如图 8-32 所示，如果用梯形图来表达，你需要几个功能模块才能完成上面这个方程式，可见结构文本的编程方式在数学运算上的优势。

在使用 IF 语句时，我们必须以 END ＿ IF 结束，在有 ELSE ＿ IF 语句的情况下，同样以 END ＿ IF 结束。

10）返回项目组织器，双击本地变量，如图 8-33 所示变量类型创建如下变量。

创建好以后如图 8-34 所示。

Name	Data Type	Initial Value
a	Real	0.0
b	Real	1.5
c	Real	3.142
i	Real	2.0
j	Real	0.0

图 8-33　变量类型

	Name	Data Type	Dimension	Alias	Comment	Initial Value	
	select_no	INT					
	i	REAL				0.0	
	a	REAL				1.5	
	b	REAL				3.142	
	c	REAL				2.0	
	j	REAL					
+	AVERAGE_1	AVERAGE				...	
*							

图 8-34　本地变量设置

11）生成并保存，把生成好的程序下载到控制器中。启动调试，如图 8-35 所示。

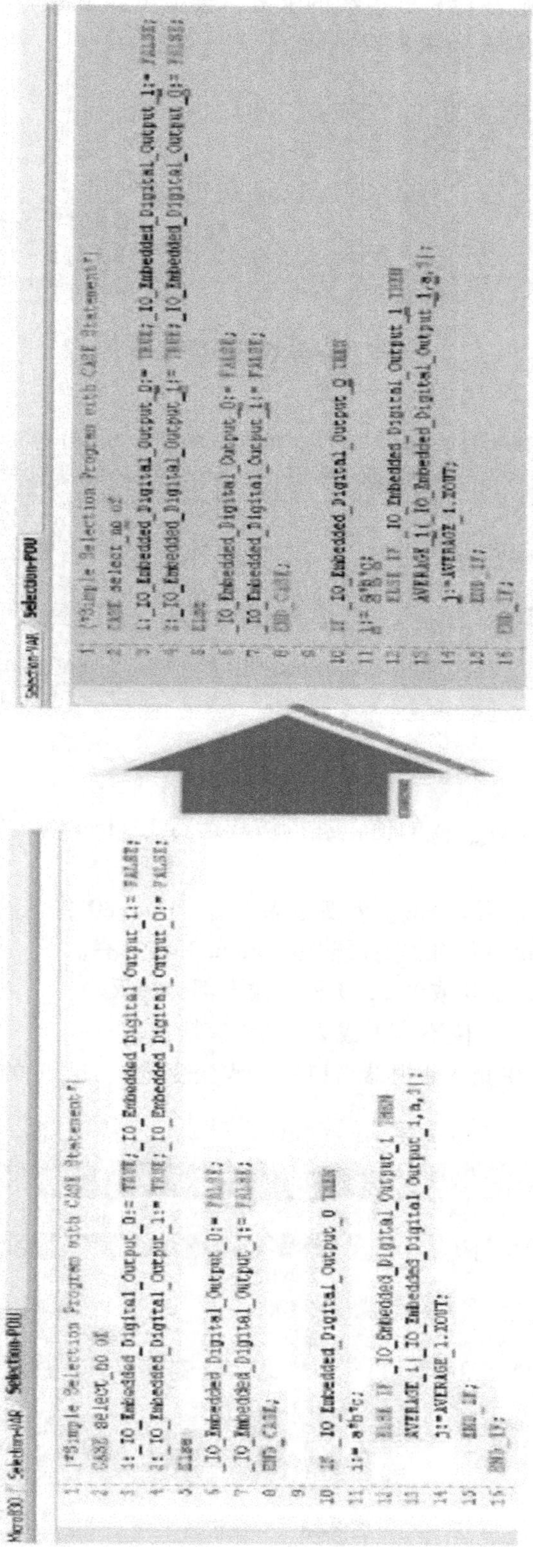

```
Micro800 / Selection-MAP   Selection-POU

1   (*Simple Selection Program with CASE Statement*)
2   CASE select_no of
3   1: IO_Embedded_Digital_Output_0:= TRUE; IO_Embedded_Digital_Output_1:= FALSE;
4   2: IO_Embedded_Digital_Output_1:= TRUE; IO_Embedded_Digital_Output_0:= FALSE;
5   Else
6      IO_Embedded_Digital_Output_0:= FALSE;
7      IO_Embedded_Digital_Output_1:= FALSE;
8   END_CASE;
9
10  IF IO_Embedded_Digital_Output_0 THEN
11     i:= a*b*c;
12     ELSE IF IO_Embedded_Digital_Output_1 THEN
13     AVERAGE_1( IO_Embedded_Digital_Output_1,a,3 );
14     j:=AVERAGE_1.XOUT;
15     END_IF;
16  END_IF;
```

```
Selection-MAP   Selection-POU

1   (*Simple Selection Program with CASE Statement*)
2   CASE select_no of
3   1: IO_Embedded_Digital_Output_0:= TRUE; IO_Embedded_Digital_Output_1:= FALSE;
4   2: IO_Embedded_Digital_Output_1:= TRUE; IO_Embedded_Digital_Output_0:= FALSE;
5   Else
6      IO_Embedded_Digital_Output_0:= FALSE;
7      IO_Embedded_Digital_Output_1:= FALSE;
8   END_CASE;
9
10  IF IO_Embedded_Digital_Output_0 THEN
11     i:= a*b*c;
12     ELSE IF IO_Embedded_Digital_Output_1 THEN
13     AVERAGE_1( IO_Embedded_Digital_Output_1,a,3 );
14     j:=AVERAGE_1.XOUT;
15     END_IF;
16  END_IF;
```

图8-35　程序调试结果

12）仿真变量，鼠标放在标有红色线的上方，会弹出如下的对话框，单击弹出的对话框，跳到监视界面，如图 8-36 和图 8-37 所示。

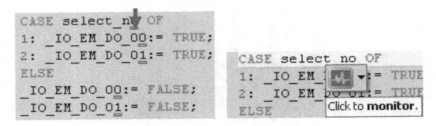

图 8-36　监视界面跳转

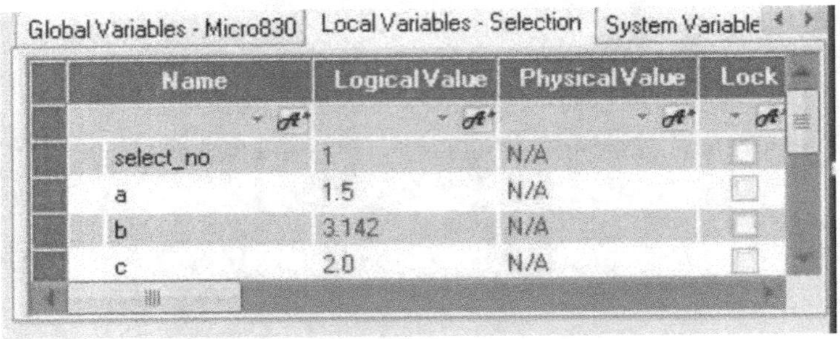

图 8-37　监控界面

13）改变本地变量 select _ no 的值，进行仿真运行。select _ no 仿真使用演示工具箱输出显示器：

在这个演示工具箱中，当 select _ no 变量为 1 时，Output0 将会被点亮。在 select _ no 的逻辑值变为 2 时，输出 Output0 将关闭，输出 Output 1 将点亮。

改变 select _ no 的值，由 0 或者 3，0 和 1 输出都会熄灭。

程序的逻辑编写，以至于值不为 1 或 2，都没有输出。

14）仿真数学公式，在变量监视器窗口中，改变变量 a，b，c 的值，如图 8-38 所示。

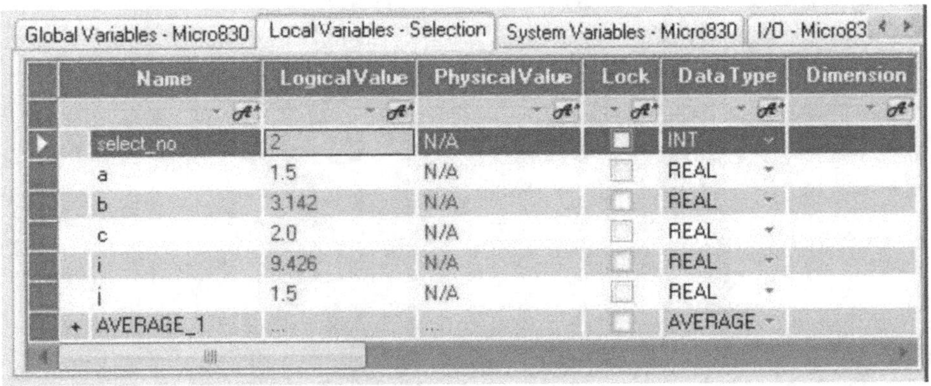

图 8-38　变量设置

15）仿真公式为 i： = a * b * c；其初始值 a = 1. 5，b = 3. 14，c = 2. 0，当 i = 720. 0，我们需要改变变量 select _ no 的值为 1，执行方程式 i： = a * b * c。当 select _ no 值为 1 时，方程表达式，将执行。我们可以看到变量监视器中的值，如图 8-39 所示。

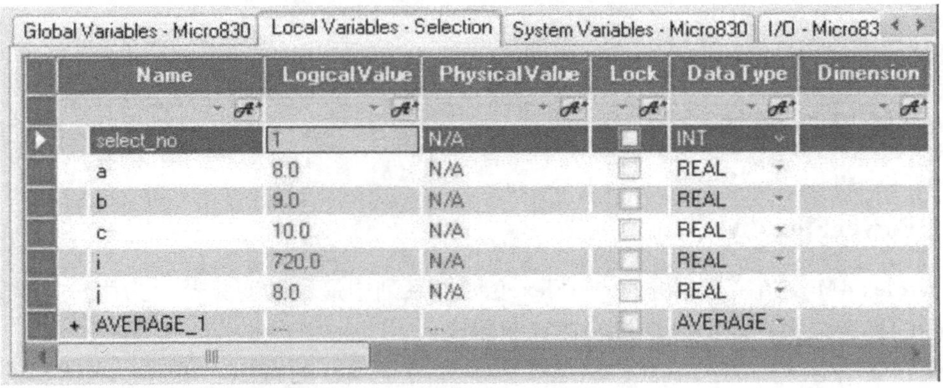

	Name	Logical Value	Physical Value	Lock	Data Type	Dimension
	▾ A^+	▾ A^+	▾ A^+	▾ A^+	▾ A^+	▾ A^+
▶	select_no	1	N/A	☐	INT ▾	
	a	8.0	N/A	☐	REAL ▾	
	b	9.0	N/A	☐	REAL ▾	
	c	10.0	N/A	☐	REAL ▾	
	i	720.0	N/A	☐	REAL ▾	
	i	8.0	N/A	☐	REAL ▾	
+	AVERAGE_1	...	...	☐	AVERAGE ▾	

图 8-39　仿真结果

逻辑上可以表示如下：

IF _ IO _ EM _ DO _ 00 THEN

i： = a * b * c；

因此，仅仅当输出 Output 0 = 1 时，方程表达式将被执行。

16）可以停止调试，然后再进入控制器窗口文档下线，编程结束。

8.4　习题

1. 熟悉功能模块图表编程及结构化文本编程。
2. 熟悉自定义功能块的导入和导出。

第 9 章　Micro830 与变频器应用

9.1　硬件设备及协议简介

9.1.1　PowerFlex 4M

PowerFlex 4M 交流变频器是 PowerFlex 变频器系列中最小的变频器,为用户提供紧凑的、节省空间的具有强大功能的电动机转速控制器设计。

此变频器具有应用的灵活性、馈通式布线和易于编程的特点,很适合机器层的速度控制、要求节省空间的应用程序和方便使用的交流变频器。

额定值:

*100 ~ 120V:0.2 ~ 11kW/0.25 ~ 1.5HP/1.6 ~ 6A

*200 ~ 240V:0.2 ~ 7.5kW/0.25 ~ 10HP/1.6 ~ 33A

*380 ~ 480V:0.37 ~ 11kW/0.5 ~ 15HP/1.5 ~ 24A

电动机控制:伏特/赫兹控制

通信:集成 RS-485 接口

用户界面:集成编程键盘和本地 LED

机壳:IP20

PowerFlex4M 交流变频器额定功率从 0.2 ~ 11kW,电压等级 120,240 和 480V,是 PowerFlex 变频器家族产品中最小巧最具性价比的一款。PowerFlex 4M 变频器 A 型框架尺寸 174mm × 72mm × 136mm;B 框架尺寸 174mm × 100mm × 136mm;C 框架尺寸 260mm × 130mm × 180mm。所有框架尺寸都是无间隙并列安装,并且变频器周围环境的适用温度可达 40℃。该变频器符合 UL、CE、CSA 和 C-Tick 标准。

PowerFlex 4M 产品目录号说明见表 9-1。

表 9-1　PowerFlex 4M 产品说明

1-3	4	5	6-8	9	10	11	12	13-14
22F	—	D	8P7	N	1	1	3	AA
变频器 (a)	破折号	电压额定值 (b)	额定值(c)	机壳(d)	操作面板 (e)	辐射级别 (f)	类型(g)	可选件(h)

变频器 (a)		额定电压 (b)		
代码	类　　型	代码	电压/V	相数
20F	PowerFlex 4M	V	交流 120	1
		A	交流 240	1
		B	交流 240	3
		D	交流 480	3

额定值（c1）（100~120V 单相输入）		
代码	电流/A	kW
1P6	1.6	0.2
2P5	2.5	0.4
4P5	4.5	0.75
6P0	6	1.1

额定值（c2）（200~240V 单相输入）		
代码	电流/A	kW
1P6	1.6	0.2
2P5	2.5	0.4
4P2	4.2	0.75
8P0	8	1.5
011	11	2.2

额定值（c3）（200~240V 三相输入）		
代码	电流/A	kW
1P6	1.6	0.2
2P5	2.5	0.4
4P2	4.2	0.75
8P0	8	1.5
012	12	2.2
017	17.5	3.7
025	25	5.5
033	33	7.5

额定值（c4）（380~480V 三相输入）		
代码	电流/A	kW
1P5	1.5	0.4
2P5	2.5	0.75
4P2	4.2	1.5
6P0	6	2.2
8P7	8.7	3.7
013	13	5.5
018	18	7.5
024	24	11

机壳（d）	
代码	机　壳
N	面板式安装-IP20（NEMA 开放式类型）

辐射级别（f）	
代码	EMC 滤波器
0	无
1	有

类型（g）	
代码	描　述
3	无制动单元
4	标准内置

可选件（h）	
代码	描　述
AA~ZZ	保留用于定制的固件

在电动机起动前，用户必须检查控制端子接线：

1）确认所有输入均与变频器的接线端子正确连接，并且确保安全。

2）确保断开设备的交流线电压在变频器的额定值范围内。

3）确保所有数字量控制电源都是 24V。

4）确保灌电流型（SNK）/拉电流型（SRC）DIP 设置开关与控制接线方案相匹配。

5）确保有停止输入，否则变频器不能起动。

注意：默认状态控制方案是拉电流型（SRC）。停止端子接有跳线（I/O 端子 01 和 11）以允许用键盘起动。如果控制方案改为灌电流型（SNK），跳线必须从 I/O 端子 01 和 11 上拆掉，并且在 I/O 端子 01 和 04 间安装。

PowerFlex 4M 控制端子接线图如图 9-1 所示：

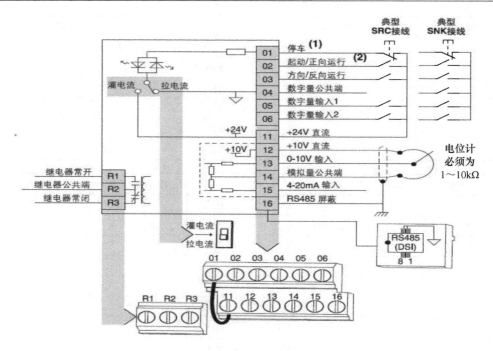

图 9-1　PowerFlex 4M 控制端子接线图

9.1.2　RS-485

　　智能仪表是随着 20 世纪 80 年代初单片机技术的成熟而发展起来的，现在世界仪表市场基本被智能仪表所垄断，如图 9-2 所示为 RS-232 转 RS-485 转换器。

　　究其原因就是企业信息化的需要，企业在仪表选型时其中的一个必要条件就是要具有联网通信接口。最初是数据模拟信号输出简单过程量，后来仪表接口是 RS-232 接口，这种接口可以实现点对点的通信方式，但这种方式不能实现复杂的联网功能。随后出现的 RS-485 解决了这个问题。

1. RS-485 的电气特性：

图 9-2　RS-232 转 RS-485 转换器

　　1）RS-485 最大的通信距离约为 1219M。

　　2）RS-485 的数据最高传输速率 10Mbit/s。

　　3）逻辑"1"以两线间的电压差为 +（2—6）V 表示；逻辑"0"以两线间的电压差为 –（2—6）V 表示。接口信号电平比 RS-232-C 降低了，就不易损坏接口电路的芯片，且该电平与 TTL 电平兼容，可方便与 TTL 电路连接。

2. RS-485 的机械特性

　　因 RS-485 接口具有良好的抗噪声干扰性，长的传输距离和多站能力等上述优点就使其成为首选的串行接口。因为 RS-485 接口组成的半双工网络一般只需两根连线，所以 RS-485 接口均采用屏蔽双绞线传输。RS-485 接口连接器采用 DB-9 的 9 芯插头座，与智能终端 RS-485 接口采用 DB-9（孔），与键盘连接的键盘接口 RS-485 采用 DB-9（针）。

3. RS-485 的引脚功能

1）RS-485 有两种：

半双工模式：DATA + 和 DATA − 两线；

全双工模式：有四线传输信号，T + ，T − ，R + ，R − ，可认为是 RS-422。

2）不同国家标识：

①英式标识为 TDA（−）、TDB（+）、RDA（−）、RDB（+）、GND。

②美式标识为 Y、Z、A、B、GND。

③中式标识为 TXD（+）/A、TXD（−）/B、RXD（−）、RXD（+）、GND。

RS-485 两线一般定义为："A，B" 或 "Date + ，Date −" 即常说的 "485 + ，485 −"。

RS-485 四线一般定义为：Y、Z、A、B。

3）具体还要根据厂家的使用信号针脚而定，有的使用了 RTS 或 DTR 等针脚的 485 信号。

4）DB9（RS-485）接口针脚定义：

1 脚为数据 A，2 脚为数据 B，5 脚为地。

4. 与其他类型比较，见表 9-2

表 9-2　RS-485 和 RS-232 的区别

标　准		RS-232	RS-485
工作方式		单端	差分
节点数		1 收、1 发	1 发 32 收
最大传输电缆长度		50 英尺	4000 英尺
最大传输速率		20Kbit/s	10Mbit/s
最大驱动输出电压		+/ − 25V	− 7V ~ + 12V
发送器输出信号电平（负载最小值）	负载	+/ − 5V ~ +/ − 15V	± 1.5V
发送器输出信号电平（空载最大值）	空载	+/ − 25V	± 6V
发送器负载阻抗/Ω		3K ~ 7K	54
摆率（最大值）		30V/μs	N/A
接收器输入电压范围/V		± 15	− 7 ~ + 12
接收器输入门限		± 3V	± 200mV
接收器输入电阻/Ω		3K ~ 7K	≥12K
发送器共模电压/V		—	− 1 ~ + 3
接收器共模电压/V		—	− 7 ~ + 12

9.1.3　Modbus 协议

1. Modbus 协议简介

Modbus 协议是应用于电子控制器上的一种通用语言。通过此协议，控制器相互之间、控制器经由网络（例如以太网）和其他设备之间可以通信。它已经成为一通用工业标准。有了它，不同厂商生产的控制设备可以连成工业网络，进行集中监控。此协议定义了一个控制器能认识使用的消息结构，而不管它们是经过何种网络进行通信的。它描述了控制器请求访问其他设备的过程，如何回应来自其他设备的请求，以及怎样侦测错误并记录。它制定了消息域格局和内容的公共格式。

2. Modbus 协议特点

1）标准、开放，用户可以免费、放心地使用 Modbus 协议，不需要交纳许可证费，也不会侵犯知识产权。目前，支持 Modbus 的厂家超过 400 家，支持 Modbus 的产品超过 600 种。

2）Modbus 可以支持多种电气接口，如 RS-232、RS-485 等，还可以在各种介质上传送，如双绞线、光纤、无线等。

3）Modbus 的帧格式简单、紧凑，通俗易懂。用户使用容易，厂商开发简单。

3. 在 Modbus 网络上传输

标准的 Modbus 口是使用 RS-232C 兼容串行接口，它定义了连接口的针脚、电缆、信号位、传输波特率、奇偶校验。控制器能直接或经由 Modem 组网。

控制器通信使用主—从技术，即仅主设备能初始化传输（查询），其他设备（从设备）根据主设备查询提供的数据做出相应反应。典型的主设备：主机和可编程仪表。典型的从设备：可编程序控制器。

主设备可单独和从设备通信，也能以广播方式和所有从设备通信。如果单独通信，从设备返回消息作为回应，如果是以广播方式查询的，则不作任何回应。Modbus 协议建立了主设备查询的格式：设备（或广播）地址、功能代码、所有要发送的数据、错误检测域。

从设备回应消息也由 Modbus 协议构成，包括确认要行动的域、任何要返回的数据和错误检测域。如果在消息接收过程中发生错误，或从设备不能执行其命令，从设备将建立错误消息并把它作为回应发送出去。

4. Modbus 两种传输方式

控制器能设置为两种传输模式（ASCII 或 RTU）中的任何一种在标准的 Modbus 网络上通信。用户选择想要的模式，包括串口通信参数（波特率、校验方式等），在配置每个控制器的时候，在一个 Modbus 网络上的所有设备都必须选择相同的传输模式和串口参数。

所选的 ASCII 或 RTU 方式仅适用于标准的 Modbus 网络，它定义了在这些网络上连续传输的消息段的每一位，以及决定怎样将信息打包成消息域和如何解码。

本文我们主要采用 Modbus RTU 这种方式进行通信，具体操作会在本章的后部分进行介绍。

9.2　PowerFlex 4M 相关设置

本节会向大家介绍通过 Modbus 协议使 Micro830 和 PowerFlex 4M 通信试验中各个部分的通信设置。

如图 9-3 所示是 Micro830 同 PowerFlex 4M 之间的连线。

PowerFlex 4M 配置了一个内置的 RS-485 DSI 接口，可以通过 Modbus 协议通信。为了在 Micro830 和 PowerFlex 4M 之间进行通信，Micro830 上的串口通信口会作为通信方式，配置为 RS-485。

在本部分中，PowerFlex 4M 变频器将会被配置来和 Micro830 控制器通信。

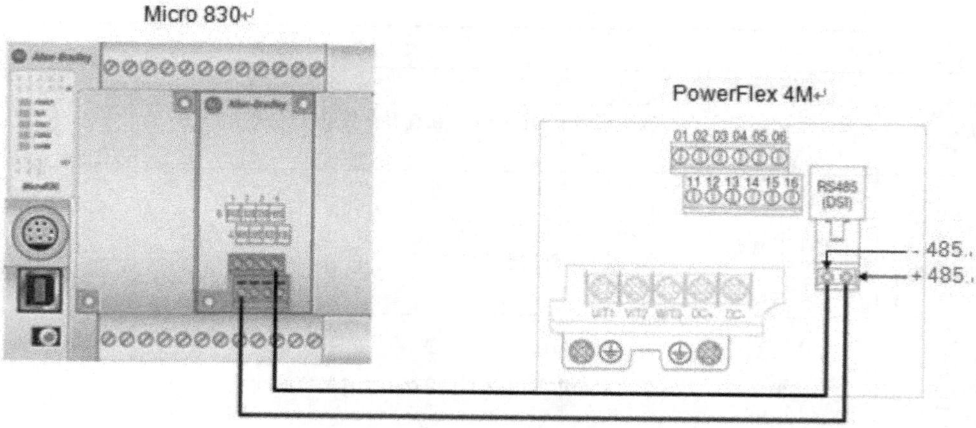

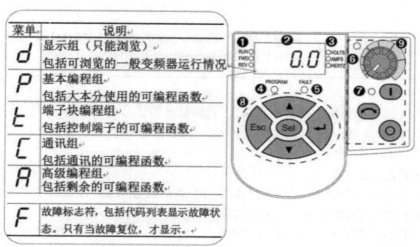

图 9-3　Micro830 与 PowerFlex 4M 连线

下面是配置变频器步骤的概述。

1. 恢复为出厂设置

采用如下步骤将变频器恢复为出厂设置：

1）检查内置小键盘是否控制变频器，检查在绿色开始按钮旁边的绿色 LED 灯是否亮着。如果 LED 灯是亮的，变频器可以通过按内置小键盘的开始/停止按钮来控制。通过改变绿色 LED 灯上面的电位器旋钮来控制速度。

2）熟悉一下内置小键盘，如图 9-4 所示为 PowerFlex 4M 变频器内置键盘，各按键的意义和功能见表 9-3。

菜单	说明
d	显示组（只能浏览） 包括可浏览的一般变频器运行情况
P	基本编程组 包括大本分使用的可编程函数
t	端子块编程组 包括控制端子的可编程函数
C	通讯组 包括通讯的可编程函数
A	高级编程组 包括剩余的可编程函数
F	故障标志符，包括代码列表显示故障状态。只有当故障复位，才显示。

图 9-4　PowerFlex 4M 变频器内置键盘

表 9-3　各按键功能和意义

按键	名称	描　　述
 Esc	回退	在程序菜单中回退一步；取消一个参数值的改变；退出编程模式

（续）

按键	名称	描　　述
Sel	选择	在程序菜单中前进一步；在查看参数值时选择一个数字
▲ ▼	上箭头下箭头	在群组或参数间上下移动 增加/减小闪烁的数字的值
↵	回车	在程序菜单中前进一步；保存一个参数值的改变
速度电位计	速度电位计	用于控制变频器速度。默认状态下是激活的 由参数 P108 ［速度基准值］控制
I	起动	用于起动变频器。默认状态下是激活的 由参数 P106 ［起动源］控制
∩	反向	用于改变变频器的方向。默认状态下是激活的 由参数 P106 ［起动源］和 A434 ［反向禁止］控制
O	停车	用于停止变频器或者清除一个故障。按键总是被激活的 有参数 P107 ［停车模式控制］

3）按 Esc 键（如果需要的话按多次），直到显示屏显示 "0.0"。

4）按一次 Enter 键，显示屏显示 "xyyy"，其中 x 是字母（d、P、t、C 或者 A），y 是数值。

5）确认最左边显示的字母（x）应是闪烁的。

6）按下上箭头或下箭头键直到最左边字母数字值的显示是一个闪烁的 "P"。按下回车键。"P" 停止闪烁同时最右边数字字符闪烁。

7）按上箭头或者下箭头直到显示 "P112"。

8）按回车键，这时 "0" 会作为参数 P112 现在的数值被显示。

9）再次按下回车键，"0" 开始闪烁。按上箭头键将值调整到 "1"，按下回车键使默认设定值生效。

10）显示屏会闪烁 "F048"，红色故障 LED 灯也会闪烁。这个故障表示变频器参数已经重置为出厂设置。按下红色停止按钮来清除这个故障。

11）在变频器前面的两个绿色的 LED 灯同时亮着之后，确认你可以：

①按下绿色开始按钮来起动变频器（如果变频器没有起动，显示器仍然显示 "0.0"，

尝试顺时针旋转速度电位计)。

②然后确认你可以通过按红色停止按钮来停止变频器 (注意变频器不能立即停止, 但是会以一个配置的比率减速到零)。

③再次起动变频器, 确认一旦变频器已经加速, 速度电位计可以用来使变频器加速或者减速。现在按红色停止按钮, 停止变频器。

2. 改变变频器的控制参数

以下的步骤用来改变变频器的控制和速度参数来进行远程控制。PowerFlex 4M 用来表示控制和速度的参数分别是 P106 和 P108。两个参数都将被改为 "5" 以用来远程控制。

根据以下步骤来改变初始设定:

1) 按下 Esc 键 (如果需要的话多次) 直到显示屏显示 "0.0"。

2) 按一次 Enter 键, 显示屏显示 "xyyy", 其中 x 是字母 (d、P、t、C 或者 A), y 是数值。

3) 按下上箭头或下箭头键直到最左边字母数字值的显示是一个闪烁的 "P"。按下回车键。"P" 停止闪烁同时最右边数字字符闪烁。

4) 按上箭头或者下箭头直到显示 "P106"。

5) 按下回车键, 当前参数 P106 的值会显示, 默认为 "0"。

6) 再次按下回车键, "0" 开始闪烁。多次按下上箭头键将值调整到 "5", 然后按下回车键接收这个值。("5" 应该不再闪烁) 注意在变频器上靠近绿色开始键的绿色 LED 灯现在是灭的。

7) 按下 Esc 键, 应该显示 "P106" ("6" 正在闪烁) 按两次上箭头键, 这样就会显示 "P108" ("8" 正在闪烁)。

8) 按下回车键, P108 的当前参数值会显示。数值 "0" 代表 "键盘"。

9) 再次按下回车键, "0" 开始闪烁。多次按上箭头键将值调整到 "5", 然后按下回车键接收这个值。("5" 应该不在闪烁) 注意在变频器上靠近速度电位计的绿色 LED 灯现在是灭的。

10) 多次按下 Esc 键, 直到显示 "0.0", 变频器现在准备被从 Micro 830 控制器上发出的 Modbus RTU 通信命令控制。

3. 改变变频器的通信设置

以下步骤会显示怎么改变 PowerFlex 4M 变频器的通信设置来实现 Modbus RTU 通信设备和 Micro 830 通信。Modbus 通信参数设置见表 9-4。

表 9-4　Modbus 通信参数设置

参数	描　　　述	设定
C302	通信数据速率(波特率)4 = 19200bit/s	4
C303	通信节点地址	2
C304	通信丢失动作(在失去通信时采取的动作)0 = 故障并且惯性停车	0
C305	通信丢失时间(在采用设定在 C304 的动作之前的保持在通信状态的时间)5sec(最大值 60)	5
C306	通信格式(数据/奇偶校验/停止)RTU: 8 个数据位, 无奇偶校验位, 1 个停止位	0

要改变 PowerFlex 4M 变频器的通信数据参数, 采用如下步骤:

1）按下 Esc 键（如果需要的话多次）直到显示屏显示"0.0"。

2）按一次 Enter 键，显示屏显示"xyyy"，其中 x 是字母（d、P、t、C 或者 A），y 是数值。

3）按下上箭头或下箭头键直到最左边字母数字值的显示是一个闪烁的"C"。按下回车键。"C"停止闪烁同时最右边数字字符闪烁。

4）按上箭头或者下箭头直到显示"C302"。

5）按下回车键，当前参数 C302 的值会显示，默认为"3"。

6）再次按下回车键，"3"开始闪烁。按下上箭头键将变频器的波特率调整到 19200bit/s 到"4"，然后按下回车键接收这个值。

7）按下 Esc 键，应该显示"C302"，（"2"正在闪烁）按一次上箭头键，这样就会显示"C303"（"3"正在闪烁）。

8）按下回车键，C303 的当前参数值会显示，默认为"100"。

9）再次按下回车键，"100"开始闪烁。按下箭头键将 Modbus 节点地址调整到"2"，（对于多个变频器，你可以将地址 2 分配给第二个变频器，3 分配给第三个变频器，等等）然后按下回车键接收这个值。

10）按下 Esc 键，应该显示"C303"（"3"正在闪烁）。

11）参数 C304，C305，和 C306 应该是出厂默认值，分别为"0""5"和"0"。为了确认 C304 的值是否为"0"，按回车键，参数 C304 的当前值会显示，默认为"0"。

12）再次按 Esc 键，会显示"C304"（"4"正在闪烁）。按下一次上箭头键，会显示"C305"（"5"正在闪烁）。

13）按回车键，参数 C305 的当前值会显示，默认为"5"。

14）再次按 Esc 键，会显示"C305"（"5"正在闪烁）。按下一次上箭头键，会显示"C306"（"6"正在闪烁）。

15）按回车键，参数 C306 的当前值会显示，默认为"0"。

16）按下 Esc 键（如果需要的话多次）直到显示屏显示"0.0"。

17）关闭变频器的电源，直到 PowerFlex 4M 显示屏完全空白，然后重启 PowerFlex 4M 的电源。现在变频器准备被从 Micro 830 控制器发出的 Modbus RTU 通信指令控制了。

9.3 创建通信程序

本节主要讲述通过创建程序来使 Micro800 控制器和 PowerFlex 4M 变频器之间进行通信。

1）启动 CCW（一体化编程组态软件），将 2080-L30-16QWB 从目录窗口拖拽到项目组织器窗口中，创建一个新的工程。

2）将工程重命名为 Mod _ Drive。

3）在项目组织下，在程序上右键单击选择添加，然后选择新建 LD：梯形图。

4）在 Untitled 上右键单击选择重命名，输入 Mod _ Message 之后单击确定。

5）双击 Mod _ Message，从工具箱中将块指令拖到梯级上，如图 9-5 所示。

6）从指令块选择器窗口，选择 TONOFF，单击确定以继续。

7）单击变量，给 PT 和 PTOFF 输入 T#2S，如图 9-6 所示。

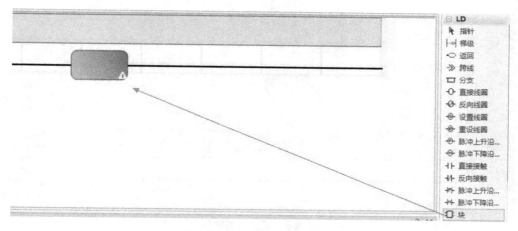

图 9-5 添加功能块

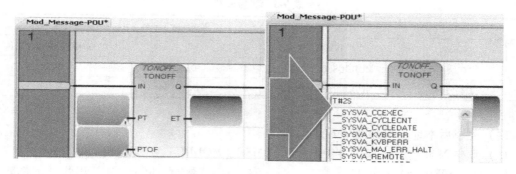

图 9-6 设置 TONOFF 功能块

8）从工具箱将反向接触拉到梯级 1 的 TONOFF _ 1 的前面。

9）从变量选择器窗口，选择 TONOFF _ 1. Q。梯级 1 如图 9-7 所示。

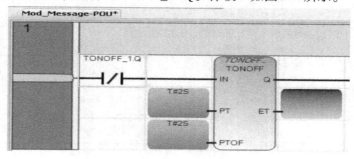

图 9-7 设置反向接触指令

10）从工具箱中拖动一个新的梯级到工作区，如图 9-8 所示。

11）将直接接触拉到梯级 2，从变量选择器窗口，选择 TONOFF _ 1. Q。

12）从工具箱中将块指令拉到梯级 2，从指令选择器窗口，选择 MSG _ MODBUS，然后单击确定以继续。

13）双击项目组织器里的本地变量，在 Mod _ Message-VAR 标签中创建变量见表 9-5。

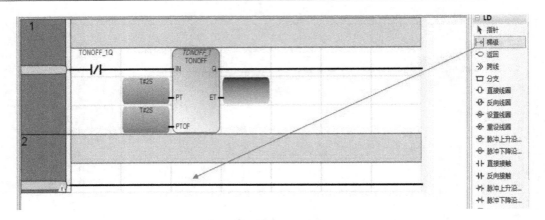

图 9-8　添加新的梯级

表 9-5　变量设置

	Variable Name	Data Type		Variable Name	Data Type
1	Cancel	BOOL	4	D2 _ laddr	MODBUSLOCADDR
2	D2 _ lcfg	MODBUSLOCPARA	5	D2 _ error	BOOL
3	D2 _ Tcfg	MODBUSTARPARA	6	D2 _ errorc	UINT

14）完成后本地变量如图 9-9 所示。

15）双击 Mod _ Message，将变量分配给 MSG _ MODBUS _ 1 的参数，见表 9-6。

表 9-6　MSG _ MODBUS _ 1 的参数

	Mod_Message-VAR	Mod_Message-POU*
	名称	数据类型
	Cancel	BOOL
	D2_error	BOOL
+	D2_laddr	MODBUSLOCADDR
+	D2_lcfg	MODBUSLOCPARA
+	D2_Tcfg	MODBUSTARPARA
+	MSG_MODBUS_1	MSG_MODBUS
+	TONOFF_1	TONOFF
	D2_errorc	UINT
*		

图 9-9　本地变量

	Variable Name	Parameter of MSG _ MODBUS _ 1
1	Cancel	Cancel
2	D2 _ lcfg	LocalCfg
3	D2 _ Tcfg	TargetCfg
4	D2 _ laddr	LocalAddr
5	D2 _ error	Error
6	D2 _ errorc	Error ID

16）最后，创建和保存梯形图程序。在项目组织器中的 Micro830 图标上右键单击选择创建，在屏幕底部中心的输出窗口，会显示成功创建。单击保存按键来保存工程。

9.4　进行通信设置和测试

本节主要向大家讲述如何添加一个串口模块 2080-SERIALISOL，以使 Micro830 能够通过

Modbus 协议通信。

1）双击在项目组织器下的 Micro830。会出现如下的 Micro830 标签。

2）在 < 空 > 上右键单击，选择 2080-SERIALISOL 之后，会显示串口通信插入式模块的图形。在属性一栏中进行如图 9-10 所示的配置。

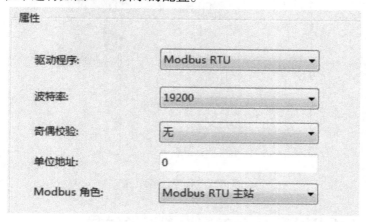

图 9-10　参数设置

3）在高级设置中进行如图 9-11 所示的配置。

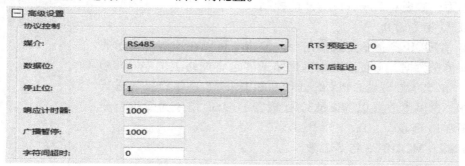

图 9-11　高级设置

4）再次生成程序。在项目组织器的 Micro830 图标上右键单击选择生成，在屏幕底部中心的输出窗口，会显示成功创建。单击保存按钮完成保存。

5）在项目组织器里，右键单击 "Micro830"，选择下载来下载程序。

6）从连接浏览器里，选择 2080-L30-16QWB，单击确定。

7）会出现对话框确认下载时控制器是否处于运行模式。单击确认以继续。

8）程序下载完成时，输出窗口会显示成功，将程序由编程模式改为运行模式。单击确认以继续。

注意：PowerFlex 4M 和 Micro 830 控制器之间的波特率设定应该是相同的。

9）单击调试工具栏的 ▶，程序工作区会从白色背景改到米色背景，与此同时，参数的状态和数值会显示在工作区中，如图 9-12 所示。

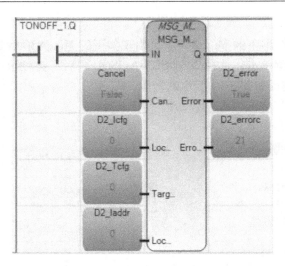

图 9-12　程序运行示例

9.5　MSG _ MODBUS 指令参数设置以及编程

本节主要通过讲解 Modbus 协议在 CCW （一体化编程组态软件）中的 MSG _ MODBUS
指令的编写，实现对 PowerFlex 4M 的控制。

1. MSG 指令简介

MSG _ MODBUS 指令是通信指令，该指令可以在通信网络上的
节点之间传送数据，它可以对本地网络或者远程网络上的 Micro830
处理器、SLC500 处理器、PLC-5 处理器和 DH-485 网络设备等进行
读写操作。这里主要是以 Micro830 处理器的 MSG 指令为例进行介
绍。如图 9-13 所示。

2. MSG _ MODBUS 指令参数

MSG _ MODBUS 指令各个参数及说明见表 9-7。

3. MODBUSLOCPARA 数据类型

MODBUSLOCPARA 数据类型见表 9-8。

4. MODBUSTARPARA 数据类型

MODBUSTARPARA 数据类型见表 9-9。

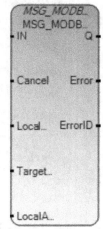

图 9-13　MSG 指令简介

表 9-7　MSG _ MODBUS 指令参数

参数	参数类型	数据类型	说　　明
IN	输入	BOOL	如果为上升沿（IN 从"假"变为"真"），则启动功能块，前提是上一操作已完成
Cancel	输入	BOOL	真-取消功能块的执行
LocalCfg	输入	MODBUSLOCPARA 请参见（MODBUSLOCPARA 数据类型）	定义结构输入（本地设备）
TargetCfg	输入	MODBUSTARPARA 请参见 MODBUSTARPARA 数据类型	定义结构输入（目标设备）

（续）

参数	参数类型	数据类型	说　明
LocalAddr	输入	MODBUSLOCADDR	MODBUSLOCADDR 数据类型是一个大小为 125 个字的数组，由读取命令用来存储 Modbus 从站返回的数据（1~125 个字），并由写入命令用来缓冲要发送到 Modbus 从站的数据（1~125 个字）
Q	输出	BOOL	真-MSG 指令已完成 假-MSG 指令未完成
Error	输出	BOOL	真-发生错误时 假-没有错误
ErrorID	输出	UINT	当消息传输失败时显示错误代码 请参见 MSG _ MODBUS 错误代码

表 9-8　MODBUSLOCPARA 数据类型参数

参数	数据类型	说　明
Channel	UINT	Micro800 PLC 串行端口号： ● 嵌入式串行端口为 2，或 ● 安装在槽 1 到槽 5 中的串行端口插件为 5 到 9 槽 1 为 5 槽 2 为 6 槽 3 为 7 槽 4 为 8 槽 5 为 9
TriggerType	USINT	表示以下之一： ● 0：触发一次消息（当 IN 从"假"变为"真"时） ● 1：当 IN 为"真"时，连续触发消息 ● 其他值：保留
Cmd	USINT	表示以下之一： ● 01：读取线圈状态（0xxxx） ● 02：读取输入状态（1xxxx） ● 03：读取保持寄存器（4xxxx） ● 04：读取输入寄存器（3xxxx） ● 05：写入单个线圈（0xxxx） ● 06：写入单个寄存器（4xxxx） ● 15：写入多个线圈（0xxxx） ● 16：写入多个寄存器（4xxxx）
ElementCnt	UINT	限制 ● 对于读取线圈/离散输入：2000 位 ● 对于读取寄存器：125 个文字 ● 对于写入线圈：1968 位 ● 对于写入寄存器：123 个文字

表 9-9　MODBUSTARPARA 数据类型参数

参数	数据类型	说　明
Addr	UDINT	目标数据地址（1~65536）。发送时减 1
Node	USINT	默认的从属节点地址为 1。范围是 0~247。0 是 Modbus 广播地址并仅对 Modbus 写入命令有效（例如 5、6、15 和 16）

5. MSG _ MODBUS 错误代码

MSG _ MODBUS 错误代码见表 9-10。

表 9-10　MSG _ MODBUS 错误代码参数

错误代码	说　明	错误代码	说　明
3	TriggerType 的值从 2~255 发生变更	130	非法数据地址
20	本地通信驱动程序与 MSG 指令不兼容	131	非法数据值
21	存在本地通道配置参数错误	132	从属设备错误
22	Target 或 LocalBridge 地址高于最大节点地址	133	确认
33	存在错误的 MSG 文件参数	134	从属设备忙碌
54	缺少调制解调器	135	反确认
55	消息在本地处理器中超时。链接层超时	136	内存奇偶校验错误
217	用户取消了消息	137	非标准回复
129	非法函数	255	通道已关闭

6. MSG _ MODBUS 参数设置

为了完成 Modbus 协议通信，将需要数值分配给变量见表 9-11。

表 9-11　Modbus 协议通信参数设置

变量名	描　述	数值
D2 _ Icfg. Channel	由系统配置决定的串口通信通道号 2、5 或 6	6
D2 _ Icfg. TriggerType	0：一次触发 1：连续触发（1 连续触发-功能尚不可用）	0
D2 _ lcfg. Cmd	Modbus 通信功能代码 03（读保持寄存器），06（预设写单个寄存器）或者 16（预设写多个寄存器）	6
D2 _ Icfg. ElementCnt	没有数据读出或者写入	1
D2 _ Tcfg. Addr	读出或者写入的从站寄存器地址	8193
D2 _ Tcfg. Node	从站节号	2
D2 _ laddr [1]	读取命令发出后从站写入/返回的数据。（8193 的比特 2 = 开始）	2

1）D2 _ Icfg. Channel：由所用的串口决定。

2）D2 _ Icfg. ElementCnt："1" 因为功能码 D2 _ lcfg. Cmd06 是一个单次寄存器写入。

3）D2 _ Icfg. TriggerType：由系统的需要决定。

4）D2 _ Tcfg. Addr 注意事项：Modbus 设备可以从 0 起始（寄存器编号从 0 开始）或从 1 起始（寄存器编号从 1 开始）。对于使用不同的 Modbus 主设备，寄存器地址可能需要 +1 的偏移量。例如：一些主设备（例如：ProSoft 3150-MCM SLC Modbus 扫描器）的逻辑命令寄存器地址是 8192，其他设备（例如：Panel Views）为 8193。

7. 寄存器地址以及相关设置

寄存器地址主要是由 D2 _ Tcfg. Addr 进行设置，具体参数通过 D2 _ laddr［1］进行设置。本部分只对寄存器内容作简单的介绍，具体内容可以详细查看《AB _ PowerFlex4M 交流变频器用户手册》。

Modbus 设备可以是基于 0 的（寄存器的编号以 0 开始），也可以是基于 1 的（寄存器的编号以 1 开始）。当 PowerFlex 4 类变频器与 Micro800 系列控制器一同使用时，需要对 PowerFlex 用户手册中列出的寄存器地址偏移 n + 1。

如果相应的 PowerFlex 变频器支持 Modbus 功能代码 16 "预设（写入）多个寄存器"，则使用长度为 "2" 的单个写入消息同时写入逻辑命令（8193）和速率基准值（8194）。

使用单个功能代码 03 "读取保持寄存器（长度为 "4"）"，同时读取逻辑状态（8449）、错误代码（8450）和速率反馈（8452）。

寄存器地址以及对应的通信功能代码对应如下：

（1）写（06）逻辑命令字

可以通过网络向寄存器地址 8192（逻辑命令，寄存器地址需要 + 1 的偏移量）发送功能代码 06 去控制 PowerFlex 4M 变频器。

为了接受命令，P106［起动源］必须设置为 5 "RS485（DSI）端口"。

为了可写，存储器地址 8192 可用功能代码 03 去读，逻辑命令见表 9-12。

表 9-12　逻辑命令设置

地址（十进制）	位	说　明	位	说　明
				逻辑命令
8192	0	1 = 停止，0 = 不停止	11，10	00 = 无命令
	1	1 = 起动，0 = 不起动		01 = 减速速率 1 使能
	2	1 = 电动，0 = 不点动		10 = 减速速率 2 使能
	3	1 = 清除故障，0 = 不清除故障		11 = 保持选择的减速速率
	5，4	00 = 无命令	14，13，12	000 = 无命令
		01 = 正向命令		001 = 频率源为 P036（起动源）
		10 = 反向命令		010 = 频率源为 A069（内部频率）
	6	不使用		011 = 频率源为通信频率（地址 8193）
	7	不使用		100 = A070（预设频率 0）
	9，8	00 = 无命令		101 = A410（预设频率 1）
		01 = 加速度 1 使能		110 = A411（预设频率 2）
		10 = 加速度 2 使能		111 = A413（预设频率 3）
		11 = 保持选择的加速速率	15	不使用

（2）写（06）基准值

可以通过网络向寄存器地址 8193（基准值）发送功能代码 06 去控制 PowerFlex 4M 变频器的速度基准值。为了接受速度基准值，P108［速度基准值］必须设置为 5 "RS485（DSI）端口"。

为了可写，存储器地址 8193 可用功能代码 03 去读，设置见表 9-13。

表 9-13　8193 基准值设置

基　准　值	
地址（十进制）	说　明
8193	输入 xxx. x 形式的十进制数值，其中小数点是固定不变的。例如，十进制"100"等于 10.0Hz，"543"等于 54.3Hz

（3）读（03）逻辑状态字

可以通过网络向寄存器地址 8448（逻辑状态）发送功能代码 03 去读 PowerFlex 4M 的逻辑状态数据，设置见表 9-14。

表 9-14　8448 逻辑状态设置

逻　辑　状　态				
地址（十进制）	位	说　明	位	说　明
8448	0	1 = 准备好，0 = 没准备好	8	1 = 达到基准值，0 = 未达到基准值
	1	1 = 激活（运行），0 = 没激活	9	1 = 通信控制基准值
	2	1 = 正向命令，0 = 反向命令	10	1 = 通信控制操作命令
	3	1 = 正向旋转，0 = 反向旋转	11	1 = 参数被锁定
	4	1 = 加速，0 = 减速	12	数字量输入 1 状态
	5	1 = 减速，0 = 加速	13	数字量输入 2 状态
	6	1 = 报警，0 = 无报警	14	未使用
	7	1 = 故障，0 = 无故障	15	未使用

如图 9-14 所示：

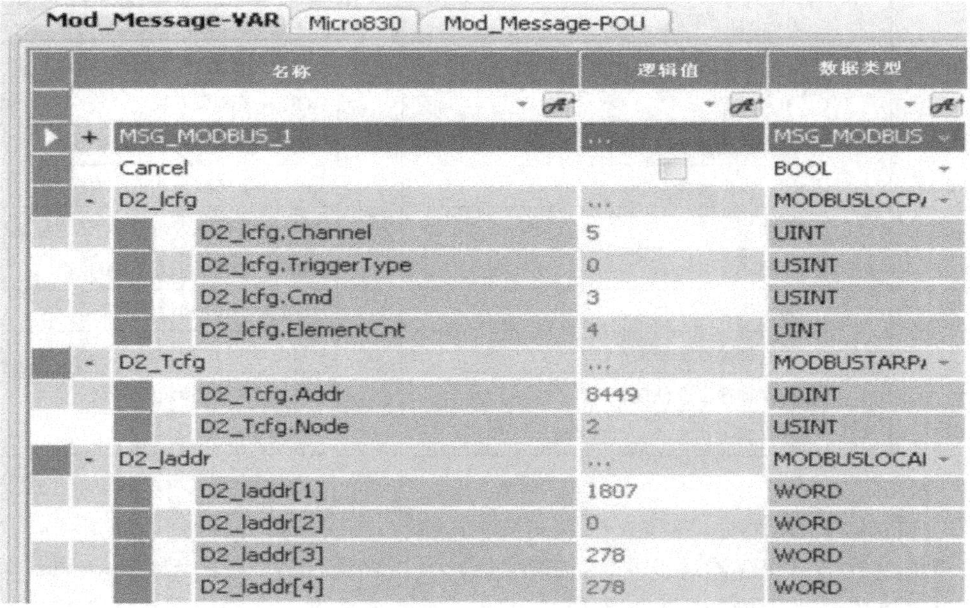

图 9-14　参数显示

这些变量及其值见表 9-15。

表 9-15　参数设置

变量	值	说　明
＊. Channel	5	通道 5-SERIALISOL 模块的位置
＊. TriggerType	0	假-真转换触发器
＊. Cmd	3	Modbus 函数代码 "03" - 读取保持寄存器
＊. ElementCnt	4	长度
＊. Addr	8449	PowerFlex 逻辑状态字地址 + 1
＊. Node	2	PowerFlex 节点地址
＊_ laddr [1]	{data}	PowerFlex 逻辑状态字
＊_ laddr [2]	{data}	PowerFlex 错误代码
＊_ laddr [3]	{data}	PowerFlex 指示的速度（速度参考）
＊_ laddr [4]	{data}	PowerFlex 速度反馈（实际速度）

"1807" 指示该驱动器已就绪（0 位处于打开状态）、处于活动状态（1 位处于打开状态）、被指示正向转动（2 位处于打开状态）且正在正向转动（3 位处于打开状态），此外还指示了该驱动器上某些数字输入的状态。"278" 表示 27.8Hz。有关逻辑状态字位、错误代码说明、指示的及实际速度以及其他状态代码的其他信息，请参考 PowerFlex 用户手册。

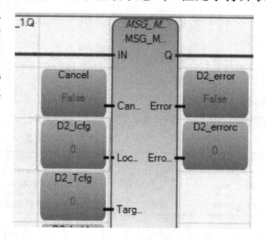

图 9-15　修改参数

8. 程序设计及编写

1）要改变 D2 _ lcfg. Channel，在变量上双击，如图 9-15 所示。

2）出现如下的变量监控窗口，单击 + 来扩展变量树，如图 9-16 所示。

3）想要改变 D2 _ lcfg. Channel 的值，在 D2 _ lcfg. Channel 的初始值上单击。根据上面展示的表格改变数值为 6，如图 9-17 所示。

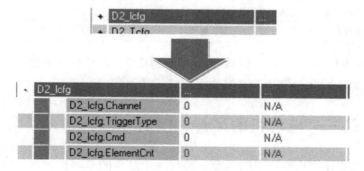

图 9-16　参数设置

名称	数据类型	维度	别名	初始值
	MODBUSLO			
□ D2_lcfg	MODBUSLOCPARA			
D2_lcfg.Channel	UINT			6
D2_lcfg.TriggerType	USINT			0
D2_lcfg.Cmd	USINT			6
D2_lcfg.ElementCnt	UINT			1

图 9-17 更改参数

注意：通道号由所用的串口决定。

如图 9-18 所示是通信串口的分配情况：

4）当最后一个参数 D2 _ laddr. [1] 确认时，PowerFlex 4M 上的 RUN LED 灯会亮，意味着开始命令被送到变频器。

5）分别改变表 9-16 所示的变量的数值。

注意：PowerFlex 4M 的显示屏会显示 20.0（200 x 0.1），电动机开始运行。地址 8194 是 PowerFlex 4M 的参照速度地址。请注意会有 +1 的偏移量。

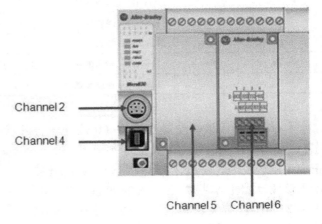

图 9-18 通信串口分配情况

表 9-16 参数设置

变量名	描 述	数值
D2 _ Tcfg. Addr	读出或者写入的从站寄存器地址	8194
D2 _ laddr [1]	读取命令发出后从站写入/返回的数据。（8193 的比特 1 = 开始）	200

6）分别改变表 9-17 所示的变量的数值。

表 9-17 参数设置

变量名	描 述	数值
D2 _ Tcfg. Addr	读出或者写入的从站寄存器地址	8193
D2 _ laddr [1]	读取命令发出后从站写入/返回的数据。（8193 的比特 2 = 开始）	1

注意在 PowerFlex 4M 的显示屏的数字会减小到 0.0，电动机停止运行。地址 8193 是控制寄存器，8193 的比特 0 是停止，8193 的比特 1 是开始。

9.6 简单示例——电动机的运行、控制

本节将结合之前几个小节所讲的内容，编写一个简单的电动机运行、控制的实例，将之前的内容进行运用。

本实验采用的电动机为 380V/0.4A 50Hz 的三相感应电动机，采用星型连接方式。

1. 电动机与变频器进行连线

1）按下并握住机盖两侧的凸起部分。

2）将机盖外侧向上拉出，然后松手，如图 9-19 所示。

3）按照如图 9-20 所示方式接入电线。

4）然后盖回机盖，准备进行变频器设置。

2. 变频器的相关参数设置

1）变频器的基本设置按照之前小节中讲解的方法进行。

2）起动和速度基准值控制。

变频器速度指令可从不同的信号源获得。信号源通常取决于参数 P108 ［速度基准值］。然而，当 t201 或 t202 数字量输入 x 选择被设置为 2，4，5 或 6，并且数字量输入被激活，则 t201 或 t202 将覆盖 P108 ［速度基准值］命令的速度基准值。参见下面关于覆盖优先权的流程图如图 9-21 所示。

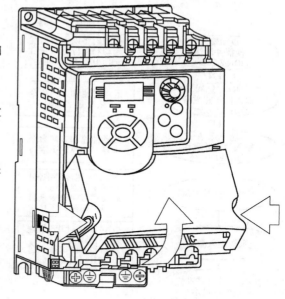

图 9-19　操作演示

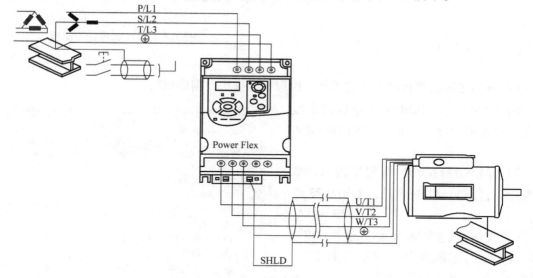

图 9-20　变频器接线方式

（3）加速/减速选择

加速/减速度可以通过数字量输入，RS-485（DSI）通信和参数获得，具体流程如图 9-22 所示。

3. 程序编写及设置

本环节通过运用之前的设计方法利用 Modbus 协议对变频器进行控制，实现变频器的正反转和运行。

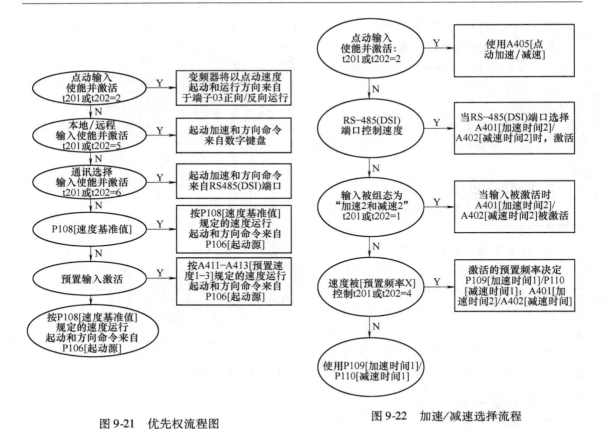

图 9-21　优先权流程图　　　　　　　　　图 9-22　加速/减速选择流程

1）按照之前的教程建立新建工程，添加相应模块，编译成功。

2）对 MSG _ MODBUS 指令进行参数设置，先保证程序正确地下载到 Micro830 中。

3）单击运行按钮，将程序运行，双击变量，打开变量监视窗口，如图 9-23 所示。

4）更改 D2 _ Tcfg. Addr 数值为 8193，D2 _ laddr[1]数值为 18，单击后面锁定。此时会发现变频器 RUN 灯变亮。

5）更改 D2 _ laddr[1]数值为 34，此时变频器的 REV 灯变亮，则表明变频器收到反转信号。

6）更改 D2 _ Tcfg. Addr 数值为 8194，D2 _ laddr[1]数值为 200，此时电动机会起动，变频器显示器显示转速 20r/min，如图 9-24 所示。

图 9-23　变量监控窗口

7）此时更改 D2 _ laddr[1]数值为 34，会发现变频器 REV 灯变亮，电动机由正转变为反转，达到反转转速为 20r/min。

8）更改 D2 _ Tcfg. Addr 数值为 8193，D2 _ laddr[1]数值为 17682，则变频器会变为正向运行，加速速率按照之前对变频器 P109 的设置加速，同时按照 A070 预设频率进行运行。

4. 注意事项

1）对变频器的操作速度给定只需给定一次，之后操作都会按照之前设定速度进行。

2）每次对变频器进行设置时都需要对变频器断电重起，保证设置成功。

3）变频器的故障代码。

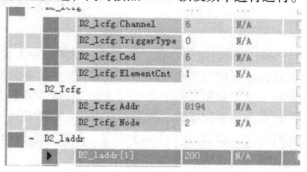

图 9-24　改变参数

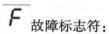　故障标志符：

若要清楚故障，请按停止键 ⊚ ，重启电源或者将 A450（清除故障）参数设置为 1 或者 2，故障代码的详细信息见表 9-18。

表 9-18　故障代码编号

编号	故　　障	编号	故　　障
F2	辅助输入	F40	W 相接地
F3	电源中断	F41	UV 相短接
F4	欠电压	F42	UW 相短接
F5	过电压	F43	VW 相短接
F6	电动机失速	F48	参数变为默认设置
F7	电动机过载	F63	软件过电流
F8	散热器过热	F64	变频器过载
F12	硬件过电流	F70	功率单元
F13	接地故障	F71	网络中断
F33	自动重新启动尝试	F81	通信中断
F38	U 相接地	F100	参数检验和
F39	V 相接地	F122	I/O 电路板失效

9.7　习题

1. 已知 PowerFlex 4M 变频器中，地址为 8192 的寄存器是变频器接收控制器控制命令存放地址，请问 Micro 830 控制器通过 MSG _ MODBUS 指令给变频器写控制命令时，其地址位写 8192 是否正确？不正确该如何填写地址？

2. PowerFlex 4M 变频器中速度给定值寄存器地址是什么？状态逻辑字和速度反馈值的寄存器地址是什么？

3. MSG _ MODBUS 指令需要哪些数据类型的数据？Micro 830 控制器用该指令通过通道 5 给 PowerFlex 4M 变频器一个 50Hz 的速度命令，该如何配置指令信息？

4. 使用 Micro 830 控制器如何实现电动机速度反馈给控制器使用？

5. 通过 MSG _ MODBUS 指令能否访问到变频器的电流反馈参数？如何实现？

第 10 章　基于 Micro830、触摸屏的电梯控制

PanelView 处理终端是罗克韦尔公司的一种人机操作界面（HMI），它具有防尘防爆等多种优良性能，特别适合现场操作，它分按键和触摸式两种，可以通过软件进行编程，进行界面切换来达到只用屏幕上的按钮就可以实现对现场数以百计的开关的控制，从而省去了非常麻烦而且昂贵的硬接线，控制安全可靠。同时还可以编程简单的界面来模拟现场工作情况进行实时控制，如图 10-1 所示为罗克韦尔公司主流的 PanelView 设备。

一般而言，HMI 系统必须有几项基本的能力：

1）实时的资料趋势显示——把撷取的资料立即显示在屏幕上。

2）自动记录资料——自动将资料储存至数据库中，以便日后查看。

3）历史资料趋势显示——把数据库中的资料作可视化的呈现。

4）报表的产生与打印——能把资料转换成报表的格式，并打印出来。

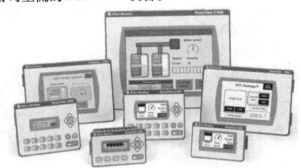

图 10-1　PanelView 设备

5）图形接口控制——操作者能够透过图形接口直接控制机台等装置。

6）警报的产生与记录——使用者可以定义一些警报产生的条件，在满足这样条件的情况下系统会产生警报，通知作业员处理。

人机界面产品连接可编程序控制器（PLC）、变频器、直流调速器、仪表等工业控制设备，利用显示屏显示，通过输入单元（如触摸屏、键盘、鼠标等）写入工作参数或输入操作命令，实现人与机器信息交互的数字设备，由硬件和软件两部分组成。硬件部分包括处理器、显示单元、输入单元、通信接口、数据存储单元等，其中处理器的性能决定了 HMI 产品的性能高低，是 HMI 的核心单元。根据 HMI 的产品等级不同，处理器可分别选用 8 位、16 位、32 位的处理器。HMI 软件一般分为两部分，即运行于 HMI 硬件中的系统软件和运行于 PC 中 Windows 操作系统下的界面组态软件（如 JB – HMI 界面组态软件）。

人机界面的主要作用是完成操作者与数据实体间的交互。目的是反映数据模型在日常业务中的可视化应用。每一步操作都是人或者设备与数据模型间的交互。根据人机界面的显示要求，当与数据交互时，开发人员可以从提供定义好的数据结构中抽取相应的内容。

触摸屏是人机界面产品中用到的硬件部分，是一种替代鼠标及键盘部分功能，安装在显示屏前端的输入设备。触摸屏作为一种新的电脑输入设备，它是目前较简单、方便、自然而且又适用于中国多媒体信息查询国情的输入设备，触摸屏具有坚固耐用、反应速度快、节省空间、易于交流等许多优点。利用这种技术，用户只要用手指轻轻地触碰计算机显示屏上的图符或文字就能实现对主机操作，从而使人机交互更为直截了当，这种技术极大方便了那些

不懂电脑操作的用户。这种人机交互方式，它赋予了多媒体以崭新的面貌，是极富吸引力的全新多媒体交互设备。

1. 触摸屏的工作原理

触摸屏由触摸检测部件和触摸屏控制器组成；触摸检测部件安装在显示器屏幕前面，用于检测用户触摸位置，接收后送触摸屏控制器；而触摸屏控制器的主要作用是从触摸点检测装置上接收触摸信息，并将它转换成触点坐标，再送给 CPU，它同时能接收 CPU 发来的命令并加以执行。

2. 触摸屏三个基本技术特性

（1）透明性能

触摸屏是由多层的复合薄膜构成，透明性能的好坏直接影响到触摸屏的视觉效果。衡量触摸屏透明性能不仅要从它的视觉效果来衡量，还应该包括透明度、色彩失真度、反光性和清晰度这四个特性。

（2）绝对坐标系统

触摸屏是一种绝对坐标系统，要选哪就直接点哪，与相对定位系统有着本质的区别。绝对坐标系统的特点是每一次定位坐标与上一次定位坐标没有关系，每次触摸的数据通过校准转为屏幕上的坐标，不管在什么情况下，触摸屏这套坐标在同一点的输出数据是稳定的。不过由于技术原理的原因，并不能保证同一点触摸每一次采样数据相同的，不能保证绝对坐标定位。点不准，这就是触摸屏最怕的问题：漂移。对于性能质量好的触摸屏来说，漂移的情况出现的并不是很严重。

（3）检测与定位

触摸屏技术是依靠传感器来工作的，甚至有的触摸屏本身就是一套传感器。各自的定位原理和各自所用的传感器决定了触摸屏的反应速度、可靠性、稳定性和寿命。

目前，触摸屏应用范围已变得越来越广泛，从工业用途的工厂设备的控制/操作系统、公共信息查询的电子查询设施、商业用途的提款机，到消费性电子的移动电话、PDA、数码相机等都可看到触控屏幕的身影。展望未来，触控操作简单、便捷，人性化的触摸屏有望成为人机互动的界面而迅速普及。

PanelView 的种类按照不同的方式分为以下几种：

1）按屏幕型号分：PV300、PV550、PV600、PV900、PV1000、PV1400；

2）按操作方式分：键盘式、触摸式；

3）按通信网络分：DH＋、DH-485、Device Net、Control Net、Remote I/O。

PanelView 的优点可以概括为以下几个方面：

1）质量好、种类多，适合各种工业环境。

2）灵活的通信方式，适用于各种网络。

3）及时可靠的报警系统。

4）多种语言的支持。

10.1　PanelView 相应属性设置和配置

10.1.1　PVC 设备相关属性

PVC 设备对于 Micro830 控制器可以承担不同的角色，既可以作为主设备对 PLC 参数进行设置，也可以作为从属设备进行数据的反馈以及相应的触发。无论作为主设备还是从属设备，两者进行通信都需要通过 Modbus 通信。PVC 设备进行 Modbus 通信的时候可以通过多种协议：

1）Modbus 协议（当 PVC 作为主设备时）；

2）Modbus ASCII 协议（当 PVC 作为主设备时）；

3）Modbus Unsolicated（当 PVC 作为从属设备时）。

根据应用的特殊需要，在通信进行之前就需要进行相应的驱动协议的设置。

在 Micro830 中，串行口通信仅支持 ASCII 或者 Modbus RTU 驱动，当对 PanelView 设备进行通信时，需要采用 Modbus RTU 驱动。

如果当 PanelView 设备作为从属设备时，Micro830 进行通信时需要向 PVC 发送读写信号以完成正常数据交换。但是需要注意一点的是，不可以通过 USB 通信进行 PLC 同 PVC 之间信息的传递。

在本书中的相关 PVC 实验是将 PVC 作为主设备从而对 PLC 进行相应的控制，PVC 每500ms 从控制器中读取信息，然后显示在标签框中。同时为了与 Micro830 进行通信，需要在 Modbus 映射中对相应的变量进行地址映射，从而实现信息交换。具体操作会在后面详细提到，通信连接如图 10-2 所示。

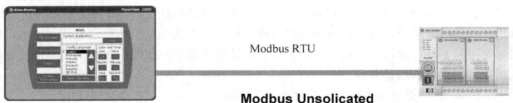

图 10-2　控制器跟 PVC 通信

10.1.2　PVC 设备通信相关设置

在之前变频器的相关章节中我们讲到通过 Modbus 进行通信时通信串口的分配情况。

PVC 设备同 PLC 通信中相关通信串口设置如图 10-3 所示，可以直接通过 2080-SERIALI-SOL RS-232/485 隔离串口模块直接进行通信，实现高集成化和高抗干扰性。在这里我们再向大家介绍另外一种通信方式：嵌入式串行端口——Channel 2。

嵌入式串行端口是一种非隔离式 RS-232/RS-485 串行端口，用于与设备（例如 HMI）间的短距离（<3m）接线。1761-CBL-PM02 电缆通常用于通过 RS-232 将嵌入式串行端口连接至 PanelView Component HMI。

Channel 2　8 针引脚图如图 10-4 所示，其相应的引脚定义见表 10-1。

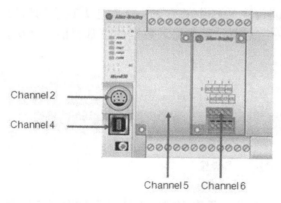

图 10-3　串口通信分配情况

图 10-4　Channel 2　8 针引脚图

表 10-1　Channel 2　8 针引脚分配

引脚	定　义	RS-485	RS-232
1	RS-485 +	B（ + ）	（不使用）
2	GND	GND	GND
3	RS-232 RTS	（不使用）	RTS
4	RS-232 RxD	（不使用）	RxD
5	RS-232 DCD	（不使用）	DCD
6	RS-232 CTS	（不使用）	CTS
7	RS-232 TxD	（不使用）	TxD
8	RS-485-	A（ - ）	（不使用）

在进行变频器通信时我们可以将 1 和 8 引脚引出直接接到变频器的 RS-485 接线处。

进行 PVC 通信时，我们可以将 2-7 引脚引出接到触摸屏上，构成 RS-232 通信协议。

嵌入式串行端口用于与采用 Modbus RTU 的 PVC 配合使用，但是由于信号干扰以及稳定问题，建议最大电缆距离为 3m。如果需要更长距离或更高的抗扰度，可以使用 2080-SERI-ALISOL 串行端口插件模块进行通信，保证通信质量以及抗扰度。

10.1.3　PVC 设备通信建立

Modbus 协议通常包含一个寄存器映射，Modbus 的主要功能操作都是基于此映射。通过该寄存器映射，Modbus 可以监视、配置和控制各个模块和外部的 I/O 端，实现信息的及时反馈和处理。

在 PLC 设置中存在相应的 Modbus 映射，要将 PLC 控制中用到的并且与 PVC 进行通信的量进行定义和地址的映射，如图 10-5 所示。

图 10-5　变量进行地址映射

PVC 中也需要进行变量的定义，并且要保证与在 PLC 中的变量——对应，这里的对应主要包括变量名、数据类型、地址。只有变量——对应，才能保证数据的正常通信和交换，如图 10-6 所示。

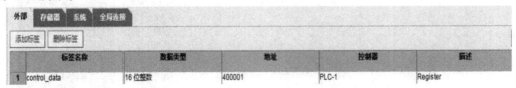

图 10-6   在 PVC 中进行变量设置

这里我们就需要了解 Modbus 网络的数据编址方式，见表 10-2。具体的变量设置方法我们会在第二小节中向大家介绍。

表 10-2   **Modbus 网络的数据编址方式**

地址	地址类型	数据类型	备 注
0xxxxx	离散输出或者线圈	位读或者写	通过输出模块来驱动一个实际的输出，或者用来设置一个或多个内部线圈。一个线圈能被用来驱动多个触点
1xxxxx	离散输入状态	位只读	用来在逻辑程序中驱动触点。输入模块控制输入状态
3xxxxx	输入寄存器	字只读	从一个外部源保持数字型的输入（例如，一个模拟量信号或者从高速计数器接收的数据）。一个 3x 的寄存器也能存储 16 位离散的信号，这些信号可以存储为位或者 BCD 代码的格式
4xxxxx	输出保持寄存器	字读和写	用来存储数字的信息（十进制或者二进制）或者向输出模块发送信息
6xxxxx	外部存储寄存器	逻辑程序访问	用来存储外部内存区域的信息。只有 24 位的 CPU 才支持外部存储（例如，984B，E984-785 和 Quantum 系列的 PLC

10.2   PanelView 程序建立

1）创建一个 CCW（一体化编程组态软件）工程项目，创建一个全局变量 DATA，数据类型为 INT，属性为读写，如图 10-7 所示。

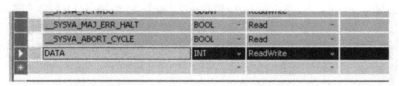

图 10-7   建立全局变量 DATA

2）给 Modbus 映射添加变量，步骤如下：

双击变量选择窗口，选择用户全局变量界面，选择创建的全局变量 DATA，单击"OK"，如图 10-8 所示。

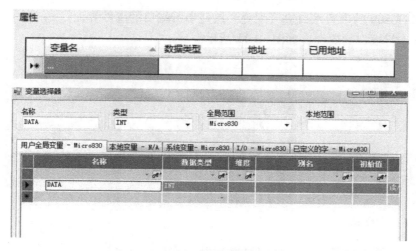

图 10-8 选择变量进行映射

3）映射 DATA 变量为寄存器地址 400001，如图 10-9 所示。

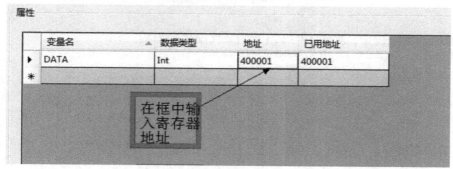

图 10-9 设置寄存器地址

4）重复第 3 和 4 步骤，给变量_ IO _ EM _ DO _ 00（I/O-Micro830），__ SYSVA _ CY-CLECNT（系统变量-Micro830），和 __ SYSVA _ REMOTE（系统变量-Micro830），映射寄存器地址如图 10-10 所示。

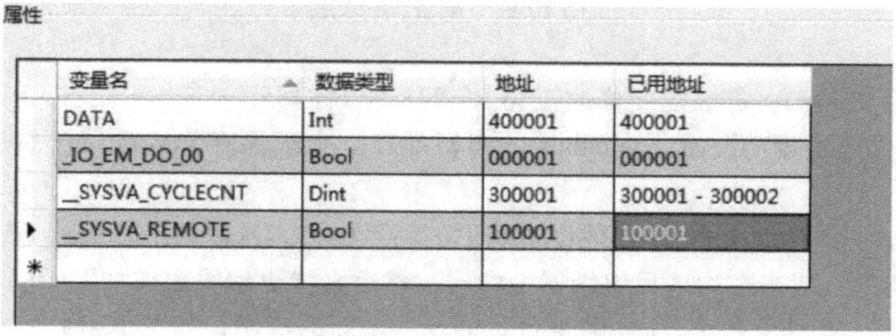

变量名	数据类型	地址	已用地址
DATA	Int	400001	400001
_IO_EM_DO_00	Bool	000001	000001
__SYSVA_CYCLECNT	Dint	300001	300001 - 300002
__SYSVA_REMOTE	Bool	100001	100001

图 10-10 完成变量配置

5）你已经完成变量与 Modbus 寄存器的映射，保存你的项目工程。

6）对 Micro800 的串行端口进行配置。点开串行端口的属性界面。

7）配置串行端口的属性，如图 10-11 所示。

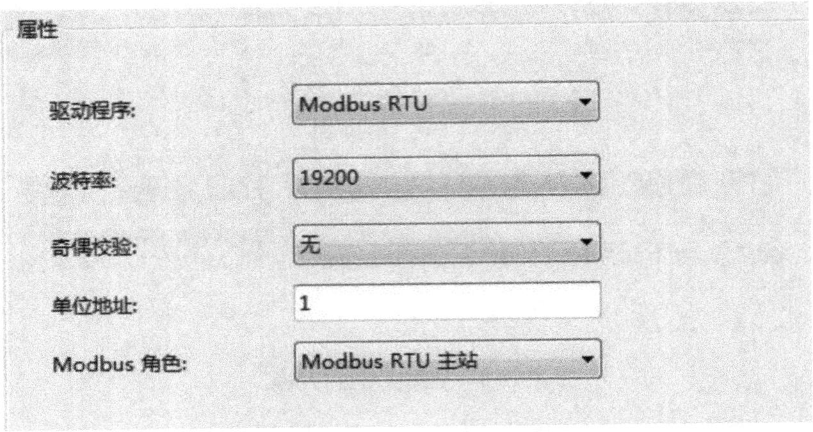

图 10-11　配置串行端口

8）扩展的高级设置，如图 10-12 所示为属性配置的方案。

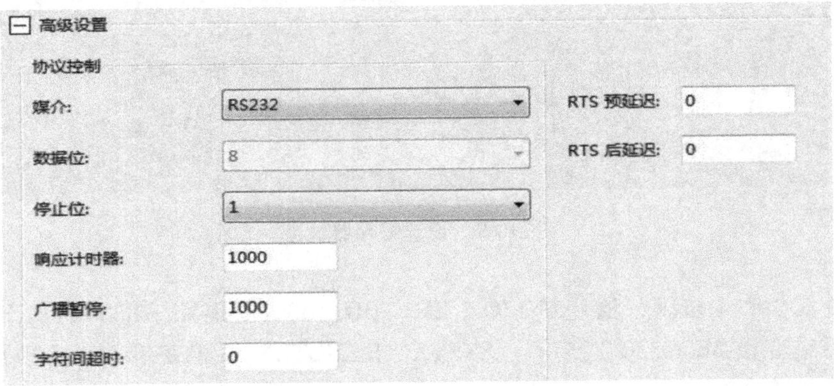

图 10-12　高级设置配置

如果你用 RS-485，那么需要修改媒介 RS-232 为 RS-485。

9）现在你已经成功配置了 Modbus 的串行端口。生成保存你的项目，然后下载到你的控制器中。

10）添加一个 PanelView 的组件设备到你的项目中去。从设备工具箱的 HMI 中拖到左边的项目组织器中。双击左边项目组织器中的屏，然后会弹出编辑窗口如图 10-13 所示。

11）选择对应型号 PanelView 的平台，创建一个新的应用，如图 10-14 所示。

配置 PanelView 的通信，配置 Modbus 为主通信。在通信协议的下拉菜单中选择 Modbus 协议，如图 10-15 所示。

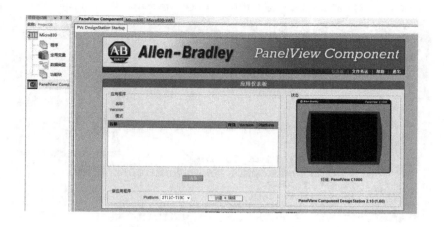

图 10-13　PanelView 编辑窗口

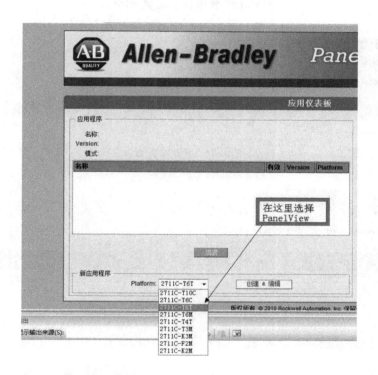

图 10-14　选择型号

　　配置驱动的设置如图 10-16 所示，默认设置为 RS-232。如果改用 RS-485，改端口设置为 RS-422/485（Half-duplex，半双工传输）RS-232 配置。

　　RS-485 配置，如图 10-17 所示。

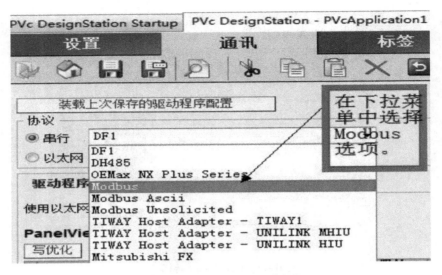

图 10-15　选择 Modbus 通信协议

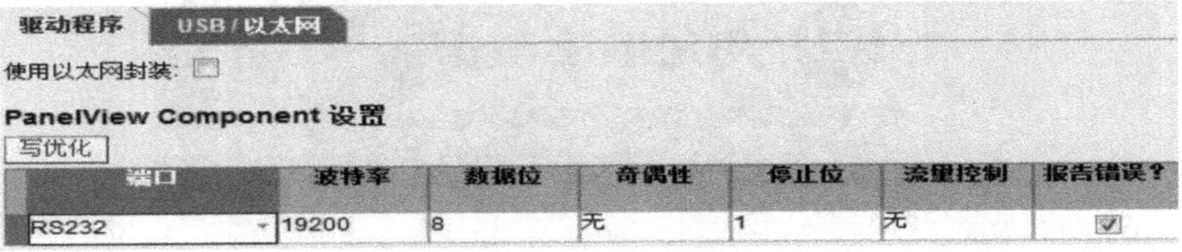

图 10-16　RS232 配置

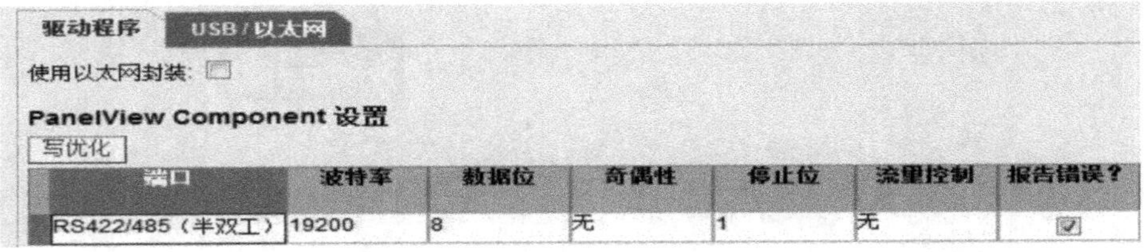

图 10-17　RS485 配置

12）控制器设置如图 10-18 所示。

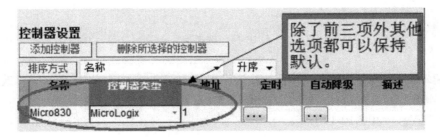

图 10-18　控制器配置

13）创建标签写给在 Micro830 中创建的标签。如何创建 Micro830 标签的详细步骤请参考映射变量给 Modbus 寄存器章节，如图 10-19 所示。

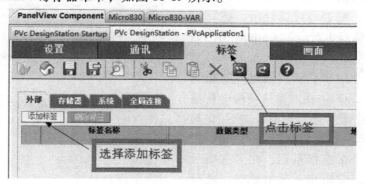

图 10-19　添加寄存器标签

14）创建如图 10-20 所示的标签，确定选择正确的数据类型。

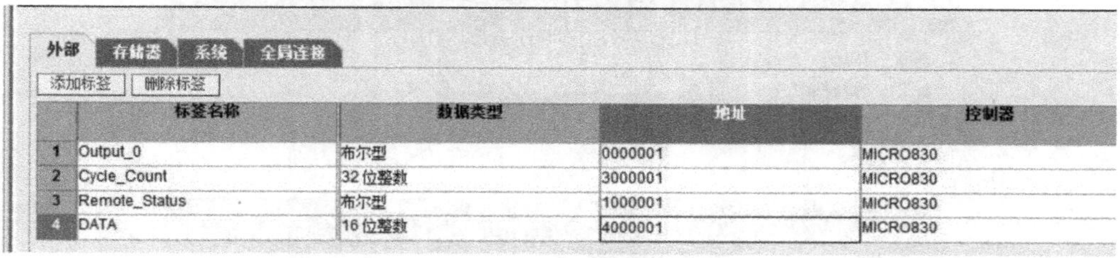

	标签名称	数据类型	地址	控制器
1	Output_0	布尔型	0000001	MICRO830
2	Cycle_Count	32 位整数	3000001	MICRO830
3	Remote_Status	布尔型	1000001	MICRO830
4	DATA	16 位整数	4000001	MICRO830

图 10-20　创建标签

15）创建屏幕显示，把对象与刚才创建标签对应连接起来。创建一个保持按钮链接到标签 Output _0。这不是一个典型练习，而是作为一个直接输出，并且不应该被直接打开和关闭，只是达到一个示范的目的，如图 10-21 所示。

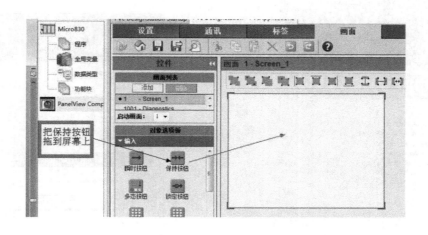

图 10-21　进行功能设置

配置按钮的状态，在按钮的属性框的右边，选择状态属性编辑按钮，如图 10-22 所示。

在外观项的编辑状态栏，把对应的颜色和状态关联起来。配置连接属性项，把写标签和指示标签都填写为对应的 Output _ 0，如图 10-23 所示。

16）创建一个数字显示对象对应到相应的标签，Cycle _ Count。在对象选项板中从显示选项版拖放一个数字显示对象，如图 10-24 所示。

然后创建一个多态指示器，在多态指示器的属性窗口中，编辑指示器的状态，选择外观项，然后点编辑属性选项，如图 10-25 所示。

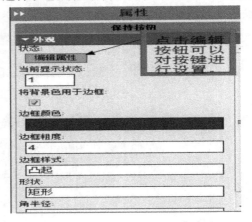

图 10-22　对按钮进行属性设置

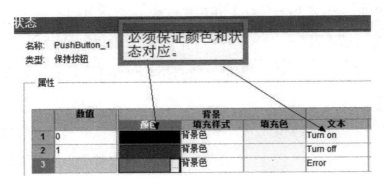

图 10-23　变量进行属性设置

图 10-24　设置标签

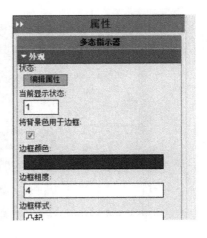

图 10-25　多态指示器属性

如图 10-26 所示配置状态颜色和标签，然后单击 "ok"。

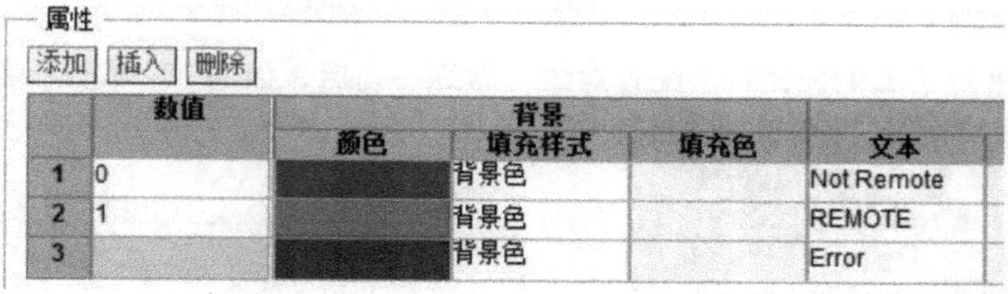

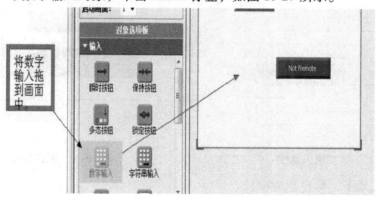

	数值	背景			
		颜色	填充样式	填充色	文本
1	0		背景色		Not Remote
2	1		背景色		REMOTE
3			背景色		Error

图 10-26　配置状态颜色和标签

17）创建一个数字输入对象，单击 DATA 标签，如图 10-27 所示。

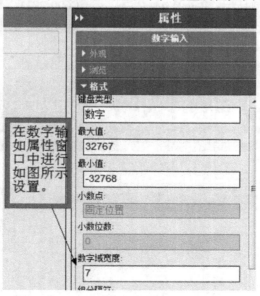

图 10-27　增加数字输入界面

在数字输入按钮的属性框中，选择格式选项中，配置属性如图 10-28 所示。

图 10-28　设置按钮属性

在数字输入对象的属性框体中，选择连接选项，填写写标签和指示器标签为 DATA。如图 10-29 所示。

从左边的进阶菜单中选择转至配置对象，做好一切后，如图 10-30 所示。

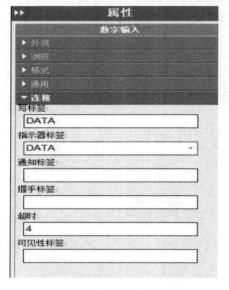

图 10-29　数字输入属性

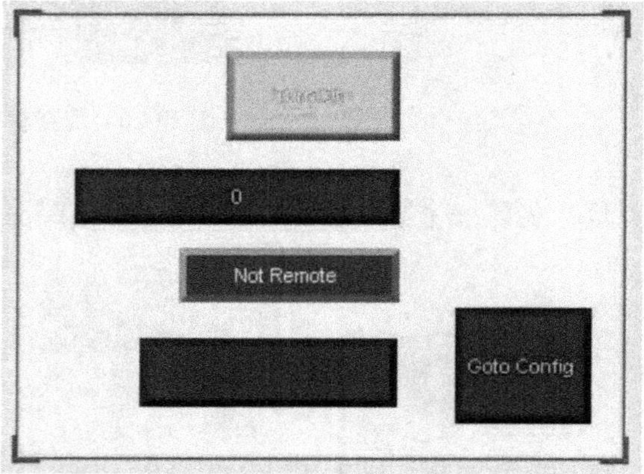

图 10-30　配置界面

这样你就完成了，保存你的项目。

10.3　向 PVC 终端下载编写好的应用程序

这里所使用的 PVC 型号为：PanelView Component C600-2711C-T6T

1）从 CCW（一体化编程组态软件）工程中，切换到 PVC 的设计平台的启动窗口，单击文件传输选项。如图 10-31 所示。

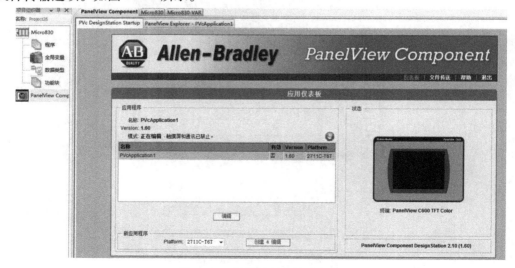

图 10-31　触摸屏程序传输文件

2）在电脑上插入 USB 或者 SD 卡。

3）建立一个传输文件，复制应用程序到你的 USB 或者 SD 闪存卡。如图 10-32 所示。

新建传送（从终端存储介质将文件传入或传出），如图 10-33 所示。

如图 10-34 所示：文件来源共有两种方式，一种是我的电脑，即从电脑中读取文件，一种是把平台中编译好程序保存到电脑中，其文件格式为 .Cha.

如果我们选择第一个来源方式，即为保存现编译好的应用程序，选择路径时，选择 USB 或者 SD 卡的路劲，应用程序即下载到 USB 或者 SD 卡中了。

图 10-32　文件传输

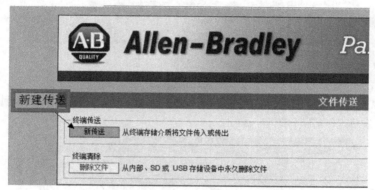

图 10-33　传输文件

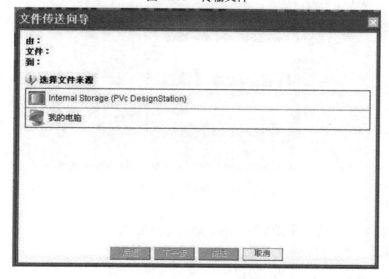

图 10-34　文件传送向导

4）这时就可以把 USB 或者 SD 卡中的应用程序导入到 PVC 的终端里进行使用。

5）下面将演示如何将 USB 或者 SD 闪存卡中的应用程序导入 PVC 中。
单击文件管理选择。如图 10-35 所示。

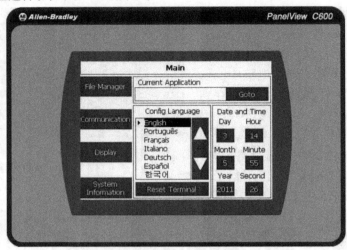

图 10-35　触摸屏界面

选择程序源，USB 或者 SD 闪存卡，然后单击复制，把应用程序复制到 PVC 的内存当中。如图 10-36 和图 10-37 所示。

图 10-36　触摸屏操作过程

在 PVC 内存中，可以在目录看到刚刚复制的应用程序。

6）通过以上步骤，已经顺利地完成了应用程序的下载。

10. 3. 1　Micro830 与 PVC 的布线

所使用到的硬件如下：

PanelView Component C600-2711C-T6T；

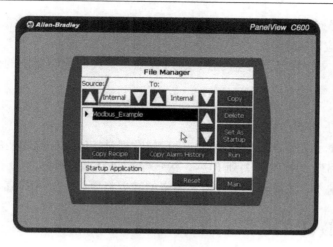

图 10-37　选择网络模式

RS-232 Cable，1761-CBL-AM00 or 2711-CBL-PM05；

RS-485 Adapter，1763-NC01。

1）用 RS-232 通信，需要一个 8 脚的 Mini-DIN 或者 9 脚的 D-shell，所需要电缆如图 10-38 所示。

　　用 RS-485 通信，需要一个 1763-NC01 适配器和双绞线屏蔽电缆。要求电缆为 Belden 3105A 或者等同。因为两者的串行端口不是绝缘的，所以需要一段接屏蔽线，隔离地循环，如图 10-39 所示。

0.5 m (1.6 ft)	1761－CBL－AP00
2 m (6.6 ft)	1761－CBL－PM02
5 m (16.4 ft)	2711－CBL－PM05
10 m (32.8 ft)	2711－CBL－PM10

图 10-38　RS-232 通信电缆型号

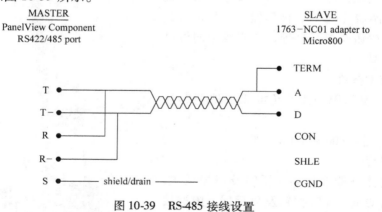

图 10-39　RS-485 接线设置

无需接终端电阻。PVC 内部自带 121Ω 的电阻在 R 和 R-终端，Micro830 则有从适配器 1763-NC01 的 TERM 跳转到 A 作为终端。

2）接好线以后，测试应用程序。

RS-232，连接 Micro830 的 8 脚 Mini-DIN 端口与 PVC 终端的连接端口 D-shell。

RS-485，连接 1763-NC01 适配器到 Micro 830 控制器的 Mini-DIN 端口，然后连接 RS-485 的电缆，从适配器到 PVC 的 RS-485/422 端口。

3) 确认控制器打到 RUN 模式，并且没有错误存在。

4) 下载 PVC 应用程序。

在 PVC 中点击文件管理，选择内存，在内存中找到我们前面复制的应用程序，然后点击 Run。

5) 测试程序。

1) 按保存按钮，测试输出 0 是否点亮。

2) 测试数字显示按钮是否显示更新。显示的数据是控制器扫描周期的实时数据。

3) 切换 Micro830 的按键开关到 RUN，指示器将变为非远程的。

4) 选择数字输入，然后输入整数值，原来的数据将更新为输入的值。

10.4　电梯的设计

10.4.1　电梯模型使用说明书

电梯模型教学装置是一个模拟真实电梯的微缩模型，它使用了 PLC、传感器、变频调速、交直流电动机控制等技术，具有轿箱升降、自动平层、自动开关门、顺向响应轿箱内外呼梯信号、直驶、安全运行保护等功能，也可配置监控软件由上位计算机监控。适用于各类学校机、电专业的教学演示、教学实验、实习培训和课程设计，可以培养学生对 PLC 控制系统硬件和软件的设计与调试能力；分析和解决系统调试运行过程中出现的各种实际问题的能力。

该装置采用台式结构，由主体框架、导轨、轿箱、配重等组成，并配有三相交流电动机、变频调速器、控制器（PLC）、传感器、外呼按钮及显示屏、内选按钮及指示灯等，构成典型的机电一体化教学模型。

1. 主要技术参数

1) 电源：AC220V ± 10%（带保护地三芯插座）；

2) 外形尺寸：800 × 500 × 1300。

2. 装置简介

装置由主体框架及导轨、轿箱及门控系统、配重、驱动电动机、外呼按钮及显示屏、内选按钮及指示灯和控制系统组成，结构如图 10-40 所示。

主体框架及导轨是由特制铝型材制成，它保证了轿箱的支撑和顺畅运行。

轿厢及门控系统是电梯的主要被控对象，它采用钢丝索和滑轮组结构悬吊于导轨之间，具有仿真度高的特点。轿厢的开关门自动控制系统是

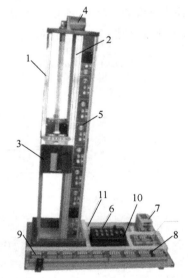

图 10-40　电梯模型正面结构示意图

1—主体框架　2—导轨　3—轿箱　4—驱动电动机
5—外呼按钮及显示　6—内选按钮及指示　7—变频调速器　8—输出转换端子　9—输入转换端子
10—直流电源　11—底盘

由门导轨、滑块、传动皮带、驱动直流电动机、位置传感器组成。在 PLC 的控制下，轿厢到位后完成门的自动开启、延时、自动关闭的动作。

配重是与轿厢配合完成上下运行的重要部件，可使轿厢运行平稳、能耗低。

驱动电动机是轿厢运行的曳引原动机，它采用三相交流电机配合变频调速器实现加减速控制、正反转控制、点动控制等操作。

外呼按钮及显示屏是模拟实际电梯轿厢以外各楼层的呼梯信号及显示轿厢位置的部件。

内选按钮及指示灯是模拟实际电梯轿厢内的楼层选择信号以及开关门选择的部件。

控制系统由控制器（通常为 PLC，也可配备其他类型的逻辑控制装置）、传感器、变频调速器、端子板和直流电源等组成。控制器接收外呼按钮、内选按钮和设在导轨上各楼层传感器的信号并通过预先设定的程序对变频调速器、指示灯和楼层显示屏进行控制，使轿箱按照规定的运行规律升降、顺向响应、变速、平层、开关门及显示等，通过编程实现对电梯的智能控制。

10.4.2　动作方式与控制原理

1. 轿厢升降

三相交流电机由松下（NAIS）变频器控制运行方式及参数，其结构示意图如图 10-41所示。

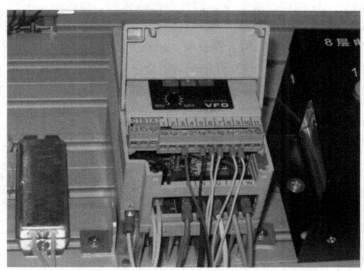

图 10-41　松下变频器结构示意图

接线原理如图 10-42 所示。

SW$_1$、SW$_2$、SW$_3$ 决定电动机的三种运行速度，具体参数设定及时控制原理参见《NAISVFO 超小型变频器使用手册》。

2. 层定位原理

层定位传感器结构原理如图 10-43 所示。

在主框架上每个层位都安装一只传感器组件（传感器为缝隙式光电传感器），每只传感器组件上共安装三只传感器（A，B，C），挡片随轿厢运行时经过传感器缝隙，发出到位信号，经信号转接板输出至 PLC 作为输入信号。

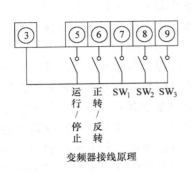

变频器接线原理

图 10-42　松下变频器接线示意图

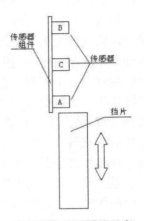

层定位传感器原理示意

图 10-43　层定位传感器结构原理

3. 输入信号板的原理与应用

　　输入信号板的功能是将模型装置上传感器的信号传给控制装置，板上设有光电隔离电路，将内外电源隔离，以保护设备安全。信号通过该板后，由低电平有效转换成高电平有效。注意：输出端为高电平驱动电路，严禁直接接地！

　　输入信号板的输出电路为集电极开路结构，因此可适合不同工作电压。如图 10-44 所示为 DC24V 工作方式，适用于 PLC、PC 控制卡等设备。

　　如图 10-45 所示为 DC5V 工作方式，适用于单片机等设备。

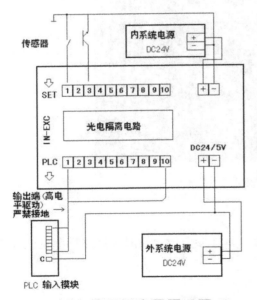

输入信号板应用原理图 A

图 10-44　输入信号板应用原理图

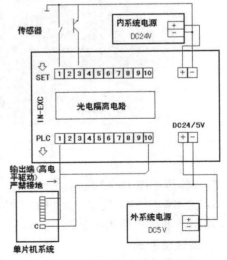

输入信号板应用原理图 B

图 10-45　DC5V 工作方式

4. 输出驱动板的原理与应用

输出驱动板的功能是将控制装置的驱动信号传给模型装置上的执行类设备，板上设有光电隔离电路，将内外电源隔离，以保护设备安全．信号通过该板后，由高（或低）电平有效统一转换成低电平有效。输出驱动板的输入电路为双向结构，因此可适合不同驱动模式；板上设有电压选择短路插件，根据驱动电压设定。

如图 10-46 所示为低电平驱动模式，输出驱动板上 COM 接正（24V/5V＋）。适用于 PLC 的输出口为漏型晶体管、NPN 型晶体管及继电器型（PLC COM 接负（0V））等。

如图 10-47 所示为高电平驱动模式，输出驱动板上 COM 接负（0V）。适用于 PLC 的输出口为源型晶体管、PNP 型晶体管及继电器型（PLC COM 接正（24V/5V））等。

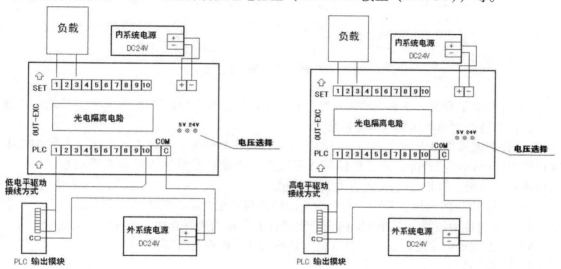

　　　输出驱动板应用原理图 A　　　　　　　　　输出驱动板应用原理图 B

　图 10-46　输出驱动板应用原理图　　　　图 10-47　高电平驱动模式原理图

以向上运行到层为例：

1）轿厢以速度 1 运行。

2）当挡板进入传感器 A，轿厢以速度 2 运行。

3）当挡板进入传感器 C，轿厢以速度 3 运行。

4）当挡板进入传感器 B，轿厢刹车，到位。

5. 轿厢门控原理

轿厢门的开闭由一只直流电动机驱动，一块驱动板完成极限位保护和换向驱动动作。

随着轿厢门的开闭两只传感器分别发出到位信号。如图 10-48 所示。

10.4.3　使用与维护

1. 验机与准备

1）将装置水平放置，卸去为运输而设的固定件，检查各紧固锣钉是否有松动或脱落。

2）将电源线插入底座侧方插孔，另一端接电源（电源必须有良好的保护接地）。

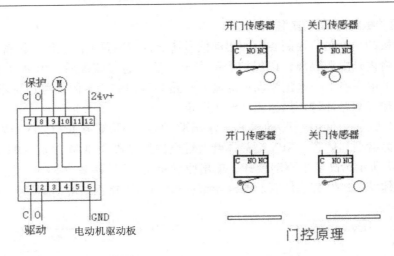

图 10-48　轿厢门控原理示意图

3）打开电源开关，观察电源指示灯、直流电源指示灯、PLC 的 RUN 指示灯等均应正常显示，否则检查电源电压和电源保险管。

4）将底座操作盘上的"手动—自动"旋钮拨向手动位置，通过手动按钮（外呼按钮中绿色按钮）操纵轿箱升降，并观察轿箱的运行是否平稳及显示屏的显示是否正常，如异常则应检查钢丝索、滑轮机构以及显示屏的数码管。

5）运行 PLC 内的演示程序。用手动功能将轿箱降至一层，底座操作盘上的"手动—自动"旋钮拨向自动位置，用外呼或内选按钮进行上下楼或楼层选择，电梯将自动运行。

6）以上演示程序运行正常产品合格，其他功能由用户自行开发。

2. 调试方法

1）传感器的调整　在导轨上每个楼层装有三只位置传感器，调整时只需松开固定螺钉即可调整它的位置。

2）钢丝索的调整　为了使轿箱的升降平稳，钢丝索的松紧程度应调整合适，调整时只需松开电梯顶部钢索的紧固螺钉，调好松紧度以后在固定，逐根调整。

3）变频调速器的调整　变频调速器是电梯的关键部件，它的工作状态是预先设置好的，如果需要改变则要根据厂家提供的使用说明书修改其参数。

3. 维护保养

1）装置的电源应设有良好的保护接地或漏电保护器。

2）非专业人员不得擅自打开汇线槽和面板盒。

3）装置不可平放或倒置。

4）保证装置在清洁无尘的环境中。

5）搬运时切忌施力于装置上的任何部件。

6）使用前请仔细阅读说明书。

10.4.4　三层电梯设计

1. 相关参考资料

1）位置传感器的原理及应用。

2）直流电动机原理及控制方法。

3）三相交流电动机的原理及控制方法。

4）变频调速器的原理及使用方法。

5）多层电梯智能控制方案的设计。

6）可编程序控制器（PLC）的原理及结构。

7）PLC 的编程训练及应用。

8）PLC 的调试及运行。

9）工业自动化设备的调试与维护。

2. 三层电梯设计端口

输入端口：

一楼　 _ IO _ EM _ DI _ 00　　　　　一楼传感器 _ IO _ EM _ DI _ 04

二楼上 _ IO _ EM _ DI _ 01　　　　　二楼传感器 _ IO _ EM _ DI _ 06

二楼下 _ IO _ EM _ DI _ 03

三楼　 _ IO _ EM _ DI _ 01　　　　　三楼传感器 _ IO _ EM _ DI _ 05

输出端口：

speed　　　 _ IO _ EM _ DO _ 00

run　　　　 _ IO _ EM _ DO _ 01

direction　 _ IO _ EM _ DO _ 03

3. 三层电梯程序设计图如图 10-49 所示。

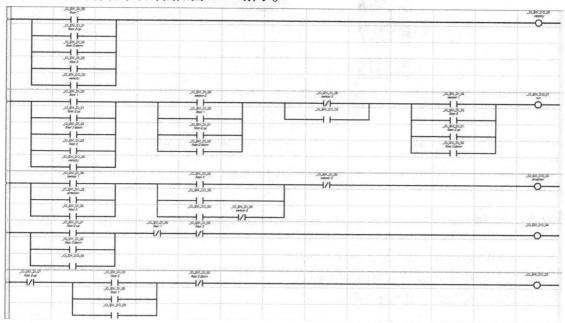

图 10-49　三层电梯程序设计图

4. PanelView 设计图

PLC 中 Modbus 映射设置，如图 10-50 所示。

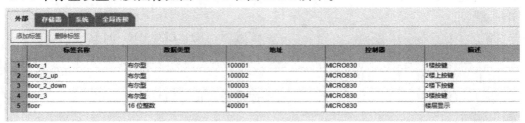

图 10-50　Modbus 映射设置

PVC 中标签设置以及图像如图 10-51 和图 10-52 所示。

	标签名称	数据类型	地址	控制器	描述
1	floor_1	布尔型	100001	MICRO830	1楼按键
2	floor_2_up	布尔型	100002	MICRO830	2楼上按键
3	floor_2_down	布尔型	100003	MICRO830	2楼下按键
4	floor_3	布尔型	100004	MICRO830	3楼按键
5	floor	16 位整数	400001	MICRO830	楼层显示

图 10-51　标签设置

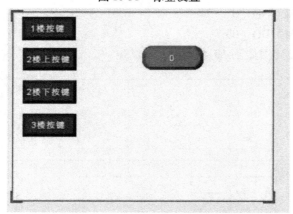

图 10-52　PVC 中图像

10.5　习题

1. PanelView 处理终端的通信协议有哪些？
2. 怎么配置 Modbus 寄存器的映射地址？
3. 演示 PVC 终端下载程序步骤。

第11章 温度控制器

本章节主要讲 Micro830 控制器，如何使用 2080-SERIALISOL Modbus 通信模块，对温度控制器 900-TC 进行配置和编程。

11.1 900-TC 介绍及配置

900-TC 温度控制器设置迅速，可为大量应用项目提供精确的温度管理与控制，如图 11-1 所示。

1. 900-TC 温度控制器特性

1）单回路、高值、开/关或模拟量输出控制器；

2）1/8 DIN、1/16 DIN 和 1/32 DIN 规格；

3）各种传感器输入；

4）自动微调和自微调简化启动；

5）提供加热、冷却或加热/冷却控制；

6）手动输出控制（TC8 和 TC16）；

7）4 数、11 段明亮状态显示屏；

8）带触觉反馈的集成化键盘，可用于参数设置与修改；

9）事件输入（TC8 和 TC16）可用于多设置点选择、控制器运行/停止和自动/手动模式更改。

图 11-1 900-TC 温度控制器

2. 900-TC 温度控制器技术参数

尺寸（mm）：96（高）×96（宽）

电源电压：AC100～240V 50/60Hz, DC24V

信号输入：

（1）热电偶 K、S、T、E、J、N、R、W5Re、W26Re；

（2）热电阻 Cu50、Pt100；

（3）线性电压 0～20mV, 0～60mV, 0～100mV, 0～500mV, 100～500mV, 1～5V, 0～5V, 0～10V, 2～10V, 0～20V；

（4）线性电流 0～20mA, 0～40mA 等；

（5）线性电阻 0～80Ω, 0～400Ω；

控制输出：

1）继电器触点开关输出 AC250V/2A 或 AC250V/7A；

2）固态继电器 SSR 电压输出 DC12V/30mA（用于驱动 SSR 固态继电器）；

3）晶闸管触发输出可触发 5～500A 的双向晶闸管或 2 个反并联的单向晶闸管；

4）线性电流输出 0～20mA 或 4～20mA；

5）线性电压输出 0～5V, 0～10V, 1～5V, 2～10V；

辅助输出：

1）继电器触点开关输出 AC250V/2A 或 AC250V/7A；

2）固态继电器 SSR 电压输出 DC12V/30mA（用于驱动 SSR 固态继电器）；

3）线性电流输出 0～20mA 或 4～20mA；

4）线性电压输出 0～5V，0～10V，1～5V，2～10V；

警报：2A，220V，电气寿命：100，000 次以上（在额定负载下）；

通信：信号传送方式 RS232、RS485；

绝缘电阻：主回路～外壳（对地）DC500V＞10MΩ 控制回路～外壳（对地）DC500V＞10MΩ；

耐压：主回路～外壳（对地）1500V 1min 控制回路～外壳（对地）1000V 1min；

储存环境温度：0～65 摄氏度；

操作环境温度：0～50 摄氏度；

操作环境湿度：20～90% RH；

克重：277 克。

3. 900-TC 多功能校验仪简介

900-TC 多功能仪表校验仪是一种高精度、TC 多功能、多路信号输入和模拟输出的台式自动化仪表校验装置，使用非常方便，当使用日久或经修理后需对其进行校准时，由于其为多路输出和输入，功能较多，故校准时需调整的部位较多（多达 10 个），使得初次对该仪器进行校准的人员无所适从，现将有关校准方法介绍如下：

1）校准条件

直流电压 mV 档零位校准：

按下选通键，选择通道 1，放开量程开关按键，使 0～100mV 指示灯亮，将粗调、细调电位器全部反时针旋转到底，使被校仪器直流电压指示为 00.000mV，如不为 00.000mV，则调节 P14，使之为 00.000mV 即可。按下选通键，选择通道 2，调节 P3，使之为 00.000mV 即可。

校准必须在标准校准实验室内进行，其温度应为（23±）℃，湿度为（60±）%，且无强电、磁场的干扰。标准计量仪器的输出及测量范围应能覆盖被校准仪器的测量及输出范围，标准计量仪器的准确度等级应大于或等于被校准仪器的等级的 1/3～1/5。校准前，被校准仪器应与标准计量仪器共同置于核准实验室内 24h 以上，并开机预热 30min 以上。

2）校准方法：

打开机箱，将标准数字电压表的正表笔接 R30 的下端，负表接地，调节 P10。

11.2 通过 Modbus 通信，对 900-TC 进行配置和编程

开发 900-TC 应用程序所需要用到的通信模块有 900-TC8COM、900-TC16NACCOM。

11.2.1 配置 Micro830 控制器上的嵌入式串行端口（方法一）

1）参照前面章节，在项目组织器中创建项目，选择 Micro830 控制器，双击控制器，然后在 1 槽添加 Modbus 通信模块 2080-SERIALISOL 插件，如图 11-2 所示。

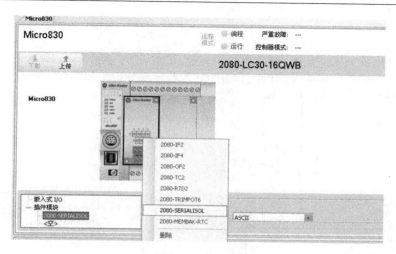

图 11-2　添加功能块

2）给 Modbus 通信模块配置通信参数。通信模式改为 Modbus RTU，控制器为主站，如图 11-3 所示。

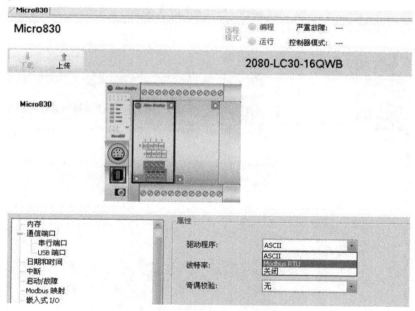

图 11-3　设置 2080-SERIALISOL 功能块参数

3）高级设置选项如图 11-4 所示进行设置。

4）选中项目组织器中的 Micro830，右键单击，选择生成。给控制器添加通信模块插件配置完成。

5）编程。在程序选项中新建程序。右键，可以选择重命名。

6）查看在工具箱中的指令。拖动模块指令到梯级中，在名称下面输入 msg 并选择 MSG _ MODBUS 指令，如图 11-5 所示。

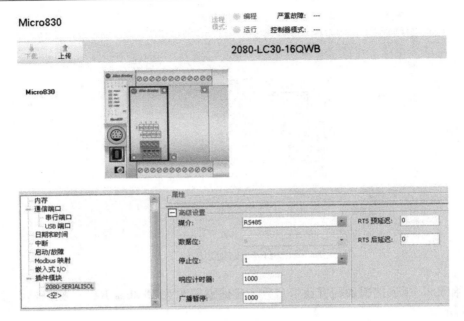

图 11-4　功能块高级设置

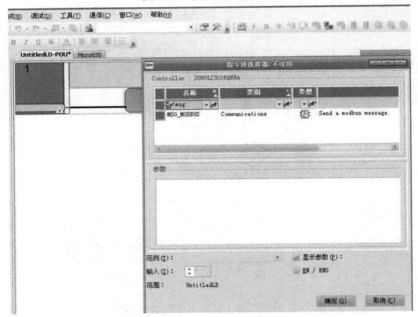

图 11-5　MSG＿MODBUS 功能块

7）单击"OK"，指令将会完成。选中指令，按键盘上的 F1，可以切换到该指令的帮助界面。界面中包括具体的参数说明，指令逻辑，样例等。

8）双击指令左边输入变量，其上半部分，设置对应的变量，如图 11-6 所示。

MSG＿MODBUS 指令第一个变量，cancel，对应为控制器自带的 0 号输入。

双击变量下半部分，弹出的对话框中，选择本地变量，在这里创建其他的变量。如图 11-7 所示，创建时注意变量的数据类型。

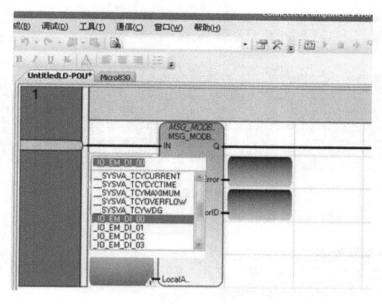

图 11-6　设置变量

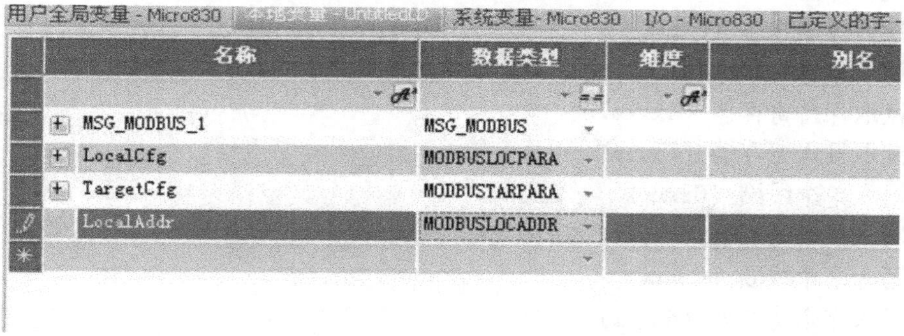

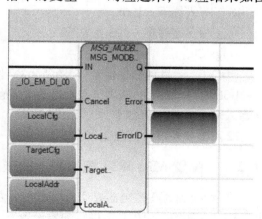

图 11-7　变量设置

9）把创建好本地变量，同 MSG _ MODBUS 指令的变量一一对应起来，对应结果如图 11-8 所示。

10）添加一个触发的常开开关，并映射为 1 号输入点。

11）给变量设置初始值。

在项目组织器中双击本地变量。然后，再逻辑值中输入如图 11-9 所示初始值。

各变量代表的含义如下：

LocalCfg. Channel 通道 5 表示第 5 通道：

槽 1 为 5

槽 2 为 6

槽 3 为 7

槽 4 为 8

图 11-8　MSG _ MODBUS 指令变量对应

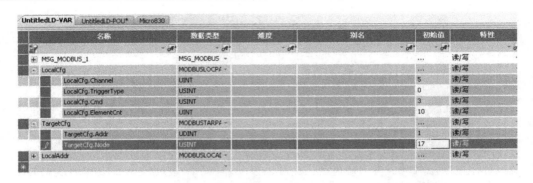

图 11-9　变量初值设置

槽 5 为 9

TriggerType 触发类型：

0：触发一次消息（当 IN 从"假"变为"真"时）

1：当 IN 为"真"时，连续触发消息

其他值：保留

01：读取线圈状态（0xxxx）

02：读取输入状态（1xxxx）

03：读取保持寄存器（4xxxx）

04：读取输入寄存器（3xxxx）

05：写入单个线圈（0xxxx）

06：写入单个寄存器（4xxxx）

15：写入多个线圈（0xxxx）

16：写入多个寄存器（4xxxx）

ElementCnt：

对于读取线圈/离散输入：2000 位

对于读取寄存器：125 个文字

对于写入线圈：1968 位

对于写入寄存器：123 个文字

TargetCfg：

UDINT　　　目标数据地址（1-65536）。发送时减 1。

USINT　　　默认的从属节点地址为 1。范围是 0-247。0 是 Modbus 广播地址并仅对 Modbus 写入命令有效（例如 5、6、15 和 16）。

12）生成并下载到控制器中。

11. 2. 2　配置 Micro830 控制器上的嵌入式串行端口（方法二）

1）切换到 830 控制器界面，单击左下方的菜单，单击通信端口前面的"＋"号，选择串行端口，如图 11-10 所示进行配置设置。

2）在本地变量窗口，将参数改为如图 11-11 所示的设置，编译生成。

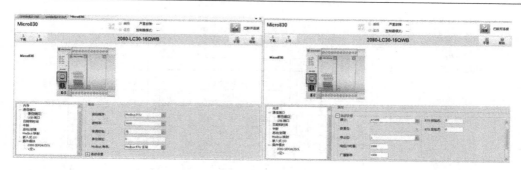

图 11-10　串行端口配置

名称	数据类型	维度	别名	初始值	特性
	- ੴ	-	- ੴ		
⊞ MSG_MODBUS_1	MSG_MODBUS	-		...	读/写
⊟ LocalCfg	MODBUSLOCPA	-		...	读/写
LocalCfg.Channel	UINT			2	读/写
LocalCfg.TriggerType	USINT			0	读/写
LocalCfg.Cmd	USINT			3	读/写
LocalCfg.ElementCnt	UINT			10	读/写
⊟ TargetCfg	MODBUSTARPA	-		...	读/写
TargetCfg.Addr	UDINT			1	读/写
TargetCfg.Node	USINT			17	读/写
⊞ LocalAddr	MODBUSLOCAL	-		...	读/写
✱		-			

图 11-11　参数设置

11.3　连接控制器和温度控制器进行测试

本小节，对简单温度控制器模块 900-TC 进行编程，参考资料 CC-QS005A 和温度控制器用户手册 900-UM007D。

1. 具体参数

通信协议：Modbus

通信单元号：17

（以上参数针对每个温度控制器，设定唯一数值，在通信时，由主站对温控器进行设定。当有多个温控器使用时，通信单元号设定不同。此次创建的模块使用单位号为 17 到 24。）

波特率：9.6kbit/s。

奇偶：NONE

数据发送等待时间为：20

2. 使用 2080-SERIALISOL 模块

2080-SERIALISOL 模块接线如图 11-12 所示。

如果使用 1763-NC01 电缆，连接如图 11-13 所示。

使用隔离通信电缆，如 Belden#3105A。Belden#3105A 电缆有两个单独的信号线（白色/蓝色条纹和蓝色/白色条纹），一条加屏蔽，一条有箔保护。使用时，在电缆的终端，必须接地。

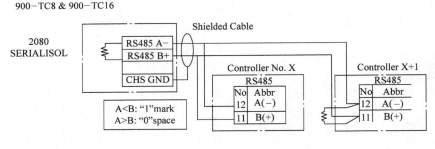

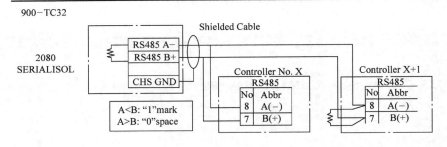

图 11-12　2080-SERIALISOL 模块接线图

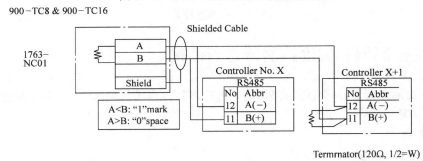

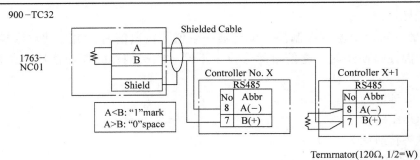

图 11-13　1763-NC01 电缆接线图

3. 程序测试

1）假设你已经创建了程序，从前面小节中，生成并下载程序到 Micro830。

2）启动调试。

3）查看变量监视器界面。在本地变量窗口，激活指令，即给 1 号输入，给逻辑值 1，MSG ＿ MODBUS 开始工作，如图 11-14 所示。

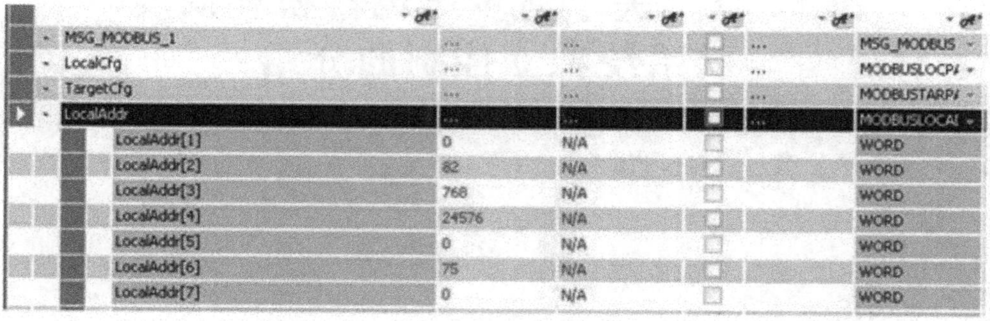

	MSG_MODBUS_1	...	...		☐	...	MSG_MODBUS
	LocalCfg	...	...		☐	...	MODBUSLOCP/
	TargetCfg	...	...		☐		MODBUSTARP/
▶	LocalAddr	...	...		☑	...	MODBUSLOCAI
	LocalAddr[1]	0	N/A		☐		WORD
	LocalAddr[2]	82	N/A		☐		WORD
	LocalAddr[3]	768	N/A		☐		WORD
	LocalAddr[4]	24576	N/A		☐		WORD
	LocalAddr[5]	0	N/A		☐		WORD
	LocalAddr[6]	75	N/A		☐		WORD
	LocalAddr[7]	0	N/A		☐		WORD

图 11-14　变量相应参数值

LocalAddr（2）是过程变量，LocalAddr（3）是下限值，LocalAddr（4）是上限值，LocalAddr（6）为设定值。

11. 4　习题

1. 什么是 Modbus 通信？主要应用于什么通信场合？
2. 900-TC 温度控制器的温控范围是多少？
3. 900-TC 温度控制器特性有哪些？
4. 900-TC 温度控制器需要配置哪些技术参数？

第 12 章　关于对步进电动机和温度 双系统独立控制的介绍

12.1　总述

12.1.1　实验内容

基于 PLC 体积小、能耗低、可靠性高、抗干扰能力强等优点和实验系统监控的需要，分别以小功率加热体和步进电动机为监控对象，利用计算机、罗克韦尔 Micro830 和组态软件 Rsview 实现了对温度控制系统和步进电动机运行系统的独立控制，并根据实验系统的控制要求，进行了硬件设计和软件设计。温度控制系统实现了小功率加热体温度的控制，误差为 ±1℃。经调试，实验系统稳定性和精确度较高，操作方便，实验效果良好，且 PLC 综合实验系统可用于教学、培训及科研等相关工作。

通过 Micro830 8 针串口的 1、8 引脚将 RS-485 的信号进行引出，通过 485 转 232 转换器将信号连接到上位机中。由于没有兼容 Mirco830 的组态和 OPC 服务器软件，因此在上位机中利用 Kepserver 软件作为主站，Micro830 设置为从站，进行相关数据的映射，从而能够实现数据的实时采集。在 Rsview 软件中，通过添加 Kepserver 服务器，进行 OPC 连接，从而实现 Micro830 和 Rsview 数据的完美连接。

1）采用脉冲和方向控制的方式，利用定时器直接产生脉冲驱动两相混合步进电动机，实现对电动机的控制。

2）使用模拟量模块 2080-IF2/OF2 对温度信号进行处理，利用 Micro830 特有的 IPID 功能块实现对加热体温度的控制，温度由 LCD 电压表的电压值显示。

该实验系统高效节能、操作方便，可通过上位机实现直接控制和实时显示。

12.1.2　实验箱简介

1）步进电动机部分——步进电动机为两相混合式步进电动机，为主要被控对象。

2）步进电动机驱动器——YY-2H042M 步进电动机驱动器，实现对步进电动机的驱动和信息采集。该驱动器采用原装进口模块，具有很强的抗干扰性、可靠性好、噪声小。

3）24V 开关电源——为整个装置提供 24V 电源供电。

4）温度控制系统——具有小功率加热体和风扇等控制温度的相关部件，为主要被控对象，实现温度的 PID 调节，误差为 ±1℃。

下面对每个部分进行逐一介绍。

（1）步进电动机控制部分

1）步进电动机控制信号通过定时器进行输出，频率可自行调节；开关 0 控制步进电动机信号的输入，0 号灯显示步进电动机控制信号频率以及运行状态。

2）开关 5 控制步进电动机的正反转，1 号灯显示步进电动机的方向，灯亮表示顺时针运行，灯灭表示逆时针运行。

本部分控制通过编写的功能块 MOTOR_control 实现。

（2）温度控制部分

1）通过加热板对温度信号采集，将温度模拟量信号通过 2080-IF2 模拟量模块输入到 Micro830 中；

2）利用 Micro830 特有的 IPID 功能块对程序进行编译，采用自动模式，不断采集信号，让 PLC 自行产生合适的 PID 参数，实现 PID 的完美控制。

3）温度、电压以及模拟量信号之间的对应关系：模拟信号的 0～65535 对应 0～10V 电压，同时对应 0～100℃。

4）A 为设定的初始温度，编写的功能块 change_TtoD 将温度值转化为模拟量对应的数值，IPID_control 功能块对控制信号进行调节：3 号灯代表加热器状态，4 号灯代表风扇状态，当实际温度信号低于设定值时，加热器工作，升高温度；当实际温度信号高于设定值时风扇工作，降低温度。

5）change_DtoV 功能块将模拟量进行相应的数量转换，显示 IPID 调节之后温度对应的电压值。

6）通过观察 LCD 电压表的示数，与上位机中的 change 功能块产生的最终显示结果进行比较，误差不超过 ±1℃。

在前期基础上，需对相应参数进行调节：温度控制部分 IPID 参数进行重新整定，修改了 PID 参数，提高了温控精度。利用 Modbus 协议将 Micro830 中的相关数据进行映射，通过 Kepserver 实现 Micro830 和 Rsview 之间的 OPC 连接。Micro830 PLC 1.0 版本固件在串口通信 RS-485 连接方面存在问题。通过固件升级到 4.0 版本，实现 Modbus 正常通信。

12.2　硬件介绍

12.2.1　系统总体接线

如图 12-1 所示为系统接线示意图。

如图 12-2 所示为系统外部接线图。

12.2.2　加热板部分设计

如图 12-3 所示为加热板原理图。

加热板器件选型情况见表 12-1。

根据上述选型和硬件接线，即可实现本套实验箱加热部分的功能。

12.2.3　步进电动机系统

1. 关于 YY-2H042M 驱动器

驱动二相混合式步进电动机，该驱动器采用原装进口模块，实现高频斩波，恒流驱动，具有很强的抗干扰性、高频性能好、起动频率高、控制信号与内部信号实现光电隔离、电流可选、结构简单、运行平稳、可靠性好、噪声小，带动 1.0A 以下所有的 42BYG 系列步进电动机。自投放市场以来，深受用户欢迎，特别是在舞台灯光、自动化、仪表、POS 机、雕刻机、票据打印机、工业标记打印机、半导体扩散炉等领域得到广泛应用。

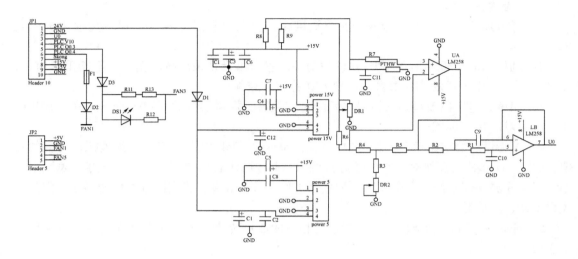

图 12-1　系统接线示意图

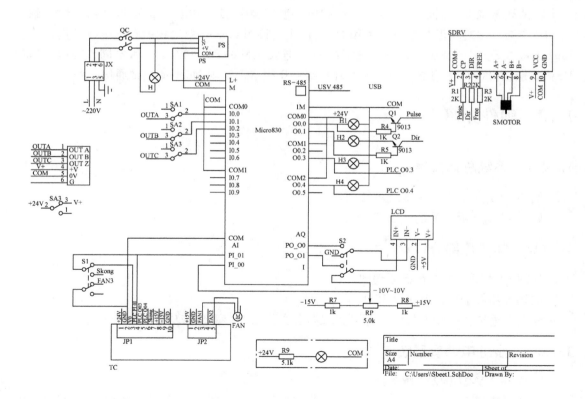

图 12-2　系统外部接线示意图

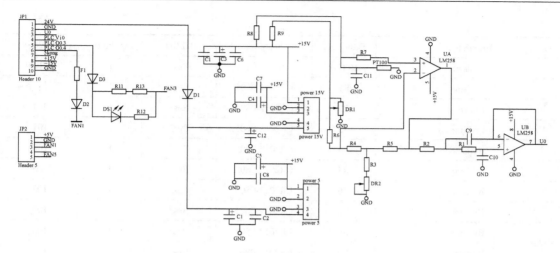

图 12-3　加热板原理图

表 12-1　加热板器件型号

Description	Designator	Footprint	LibRef	Quantity	Value
Polarized Capacitor(Radial)	C1	电容_电解	Cap Pol1	1	35 V
Capacitor(Semiconductor SIM Model)	C2	CC2012-0805	Cap Semi	1	202(微发)
Polarized Capacitor(Radial)	C3	电容_电解	Cap Pol1	1	16 V
Polarized Capacitor(Radial)	C4	电容_电解	Cap Pol1	1	16 V
Polarized Capacitor(Radial)	C5	电容_电解	Cap Pol1	1	16 V
Capacitor(Semiconductor SIM Model)	C6	CC2012-0805	Cap Semi	1	116
Capacitor(Semiconductor SIM Model)	C7	CC2012-0805	Cap Semi	1	100
Capacitor(Semiconductor SIM Model)	C8	CC2012-0805	Cap Semi	1	110
Capacitor(Semiconductor SIM Model)	C9	CC2012-0805	Cap Semi	1	1
Capacitor(Semiconductor SIM Model)	C10	CC2012-0805	Cap Semi	1	1
Capacitor(Semiconductor SIM Model)	C11	CC2012-0805	Cap Semi	1	1
Polarized Capacitor(Radial)	C12	电容_电解	Cap Pol1	1	35 V
Capacitor(Semiconductor SIM Model)	C13	CC2012-0805	Cap Semi	1	114
Default Diode	D1	Diode_M4	Diode	1	
Default Diode	D2	Diode_M4	Diode	1	
Default Diode	D3	Diode_M4	Diode	1	
Potentiometer	DR1	VR5	RPot	1	滑动变阻器
Potentiometer	DR2	VR5	RPot	1	
Typical RED GaAs LED	DS1	LED	LED1	1	发光二极管
Fuse	F1	PCBComponent_1	Fuse 1	1	熔断器
Header, 10-Pin	JP1	chapai-10	Header 10	1	10 针插排
Header, 5-Pin	JP2	chapai_5	Header 5	1	5 针插排
	power-5	POWER_5V	Component_1	1	电源模块
	power-15V	POWER_15V	Component_1	1	

（续）

Description	Designator	Footprint	LibRef	Quantity	Value
Resistor	PT100	RAD-0. 1	Res2	1	铂电阻
Resistor	R1	CR2012-0805	Res3	1	型号：204
Resistor	R2	CR2012-0805	Res3	1	204
Resistor	R3	CR2012-0805	Res3	1	101
Resistor	R4	CR2012-0805	Res3	1	103
Resistor	R5	CR2012-0805	Res3	1	103
Resistor	R6	CR2012-0805	Res3	1	103
Resistor	R7	CR2012-0805	Res3	1	103
Resistor	R8	CR2012-0805	Res3	1	103
Resistor	R9	CR2012-0805	Res3	1	103
Resistor	R11	AXIAL-0. 4	Res2	1	1kΩ
Resistor	R12	CR2012-0805	Res3	1	型号：622
Resistor	R13	AXIAL-0. 4	Res2	1	50Ω
Low-Power Dual Operational Amplifier	U	M08A	LM358AN	1	集成块

2. 技术说明

1）每相最大驱动器电流为 1. 0A。

2）采用无过电流专利技术。

3）采用国外进口电力电子元器件。

4）可选择电流半流。

5）细分数可选（1/2，1/4，1/8），对应的微步距角分别为（0. 9/一个脉冲、0. 45/一个脉冲、0. 225/一个脉冲）。

6）所有输入信号都经过光电隔离。

7）斩波频率 f = 40kHz。

8）电动机的相电流为正弦波。

9）供电电源：直流 12 ~ 32V（输入电压）。

10）驱动器适配电动机：42BYG 系列步进电动机。

11）驱动电流：每相最大驱动器电流为 1. 0A。

12）驱动方法：恒流斩波。

12. 3 具体实现

12. 3. 1 AB-PLC 通信-Kepserver

Kepserver 通信软件用于工业自动化控制的数据交换，下面介绍 Kepserver 和 AB-plc 通信。

实例：AB-plc：ControlLogix L5561（1756-L61），通信软件：KepserverEx 4.0

配置 KepserverEx 4.0 通信软件。

1）打开通信软件 KepserverEx 4.0，如图 12-4 所示。

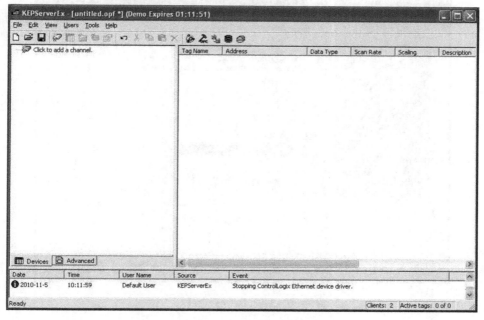

图 12-4　通信软件

2）添加 Channel，通道名称：Channel1，如图 12-5 所示。

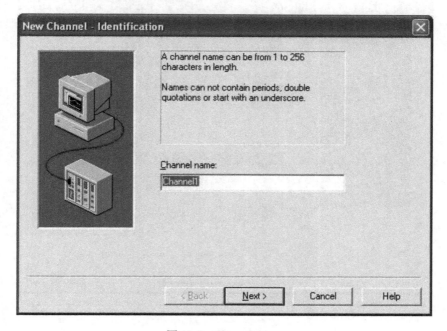

图 12-5　Channel name

3）添加设备驱动：ControlLogix Ethernet，如图 12-6 所示。

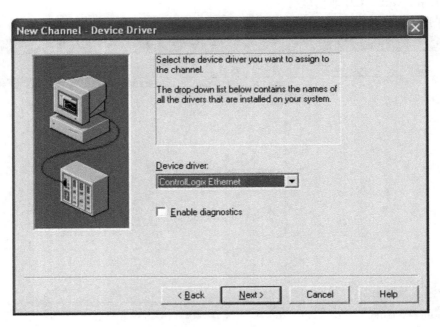

图 12-6　Device diver

4）选择网络适配器：Default，如图 12-7 所示。

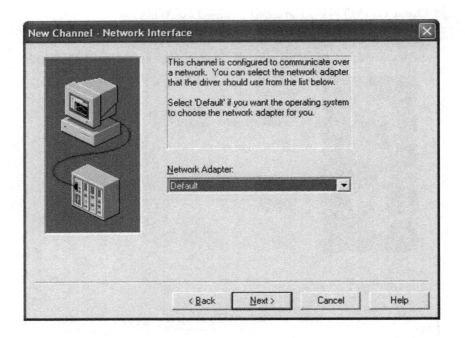

图 12-7　Network

5）通道读写优化：默认设置，以下操作默认，如图 12-8 和图 12-9 所示。

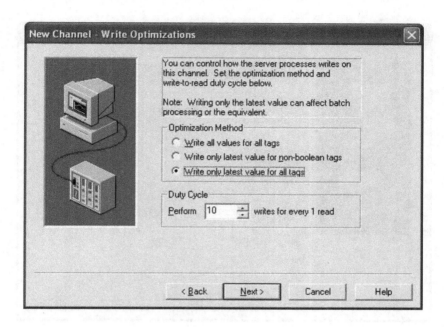

图 12-8　Optimization Method

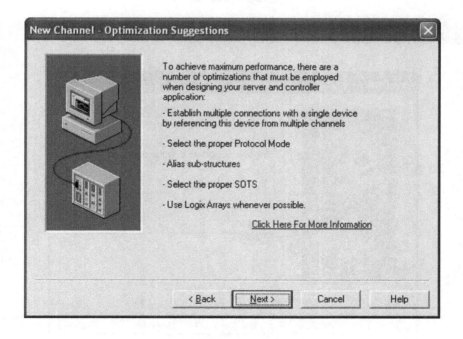

图 12-9　Optimization suggestions

通道配置完成，配置参数如图 12-10 所示。

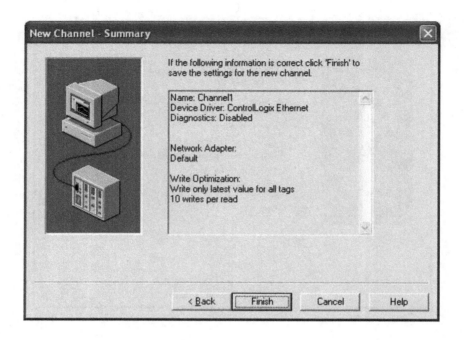

图 12-10   Summary

6）在通道上添加设备：Device1，如图 12-11 所示。

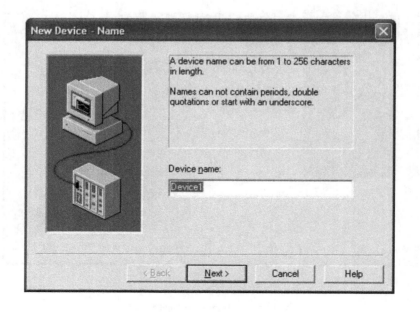

图 12-11   Name

7）选择控制器类型：ControlLogix 5500，如图 12-12 所示。

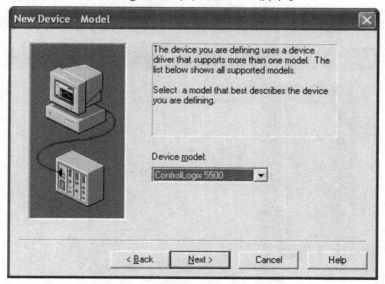

图 12-12　Model

8）Device ID：100. 100. 100. 10，1，0

100. 100. 100. 10：以太网模块地址；

1：机架；

0：控制器槽位号；

格式：255. 255. 255. 255，1，[< Optional Routing Path >]，< CPU Slot Or DH + ／Control-Net Gateway Path >，如图 12-13 所示。

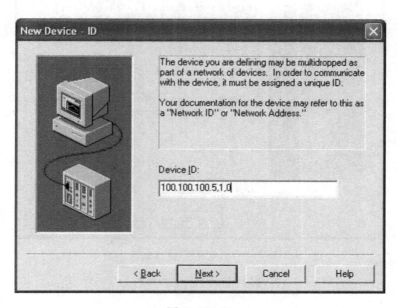

图 12-13　ID

9）以下参数默认如图 12-14、图 12-15，图 12-16 和图 12-17 所示。

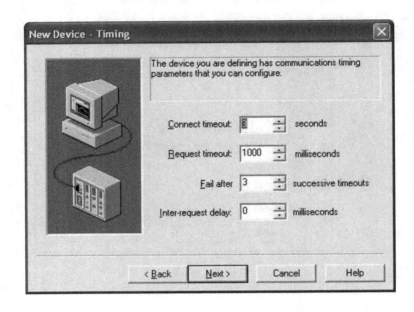

图 12-14　Timing

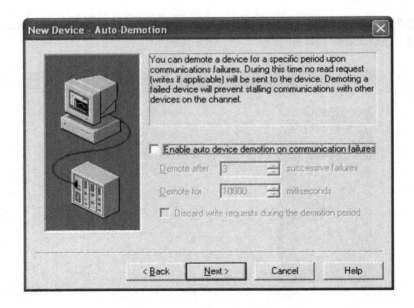

图 12-15　Auto-Demotion

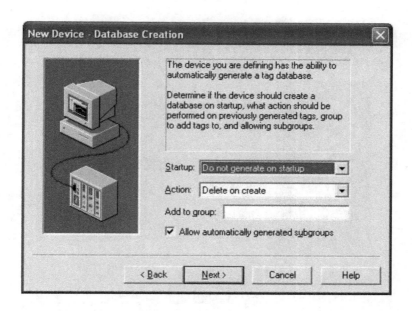

图 12-16 Database Creation

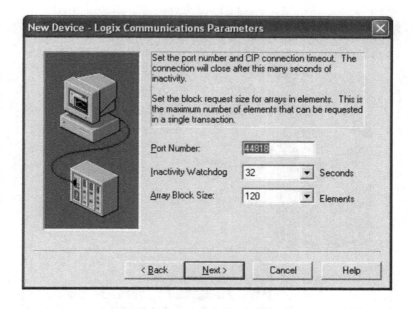

图 12-17 Logix communication parameters

10）默认数据类型：Float 如图 12-18、图 12-19 和图 12-20 所示。

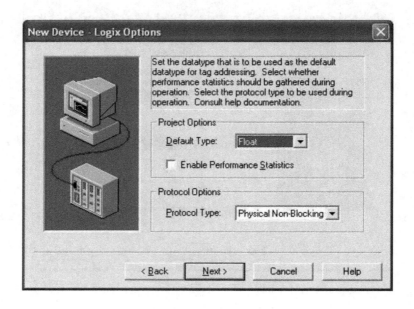

图 12-18　默认数据类型

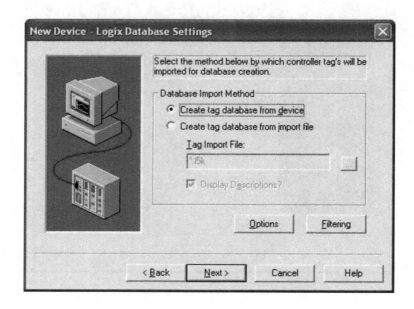

图 12-19　Logix Database Settings

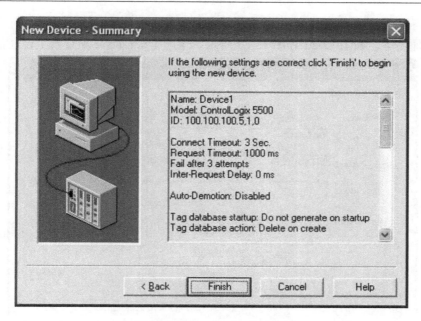

图 12-20　New Device-Sunnary

添加设备操作完成。

11）添加标签：Click to add a static tag，如图 12-21 所示。

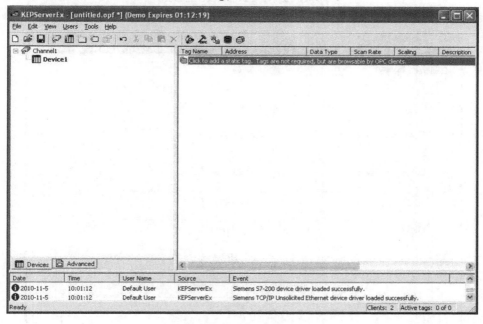

图 12-21　KIPserverEx

12）标签属性。

● Name：中间变量名；

● Address：控制器中变量名。

标签添加完毕。如图 12-22 和图 12-23 所示。至此，Kepserver 配置及上位通信完成。

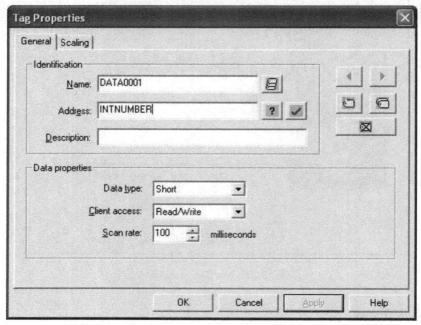

图 12-22　Tag PropertiesGeneral

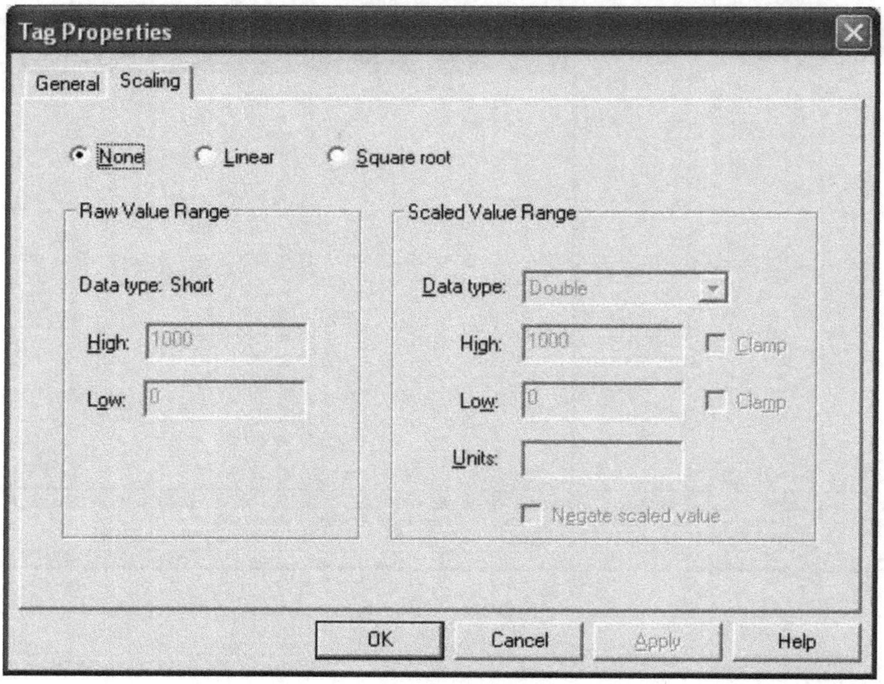

图 12-23　Tag Properties scaling

12.3.2　CCW 功能块指令介绍

1. IPIDCONTROLLER

说明：此功能块是比例积分微分。如图 12-24 所示。参数见表 12-2。

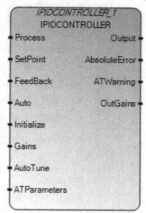

图 12-24　IPIDCONTROLLER

表 12-2　参数

参数	参数类型	数据类型	说　明
EN	输入	BOOL	功能块启用 当 EN = 真时，执行函数 当 EN = 假时，不执行函数 仅适用于 LD 程序
Process	输入	REAL	流程值，是根据流程输出测量到的值
SetPoint	输入	REAL	设置点
FeedBack	输入	REAL	反馈信号，是应用于流程的控制变量的值 例如，反馈可以为 IPIDCONTROLLER 输出
Auto	输入	BOOL	PID 控制器的操作模式： ●真- 控制器以正常模式运行 ●假- 控制器导致将 R 重置为跟踪（F-GE）
Initialize	输入	BOOL	值的更改（"真"更改为"假"或"假"更改为"真"）导致在相应循环期间控制器消除任何比例增益。同时还会初始化 AutoTune 序列
Gains	输入	GAIN _ PID 请参见 GAIN _ PID 数据类型	IPIDController 的增益 PID
AutoTune	输入	BOOL	当设置为"真"且 Auto 和 Initialize 为"假"时，会启动 AutoTune 序列
ATParameters	输入	AT _ Param 请参见 AT _ Param 数据类型	自动调节参数

（续）

参数	参数类型	数据类型	说　明
输出	输出	REAL	来自控制器的输出值
AbsoluteError	输出	REAL	来自控制器的绝对错误（Process-SetPoint）
ATWarnings	输出	DINT	（ATWarning）自动调节序列的警告 可能的值为： • 0-没有执行自动调节 • 1-处于自动调节模式 • 2-已执行自动调节 • -1-错误 1 输入自动设置为"真"，不可能进行自动调节 • -2-错误 2 自动调节错误，ATDynaSet 已过期
OutGains	输出	GAIN _ PID	在 AutoTune 序列之后计算的增益。请参见 GAIN _ PID 数据类型
ENO	输出	BOOL	启用输出 仅适用于 LD 程序

2. GAIN _ PID 数据类型

GAIN _ PID 数据类型见表 12-3。

表 12-3　参数

参数	数据类型	说　明
DirectActing	BOOL	作用类型： • 真-正向作用（输出与误差沿同一方向移动）。也就是说，实际的进程值要大于 SetPoint，并且适当的控制器操作会增加输出（例如：降温） • 假-反向作用（输出与误差沿相反方向移动）。也就是说，实际的进程值要大于 SetPoint，并且适当的控制器操作会降低输出（例如：加热）
ProportionalGain	REAL	PID 的比例增益（ > =0. 0001）
TimeIntegral	REAL	PID 的时间积分值（ > =0. 0001）
TimeDerivative	REAL	PID 的时间微分值（ >0. 0）
DerivativeGain	REAL	PID 的微分增益（ >0. 0）

3. AT _ Param 数据类型

AT _ Param 数据类型见表 12-4。

表 12-4　AT _ Param 数据类型

参数	数据类型	说　明
Load	REAL	自动调节的加载参数。它是启动 AutoTune 时的输出值
Deviation	REAL	自动调节的偏差。这是用于评估 AutoTune 所需噪声频带的标准偏差
Step	REAL	AutoTune 的步长值。必须大于噪声频带并小于 1/2Load
ATDynamSet	REAL	放弃自动调节之前等待的时间（以秒为单位）
ATReset	BOOL	指示在 AutoTune 序列之后是否要将输出值重置为零： • 真- 将输出重置为零 • 假- 将输出保留为加载值

4. IPIDController 操作详细信息

IPIDController 基于功能块见表 12-5。

表 12-5　IPIDController

with	A：作用（＋／－1）	with	A：作用（＋／－1）
	PG：比例增益		$ã_D$：TD
	DG：导数增益		$ã_I$：TI

在图形终端中，IPID 面板可用于 IPIDController 功能块。

当输入自动为"真"时，IPIDController 以正常模式运行。当输入自动为"假"时，会导致将 R 重置为跟踪（F-GE）。这样会强制 IPIDController 输出在 IPIDController 限制内跟踪反馈，控制器切换回自动，同时输出不会递增。

对于输入初始化，当 AutoTune 为"假"时，从"假"更改为"真"或从"真"更改为"假"，会导致在相应循环期间 IPIDController 消除任何比例增益操作（例如初始化）。当使用切换功能块对 SetPoint 进行更改时，您可以使用此进程来防止增加输出。

要运行 AutoTune 序列，必须完成输入 ATParameters。必须根据进程和所设置的 DerivativeGain，来设置输入增益和 DirectActing 参数（通常为 0.1）。AutoTune 序列从以下序列开始：

1）将输入初始化设置为"真"。

2）将输入自动调节设置为"真"。

3）将输入初始化更改为"假"。

4）请稍候，直到输出 ATWarning 更改为 2。

5）将输出 OutGains 的值传输至输入增益。

要完成调节，可性能需要某些微调，具体取决于进程和需求。当将 TimeDerivative 设置为 0.0 时，IPIDController 会强制 DerivativeGain 设置为 1.0，然后作为 PI 控制器进行工作。反馈电路如图 12-25 所示。

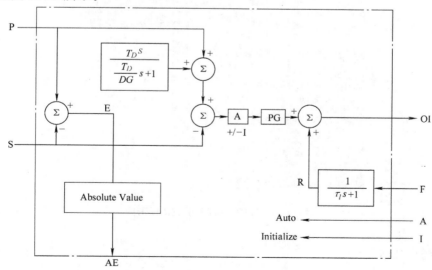

图 12-25　反馈电路

5. IPIDCONTROLLER 功能块语言示例

1）功能块图（FBD），如图 12-26 所示。

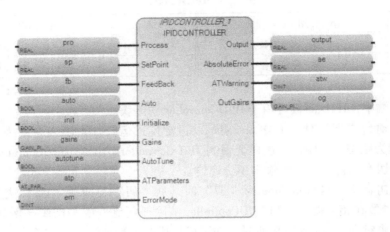

图 12-26   IPIDCONTROLLER 功能块

2）梯形图（LD），如图 12-27 所示。

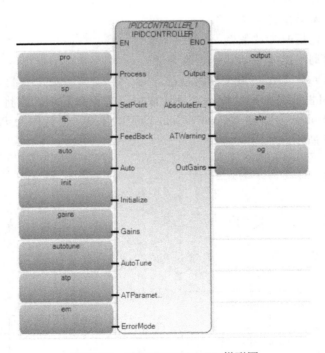

图 12-27   IPIDCONTROLLER 梯形图

3）结构化文本（ST）

```
1   IPIDCONTROLLER_1(pro, sp, fb, auto, init, gains, autotune, atp, em);
2   output := IPIDCONTROLLER_1.Output;
3   ae := IPIDCONTROLLER_1.AbsoluteError;
4   atw := IPIDCONTROLLER_1.ATWarning;
5   og := IPIDCONTROLLER_1.OutGains;
```

```
IPIDCONTROLLER_1(
```

void **IPIDCONTROLLER_1**(REAL Process, REAL SetPoint, REAL FeedBack, BOOL Auto, BOOL Initialize, GAIN_PID Gains, BOOL AutoTune, AT_PARAM ATParameters, DINT ErrorMode)
Type : IPIDCONTROLLER, Proportional Integral Derivative.

(＊与之等效的 ST：IPIDController1 是 IPIDController 块的实例 ＊)

IPIDController1 （Proc，

SP，

FBK，

Auto，

Init，

G ＿In，

A ＿Tune，

A ＿TunePar，

Err)；

Out ＿process： = IPIDController1. Output；

A ＿Tune ＿Warn： = IPIDController1. ATWarning；

Gain ＿Out： = IPIDController1. OutGains；

结果如图 12-28 所示。

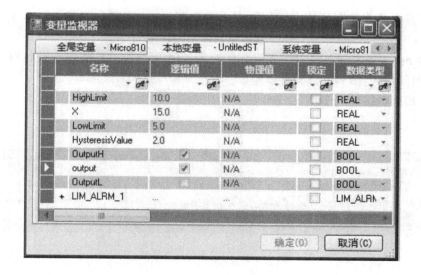

图 12-28　变量监视器

12.3.3　IPID 参数整定

1. 自整定设置过程

Initialize 设置为 1；

Autotune 设置为 1；

等待 Process 值达到设定值 Setpoint；

把 Intialize 设置为 0；

等 ATWarning 变为 2，在 outgain 中即可获得 IPID 参数。

2. 自整定参数（见图 12-29）**设置以及意义**

1）LOAD，是自整定时候 CV 值，在自整定过程中保持 CV 不动。LOAD = 6 就是说自整定始时，CV = 6 直到自整定完成。

IPIDCONTROLLER_1.ATParameters	AT_PA
IPIDCONTROLLER_1.ATParameters.Load	REAL
IPIDCONTROLLER_1.ATParameters.Deviation	REAL
IPIDCONTROLLER_1.ATParameters.Step	REAL
IPIDCONTROLLER_1.ATParameters.ATDynaSet	REAL
IPIDCONTROLLER_1.ATParameters.ATReset	BOOL

图 12-29　自整定参数

2）Deviation 是噪声的 3 倍，例如：控制温度时候，不是 CV（AO）引起的温度变化就叫噪声。

3）Step 是自整定阶跃的值，例如温度上升 2 度，可以设 2，最多 <（1/2）* 6（load 值）。

4）ATDynaSet 是实际自整定完成需要的时间，时间越长，自整定参数越好，控制越精准，自整定时间尽量保持在 10 分钟以上。

3. 实际 PID 参数值（见图 12-30）

PID_Gain	GAIN_PID			...	Read
PID_Gain.DirectActing	BOOL			FALSE	Read
PID_Gain.ProportionalGain	REAL			0.812527	Read
PID_Gain.TimeIntegral	REAL			0.0	Read
PID_Gain.TimeDerivative	REAL			0.0	Read
PID_Gain.DerivativeGain	REAL			1.0	Read

图 12-30　实际 PID 参数值

1）功能块 MOTOR＿control，如图 12-31 所示。

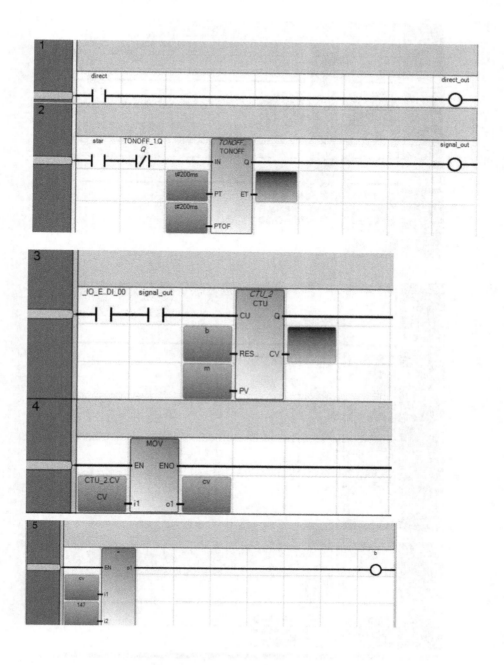

图 12-31　功能块 MOTOR＿control

2）功能块 change _ TtoD，如图 12-32 所示。

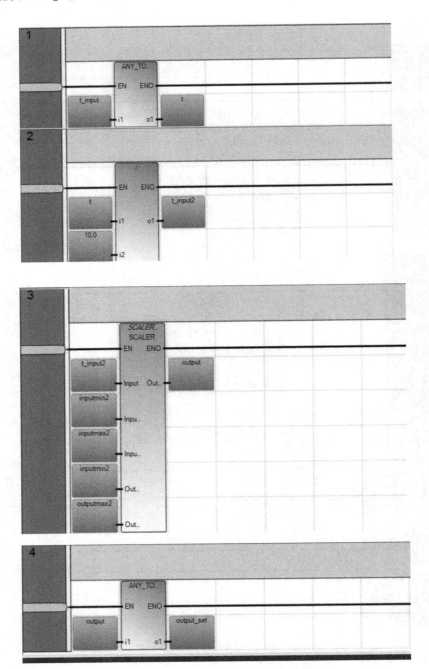

图 12-32 功能块 change _ TtoD

3）功能块 change _ DtoV，如图 12-33 所示。

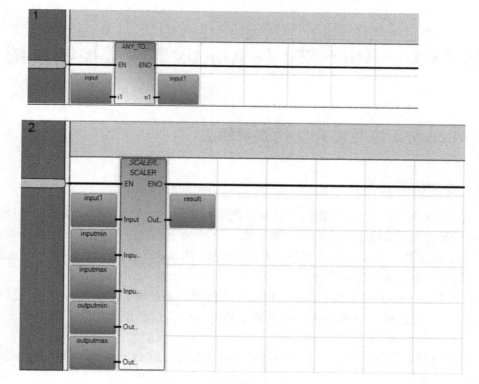

图 12-33　功能块 change _ DtoV

12. 4　习题

1. 简述步进电动机的工作原理。
2. 简述 PID 的工作原理及参数调节。
3. 通过 PID 向导，编写保持加热温度为一设定值的控制程序。

第 13 章　Micro850 与 Kinetix 3 伺服控制系统

13.1　Micro850 扩展式 I/O 设置及组态

13.1.1　添加扩展式 I/O

Micro850 搭载尺寸小巧的功能性插件和扩展 I/O 模块，并采用可拆卸端子块设计，适用于需要更高密度和更高精度的模拟量和数字量 I/O 的大型单机应用项目（与 Micro830 控制器相比）。支持多达 4 个 Micro850 扩展 I/O 模块配合 Micro850 扩展 I/O 模块，48 点控制器最大可扩展到 132 个数字量 I/O 点。

当在 CCW（一体化编程组态软件）中运行"检测"功能时，扩展的 I/O 模块就会自动添加到项目中。在已建立的 Micro850 控制器中添加一个 I/O 扩展式模块，可以按照以下步骤进行：

1）在项目管理器窗口中，右击 Micro850 并单击打开，就会出现 Micro850 控制器编辑页面，如图 13-1 所示。

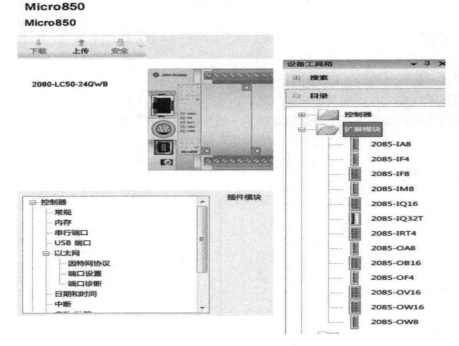

图 13-1　Micro850 控制器设置

2）在 CCW（一体化编程组态软件）软件窗口最右边的设备工具箱中选择扩展模块文件夹，模块选择如图 13-2 所示。

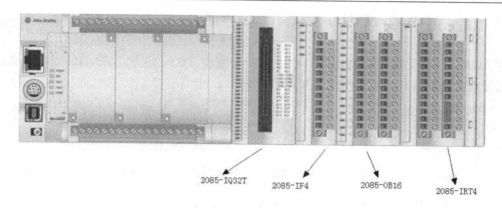

图 13-2　添加扩展 I/O 端子

3）点击并拖动 2085-IQ32T 放在控制器右边的第一个扩展槽中，4 个蓝色的槽表示可以用来安放 I/O 扩展模块的槽口。

4）设备工具箱中依次拖动 2085-IF4、2085-OB16、2085-IRT4 放在扩展槽的 2、3、4 号位置上。

注意，2085-IQ32T 模块本身不带接线口，所以这里提供有 3 种接线方式：第一种是用 40 针连接线连接到端子排接线；第二种是使用 AB 1492 连接电缆引线；第三种是使用 AB 1492 连接电缆连接到端子排上。

扩展模块组态属性如图 13-3 所示。点击扩展模块，可以看到刚刚添加的每个扩展 I/O 设备的详情。点击配置，可以观察默认组态属性。

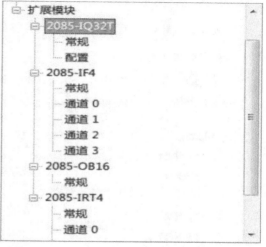

图 13-3　扩展模块默认组态属性

13.1.2　编辑扩展 I/O 组态

在控制器下方我们可以对扩展模块的常规属性进行默认的编辑和组态。

1）选择想要组态的 I/O 扩展设备。扩展模块详细情况如图 13-4 所示。

图 13-4　扩展模块配置

2）单击配置，根据要求和应用来编辑模块和通道的属性。下一步为扩展模块的组态属性。

在 CCW（一体化编程组态软件）中交流输入模块 2085-IA8 和 2085-IM8 对用户来说只是普通设备的功能，没有组态信息，如图 13-5 所示。

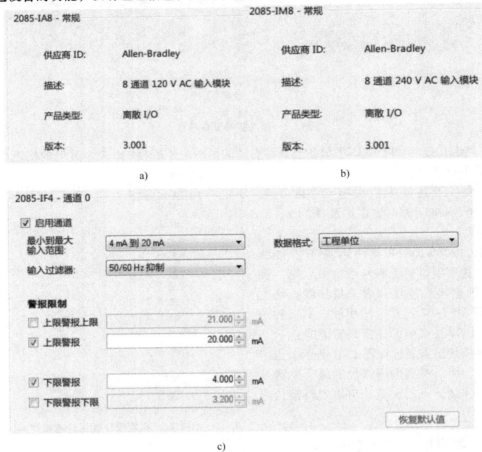

图 13-5　模拟量模块设置

a）2085-IA8 设备功能　b）2085-IM8 设备功能　c）2085-IF4 组态属性

对于 2085-IF4 和 2085-IF8 这两个模拟输入模块，可以对以下属性进行设定，例如输入范围、数据格式、滤波以及每个通道的报警限值。

2085-IF4 和 2085-IF8 的组态参数见表 13-1。

表 13-1　2085-IF4 和 2085-IF8 组态参数

组态属性	操作内容	描　　述
启用通道	选择或者不选择复选框，默认选择	通过复选框使能或者不使能一个通道，默认每个通道使能
最大-最小输入范围	选择的输入范围包括： ● 0 ~ 20mA ● 4 ~ 20mA	设置每个通道的输入模式，不是电流就是电压，电流一般设为默认模式

（续）

组态属性	操作内容	描　述
最大-最小输入范围	• − 10 ~ 10V • 0 ~ 10V 默认值为 4 ~ 20mA（电流）	设置每个通道的输入模式，不是电流就是电压，电流一般设为默认模式
数据格式	有效值包括： • 原始/比例数据 • 工程单位 • 百分比范围 默认值为"工程单位"	
输入滤波器	有效值包括： • 无筛选器 • 2 点移动平均值 • 4 点移动平均值 • 8 点移动平均值 • 50/60Hz 抑制 默认值为"50/60Hz 抑制"	
上限警报下限警报	通过复选框可以使能报警。默认上下限警报上限是不工作的	当模块超过每个通道所组态的上下限，过程状态报警就会启动

IQ32T 组态属性如图 13-6 所示。

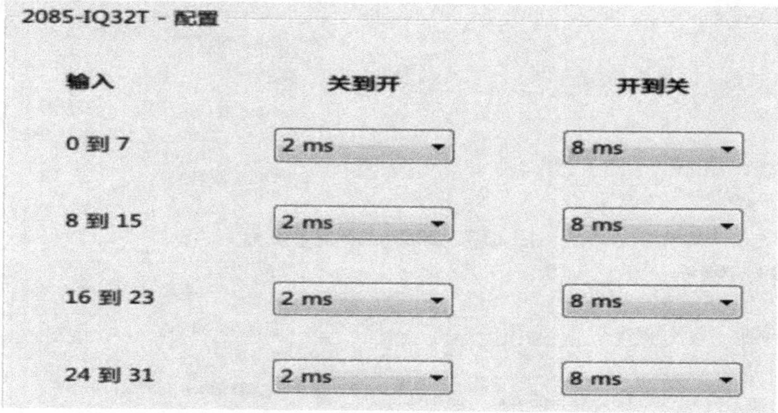

图 13-6　IQ32T 组态属性

这两个模块分别是 16 和 32 通道的直流输入模块，可以分别设定关到开和开到关的范围。模块选择时间见表 13-2。

2085-OV16、2085-OB16、2085-OW16、2085-OA8、2085-OW8 这 5 个模块均为输出模块，并且用户可以在 CCW（一体化编程组态软件）中获得它们设备的具体信息。在 CCW（一体化编程组态软件）软件里没有这些模块的用户配置页面。2085-OF4 和 2085-IRT4 的配置页面如图 13-7 和图 13-8 所示。

表 13-2　16 和 32 通道的直流输入模块

字段	说　明	值
输入-组		有效值包括：
(0~7)		8.0ms
(8~15)		4.0ms
(16~23)		2.0ms
(24~31)	输入组的"关-开"和"开-关"参数。从外部输入电压达到开或关状态到 2085-IQ32T 模块识别到这一状态变化所经过的时间。注意：由于梯形执行和底板活动，控制器将具有额外的延迟	1.0ms
		0.5ms
		0.1ms
		0ms
		默认值为：
		关-开-2.0ms
		开-关-8.0ms

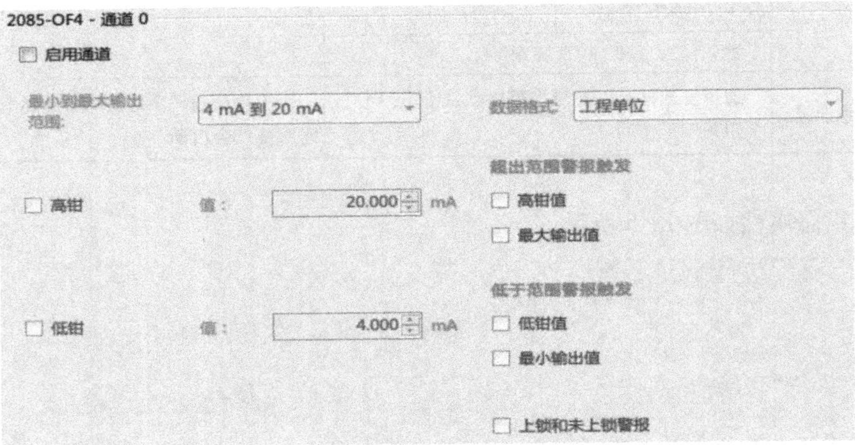

图 13-7　2085-OF4 配置页面

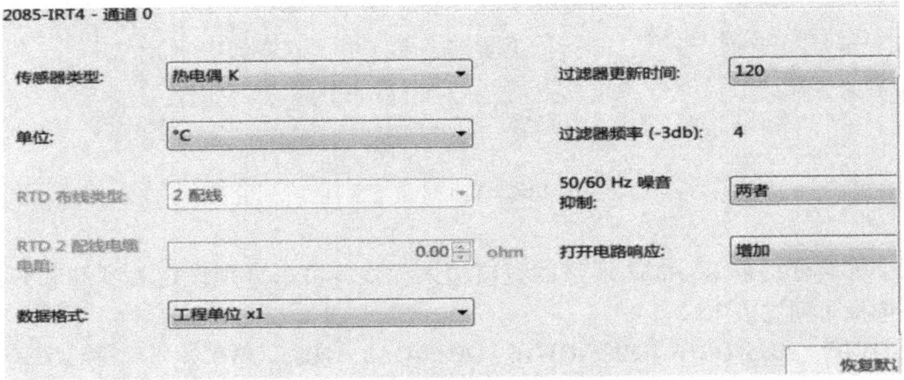

图 13-8　2085-IRT4 配置页面

2085-OF4 是模拟量输出模块,可以设定它的输出单元、最小到最大的输出范围、高钳位和低钳位的值以及超量程和欠量程值。2085-OF4 的组态参数见表 13-3。

表 13-3　2085-OF4 组态参数

组态属性	具体操作	描　述
启用通道	选择或者取消复选框,默认不选择	通过复选框来使一个通道工作或者不工作。默认状态下,每个通道不工作
最小到最大输出范围	有效值包括: ● 0 ~ 20mA ● 4 ~ 20mA ● -10 ~ 10V ● 0 ~ 10V 默认值为 4 ~ 20mA(电流)	
数据格式	有效值包括: ● 原始/比例数据 ● 工程单位 ● 百分比范围 默认值为"工程单位"	
高钳位值	点击复选框以便键入高钳位值	一旦模块的高低钳位被设定,任何来自控制的数据,如果超出了钳位设定,就会启动相应的警报,并且将输出值转化为相应钳位值
低钳位值	点击复选框以便键入低钳位值	
超出范围警报触发	如果开通并键入一个高钳位的值,可以通过警报来检查高钳位值;如果为开通高钳位值,可以通过警报来检查最大输出值	
上锁和未上锁警报	单击锁定	在设置位置上检查框以便锁住警报

对于 RTD 和热电偶扩展 I/O 2085-IRT4,可以为任意通道设定传感器类型、数据格式、温度单元和其他属性。2085-IRT4 的组态参数见表 13-4。

表 13-4　2085-IRT4 的组态参数

组态属性	具体操作	描　述
启用通道	单击使能按钮	这个参数可以使特定的通道运行
传感器类型	从以下的选项中选择: 100W 铂 385　　200W 铂 385 100W 铂 3916　　200W 铂 3916 100W 镍 618　　200W 镍 618 120W 镍 672　　10W 铜 427 0 ~ 500 Ω　　0 ~ 100mV 热电偶 B　　热电偶 C 热电偶 E　　热电偶 J 热电偶 K　　热电偶 TXK/XK(L) 热电偶 N　　热电偶 R 热电偶 S　　热电偶 T 默认值为"热电偶 K"	为每个通道设定 RTD 或传感器的类型

（续）

组态属性	具体操作	描　述
单位	设定°C 和°F	为每个通道设定温度的单位
RTD 布线类型	有效值包括：2 线，3 线，4 线 默认值为"2 线"	通道 x 的配线类型。仅当通道的传感器类型为 RTD 或（0～500Ω）时此参数才可用
RTD 2 配线电缆电阻	0.0～500.00Ω	2 线电缆的指定电缆电阻。当 RTD 2 线电缆电阻值小于输入值时，则每次读取时将从输入值中扣减。当该值大于输入值时，低于范围或打开状态位将设置为（1）。若要配置导线电阻，传感器类型必须为 RTD 或（0～500Ω），并且 RTD 布线类型必须为 2 线
数据格式	有效值包括：原始/比例，工程单位 x1，工程单位 x10，百分比范围默认值为"工程单位 x1"	
滤波器更新时间	有效值包括：4ms，8ms，16ms，32ms，40ms，48ms，60ms，101ms，120ms，160ms，200ms，240ms，320ms，480ms。默认值为 120ms	
滤波器更新频率	只读。可能的值包括：114、60、30、14、12、9.4、8.0、4.7、4.0、3.0、2.4、2.0、1.5、1.0 默认值为 4.0Hz	
50/60Hz 噪声抑制	有效值包括：均抑制，均不抑制，仅 50、仅 60。默认值为"均抑制"	
打开电路响应	有效值包括：升级，降级，保留上次状态，归零。认值为"升级"	通道 x 的开路响应。当输入通道中的连接打开时，系统将在输入变量 _ IO _ Xx _ AI _ yy 中设置定义的值。"升级和降级"可根据选择的输入传感器类型和数据格式设置最大值或最小值。"保留上次状态"可在输入打开故障之前设置上一个良好的输入值。"归零"可在输入通道打开时将值设置为 0

13.1.3　删除和更换扩展 I/O 组态

通过之前的操作，可以删除槽 2 和槽 3 的 2085-IF4 和 2085-OB16。然后，相应地用 2085-OW16 和 2085-IQ32T 模块分别替换到槽口 2、3。操作如下：

1）在主窗口的控制器图像上，右键单击模块 2085-IF4 并且单击删除，如图 13-9 所示。

2）在出现的对话框中选择"否"。出现图 13-10 所示。同时，按照此操作删除 2085-IF4。

3）然后，在空槽中（槽 2），右键单击添加 2085-OW16。然后，同理在槽 3 中添加上 2085-IQ32T。

提示：也可以通过设备工具箱中的扩展模块进行删除和替换扩展 I/O 模块。

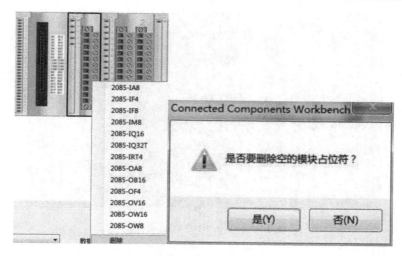

图 13-9　删除扩展模块

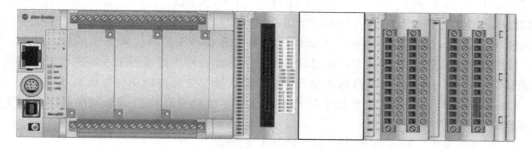

图 13-10　删除扩展模块

13.2　Kinetix 3 伺服驱动器及控制设计

13.2.1　Kinetix 集成运动控制

　　Kinetix 集成运动控制产品是 Rockwell Automation 集成架构系统的组成部分。集成架构系统将大量高性能产品融合在一起，这些产品均已集成到 RsLogix 5000 软件中，因而可以大大简化并增强机器的设计、操作和维护工作。

　　基于 EtherNet/IP 网络的集成运动控制采用来自 ODVA 的 CIP 运动控制和 CIP 同步技术，所有功能均基于通用工业协议（CIP）构建。符合全球标准，有助于确保一致性和互用性。借助未经修改的标准 EtherNet 网络，您能够高效地管理实时控制与信息流，从而更好地实现全厂最优化，做出更明智的决策以及获得更出色的业务绩效。驱动器、I/O 及其他 EtherNet/IP 兼容设备之间的时间同步性能有助于满足最具挑战的应用要求。

　　基于串行实时通信系统（SERCOS）的集成运动控制是一种采用具有抗干扰性的光缆的控制器/驱动器接口。控制器和驱动器之间使用单个光纤环网作为唯一接口。它代替了成本高昂的命令与反馈接线，可有效缩短安装时间并降低接线成本。可通过 SERCOS 接口提供高级诊断功能和过程报告，如图 13-11 所示。

图 13-11　Kinetix 集成运动控制

借助 Kinetix 集成运动控制，您可实现 Allen-BradleyLogix 控制器（ControlLogix、CompactLogix 和 Micro 系列）、高性能网络（EtherNet/IP 和 SERCOS）与大量 Allen-Bradley 交流和伺服驱动器、直线电动机和旋转电动机以及线性执行器选件之间的无缝集成，享受它们带来的便利。RLogix 5000 软件提供了大量的成套高级运动控制工具，可提供编程、组态、调试、诊断和维护支持。采用基于产品目录号的组态方式，使得运动控制系统的调试变得更加快捷简单，另外，还有内容丰富的运动控制指令库，能够为各种应用提供所需的功能。

Kinetix 集成运动控制系统包含多种伺服驱动器、电动机和执行器系列产品，可用于单轴和多轴应用。这些系统包括：

1）伺服驱动器，功率范围介于 50 ~ 149kW 之间。

2）可选的 SERCOS 接口或 EtherNet/IP 网络。

3）各种旋转电动机、旋转式直接驱动电动机、直线电动机和线性执行器/直线运动平台。

-电动机可提供最低 0.10N·m（0.85lb·in）、最高 955N·m（8452lb·in）的连续转矩。

-线性执行器可提供最高 4,679N（3300lb）的峰值力。

4）采用智能电动机技术，可实现自动电动机识别，便于快速实施配置和调试。

5）使用单个软件包 RLogix 5000 提供驱动器配置、编程、调试、诊断和维护全套支持。

6）具备强大的在线运动控制工具，包括实时数据趋势、图形化的 PCAM 和 TCAM 曲线编辑器、自动和手动传动参数整定以及高级驱动器诊断功能。

7）采用自动设备更换（ADR）技术，实现驱动器/电动机/执行器的即插即用。

8）全面的运动控制应用测量工具-Motion Analyzer 软件，用于 Kinetix 运动控制系统的分析、优化、选型及验证。

13.2.2　Kinetix 3 伺服驱动器

AB 公司的伺服驱动器包括多种型号，根据控制的伺服设备的要求进行相应的选型，这里就不一一介绍了。这里主要向大家介绍 Kinetix 3 伺服驱动器，如图 13-12 所示。

罗克韦尔自动化现在为小型机器应用提供运动控制解决方案。Kinetix 3 系列伺服驱动器可以为复杂程度不太高的应用提供相应级别的伺服控制。驱动器紧凑的设计，使它成为所需功率小于 1.5kW，瞬时转矩在 12.55 N-m 以下的小型机器的理想选择。

Kinetix 3 驱动器的高级且易用的功能包括在线振动抑制、先进的自整定、更短的稳定时间和索引功能。此驱动器可通过 Modbus 或其数字量输入对 64 个预设位置进行索引定位。

还可以使用 UltraWare 轻松对 Kinetix 3 进行组态，UltraWare 是一款可在因特网上下载的免费软件，它是 Kinetix 加速器工具包的一部分，用于加速诊断过程。利用它可以一次组态多个轴，还可以整理参数和设置，它包含一个内置示波器，可以监视各种变量。

进一步简化组态过程，可以通过使用 TL-Series™ 旋转电动机、TL-Series™ 线性执行器、LDL-Series™ 和 LDC-Series™ 直线电动机的自动电动机识别功能。

图 13-12　Kinetix 3 伺服驱动器

1. 特点和益处

Allen-Bradley Kinetix 3 系列伺服驱动器是经济实用的解决方案，可以极大地简化客户的伺服应用过程。Kinetix 3 的一些主要属性包括：

（1）恰当的成本，恰当的功能

- 通过串行通信或数字量 I/O，最多对 64 点位置进行索引定位；
- 灵活的控制命令接口，可以通过数字量或模拟量 I/O、Modbus-RTU 的脉冲串。

（2）调试简单

- 包括两个可以当驱动器在线时进行自动调节的自适应陷波滤波器，从而消除有害共振和抖动；
- 自动识别电动机和设置增益，简化了起动过程，有助于达到最佳效果；

（3）易于使用和维护

- Modbus-RTU 串行通信可以实现在运行期间通过控制器或 HMI 更改驱动器参数的功能；
- 参数被归类，并赋予简明易懂的名字和默认值，让客户享受真正的即插即用体验；
- 使用免费软件工具 UltraWare 轻松对驱动器进行组态，并可以复制组态参数。

2. 行业和应用

Kinetix 3 驱动器非常适合低轴数机器。这款新型驱动器提供的输出功率可低至 50W，允许您根据实际功率要求定制机器中的轴数，这样可以最大限度地减小系统尺寸和降低成本。由于体积小且功率范围较低，这些驱动器的适用面非常广泛，包括：

- 间歇成型、填充和密封；
- 索引定位工作台；
- 实验室自动化设备；
- 医疗技术和制造；
- 太阳电池板跟踪；

- 轻工业制造；
- 电子装配；
- 半导体处理。

将 Kinetix 3 元器件伺服驱动器应用到"核心控制单元"解决方案时，核心控制单元构件（CCBB）会为使用提供更多便利。CCBB 提供 CAD 图、电气设计图、物料清单、示例代码以及已开发好的操作员界面。CCBB 构件除参数备份和参数恢复功能外，还具有诊断功能。CCBB 可帮助简化伺服解决方案的应用。

Kinetix 3 的构件包含 Micro850 控制器、PVC 操作员界面和 TL 系列电动机，通过 Modbus-RTU 实现对最多三个轴执行索引定位控制的功能。

3. 兼容的电动机和执行器

旋转电动机：

TL 系列

直线电动机：

LDC 系列铁心型

LCL 系列无铁心型

线性执行器：

TL 系列电动缸

提供电缆和附件，可以轻松地将电动机连接到 Kinetix 3 驱动器。

4. 产品技术参数

见表 13-5。

表 13-5　产品技术参数

2071-	AP0	AP1	AP2	AP4	AP8	A10	A15
交流输入电压	170 ~ 264VAC@ 47 ~ 63Hz						
输入相数	1φ	1φ	1φ	1φ	1φ/3φ	3φ	3φ
连续功率输出/W	50	100	200	400	800	1000	1500
连续输入电流/Arms	1.30	2.38	3.68	7.14	10.82/6.25	8.75	12.37
连续输出电流/Arms	0.6	1.1	1.7	3.3	5.0	7.0	9.9
峰值输出电流/Arms	1.8	3.3	5.1	9.9	15.0	21.0	29.7
内置旁路功率/W	不支持				30	70	70	70
内置 I/O	10 个可分配光电隔离数字量输入、6 个可分配光电隔离数字量输出、2 个模拟量输出、1 个模拟速度命令输入、1 个模拟电流命令输入						
控制模式	模拟电流、模拟速度、位置跟随、脉冲串、预置速度、内部定位控制(索引)						
尺寸(W×H, mm)	50×155 (1.97× 6.10in)	50×155 (1.97× 6.10in)	50×155 (1.97× 6.10in)	58×155 (2.28× 6.10in)	81×155 (3.19× 6.10in)	81×155 (3.19× 6.10in)	81×155 (3.19× 6.10in)
深度/mm	141(5.55 in)	141(5.55 in)	141(5.55 in)	141(5.55 in)	186(7.32 in)	186(7.32 in)	186(7.32 in)

（续）

2071-	AP0	AP1	AP2	AP4	AP8	A10	A15
系统连续扭矩/N·m	0.15	0.28	0.56	1.04	2.06	2.43	4.88
系统峰值扭矩/N·m	0.35	0.72	1.36	2.79	6.02	9.01	12.55
反馈电缆	2090 DANFCT S××（××以米为单位的长度）						
电源电缆	2090 PT 16S××（××以米为单位的长度）						

5. 通信和控制模式

Modbus-RTU：

- 高级诊断和控制，包括索引定位和预置速度命令模式；
- 用于在形成菊花链时使接线更容易的两个串口插座；
- 可以使用示例代码用户 I/O 控制；
- 简单且经济实用；
- 无需上位伺服脉冲模块；
- 可直接使用传感器触发索引定位或预置速度；
- 支持模拟控制和脉冲串控制；

用户 I/O 控制：

- 简单且经济实用；
- 无需上位伺服脉冲模块；
- 可直接使用传感器触发索引定位或预置速度；
- 支持模拟控制和脉冲串控制。

13.2.3　Micro850 中参数设置

随着全数字式交流伺服系统的出现，交流伺服电动机也越来越多地应用于数字控制系统中。为了适应数字控制的发展趋势，运动控制系统中大多采用全数字式交流伺服电动机作为执行电动机。如图 13-13 所示。在控制方式上用脉冲串和方向信号实现。

一般伺服都有三种控制方式：速度控制方式，转矩控制方式，位置控制方式。

速度控制和转矩控制都是用模拟量来控制的。位置控制是通过发脉冲来控制的。具体采用什么控制方式要根据客户的要求，满足何种运动功能来选择。

如果对电动机的速度、位置都没有要求，只要输出一个恒转矩，当然是用转矩模式。

如果对位置和速度有一定的精度要求，而对实时转矩不是很关心，用转矩模式不太方便，用速度或位置模式比较好。如果上位控制器有比较好的死循环控制功能，用速度控制效果会好一点。如果本身要求不是很高，或者基

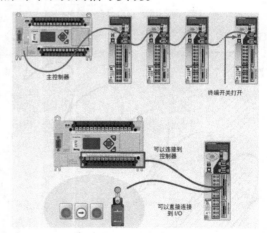

图 13-13　控制方式的实现

本没有实时性的要求，用位置控制方式对上位控制器没有很高的要求。就伺服驱动器的响应速度来看，转矩模式运算量最小，驱动器对控制信号的响应最快；位置模式运算量最大，驱动器对控制信号的响应最慢。

首先给大家介绍一下在 CCW（一体化编程组态软件）中进行伺服控制所需要的设置。

对 Micro850 进行操作时我们采用 CCW（一体化编程组态软件）2.0 版本，在操作前请进行相应的安装。

1）选择控制器，选择 2080-LC50-24QBB，然后在控制器属性中我们可以找到运动菜单，然后右键单击添加一个轴"X"，如图 13-14 所示。

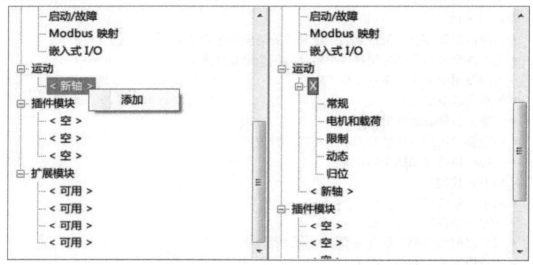

图 13-14　选择控制器

2）然后可以在常规菜单中对每个参数进行设置，如图 13-15 所示。

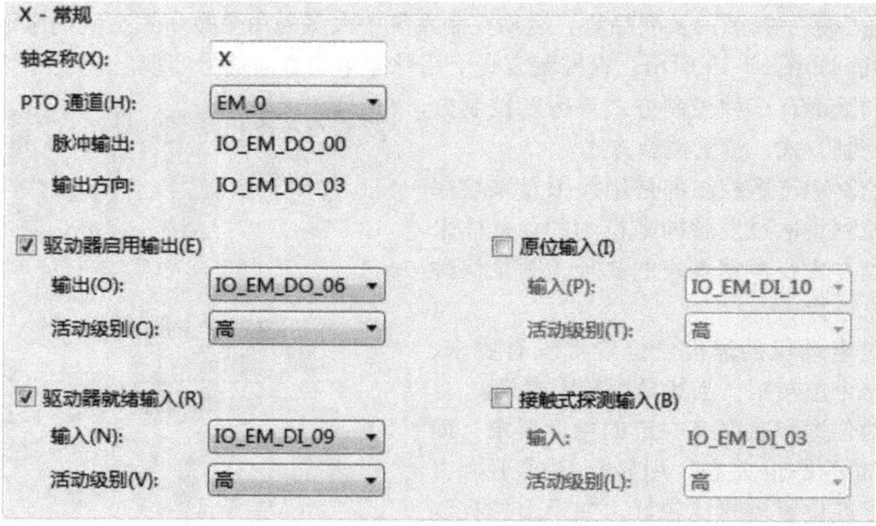

图 13-15　参数设置

下面对上面的各个参数进行说明，见表 13-6。

表 13-6　参数说明

字段	说　明	值
轴名称	用户定义的轴名称。轴名称必须独一无二并且不能与任何现有的变量名称、数据类型或保留的字相同	轴的命名规范如下 包含字母、数字和下画线 最多 40 个字符 首字符必须为字母或下画线 最后一个字符必须为字母或数字不允许使用连续下画线字符
PTO 通道	高速脉冲序列输出（PTO）用于支持轴定位 每个轴分别映射到一个 PTO 通道 有关 PTO 通道的详细信息，请参阅《Micro830 和 Micro850 可编程序控制器用户手册- 2080-UM002 _-EN-E》	可用 PTO 通道列表，其中包括 < 未指定 > 如果 Micro800 控制器支持三个轴，则三个 PTO 通道都显示在列表中 默认值取决于创建轴的顺序。例如： 第一个轴-默认为 EM _ 0 第二个轴-默认为 EM _ 1 第三个轴-默认为 EM _ 02
PTO 通道-脉冲输出	基于 PTO 通道值确定脉冲输出字符串 有关脉冲输出布线的详细信息，请参阅《Micro830 和 Micro850 可编程序控制器用户手册-2080-UM002 _-EN-E》	基于 PTO 通道选择指定脉冲输出。只读 如果 PTO 通道为 < 未指定 >，则布线信息为空
PTO 通道-方向输出	为轴指定的 PTO 通道的方向输出布线信息	基于 PTO 通道选择指定方向输出。只读 如果 PTO 通道为 < 未指定 >，则布线信息为空
启用驱动器输出	该复选框用于启用"启用驱动器输出" 此输出由 MC _ Power 功能块控制 MC _ Stop 功能块可重置此输出 设置伺服输出启用标志	选中后，将启用驱动器输出。当清除选中时，将禁用驱动器输出 默认值为"已启用"（已选中）
启用驱动器输出-输出	数字输出变量列表	如果启用，用户可以从列表中选择其中一个数字输出变量 如果禁用，则无法配置该参数
启用驱动器输出-活动级别	驱动器启用输出变量的活动级别	启用后，用户可以选择"上限"或"下限" 如果禁用，则无法配置该参数 默认值为"上限"
驱动器就绪输入	该复选框用于启用输入 设置伺服就绪输入启用标志	选中后，将启用驱动器就绪输入检查 当 MC _ Power 功能块为活动且启用"驱动器启用输出"时，将完成此检查 当清除选中时，将禁用伺服驱动器输入 默认值为"已启用"（已选中）
驱动器就绪输入-输入	数字输入变量列表	如果启用"驱动器就绪输入"，用户可以从列表中选择其中一个数字输入变量 如果禁用，则无法配置该参数

（续）

字段	说　明	值
驱动器就绪输入-活动级别	输入变量的活动级别	如果启用"驱动器就绪输入"，用户可以选择"上限"或"下限" 如果禁用，则无法配置该参数 默认值为"上限"
原位输入	该复选框用于启用输入。当启用该复选框时，端口将使用原位输入变量监控轴位置。运动引擎将监控此输入以确定 MC _ MoveAbsolute 和 MC _ MoveRelative 功能块何时完成	选中后，将启用原位输入。当清除选中时，将禁用轴的输入。默认值为"已禁用"（已清除）
原位输入-输入	用于原位输入监视的数字输入列表	如果启用"原位输入"，用户可以从列表中选择其中一个数字输入变量。当禁用"原位输入"时，则无法配置此参数
原位输入-活动级别	原位输入变量的活动级别	如果启用"原位输入"，用户可以选择"上限"或"下限"。如果禁用，则无法配置该参数。默认值为"上限"
触摸探针输入	该复选框用于启用轴的"触摸探针输入"。当启用该复选框时，将从输入硬件设备读取输入布线信息，并且输入变量的活动级别被设置为"高"（默认） 此输入由 MC _ TouchProbe 功能块使用	选中后，将启用触摸探针输入。当清除选中时，将禁用触摸探针输入。默认值为"已禁用"（已清除）
触摸探针-输入	针对触摸探针输入的布线信息	触摸探针输入的"只读"值是基于输入硬件设备分配的。如果禁用"触摸探针输入"，则布线信息为空
触摸探针输入-活动级别	触摸探针输入变量的活动级别	如果启用触摸探针输入，用户可以选择"上限"或"下限"。禁用了"接触探测输入"时，则无法配置此参数。默认值为"上限"

3）然后，可以在菜单中选择电动机和负载，然后对相应参数进行设置，如图 13-16 所示。

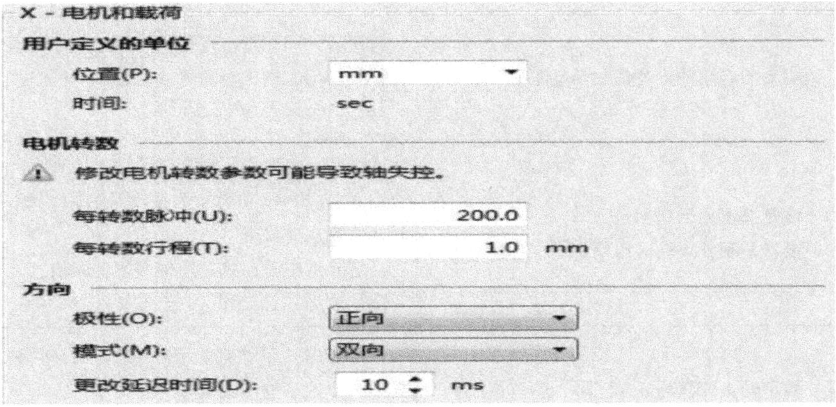

图 13-16　参数设置

下面，对上面的各个参数进行说明，见表 13-7。

表 13-7　参数说明

字段	说　明	值
用户定义的单位-位置	与机械系统值匹配的用户单位缩放。这些单位将传递至所有命令和轴用户单位值，以用于编程、配置和监视功能 　用于此轴的所有单位参数的位置 　例如，如果英寸为位置的用户定义单位，则英寸也将用于每转行程	选择包括： mm（毫米） cm（厘米） 英寸 revs（转） 用户定义的（最多 7 个 ASCII 字符） 默认值为"mm"
用户定义的单位-时间	控制器中时间度量单位是秒	此为只读
电动机转数-每转脉冲数	电动机转动一次所需的脉冲数	范围介于 0.0001～8388607 之间 单精度浮动格式默认值为 200.0
电动机转数-每转行程	"每转行程"定义了电动机转动一次，载荷移动的距离（线性或旋转）	范围介于 0.0001～8388607 之间 单精度浮动格式（采用用户单位）默认值为 1.0 用户单位 注意：用户定义的单位（位置）在"每转行程"参数后面显示 例如：1.0mm
方向-极性	方向极性确定作为离散输入由控制器所收到的方向信号是否应该针对在电动机控制器收到的输入进行解释（非反转），或者是否应该在通过电动机控制逻辑解释之前反转信号	选择包括： 非反转 反转 默认值为"非反转"
方向-模式	模式选择确定电动机的方向	选择包括： 正向 （顺时针） 负向 （逆时针） 双向 默认值为"双向"
方向-更改延迟时间	当轴处于"运行"模式下并且电动机方向反转时，电动机逻辑延迟的时长 在更改方向之前，延迟允许轴停止的时间	范围介于 0～100ms 之间 默认值为 10ms

4）然后，可以在菜单中选择限制，然后对相应参数进行设置，如图 13-17 所示。

下面，对上面的各个参数进行说明，见表 13-8。

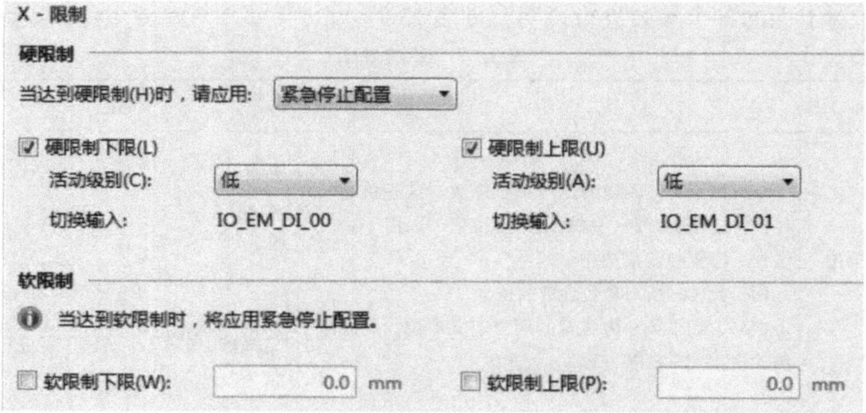

图 13-17　参数设置

表 13-8　参数说明

字段	说　　明	值
	硬　限　制	
当达到硬限制时，将应用：	使用紧急停止配置文件中的用户定义参数，通过选择确定轴是立即停止，还是在减速后停止 注意：如果禁用"硬限制下限"和"硬限制上限"参数，则无法配置该参数	选择包括： 紧急停止配置文件 强制 PTO 硬件停止 紧急停止配置文件配置参数位于动态属性页面上 默认值为紧急停止配置文件
硬限制下限	该复选框用于启用或禁用硬限制下限参数	选中后，将启用该参数 要禁用针对硬限制下限参数的输入，请清除该复选框 默认值为选中（"已启用"）
硬限制下限-活动级别	该选择可确定从硬件设备（如开关）发送的输入信号的活动级别	当启用"硬限制下限"时，用户可以选择"上限"或"下限" 当禁用"硬限制下限"时，则无法配置此参数 默认值为"下限"
硬限制下限-开关输入	针对硬件设备的输入布线信息	转换输入的"只读"值是基于输入硬件设备分配的 当禁用"硬限制下限"时，布线信息为空
硬限制上限	该复选框用于启用或禁用硬限制上限参数	选中后，将启用参数 要禁用针对硬限制上限参数的输入，请清除该复选框 默认值为选中（"已启用"）
硬限制上限-活动级别	该选择可确定从硬件设备（如开关）发送的输入信号的活动级别	启用后，用户可以选择"上限"或"下限" 当禁用"硬限制上限"时，无法配置此参数 默认值为"下限"
硬限制上限-开关输入	针对硬件设备的输入布线信息	转换输入的"只读"值是基于输入硬件设备分配的 当禁用"硬限制上限"时，布线信息为空

（续）

字段	说　明	值
软　限　制		
软限制下限	选中此复选框可启用软限制下限参数 注意：您可以仅启用软限制下限或软限制上限。如果未启用软限制，运动引擎会将软限制读取为无限大（正值或负值）	如果启用软限制，您可以为软限制下限输入值 要禁用针对软限制下限参数的输入，请清除该复选框 默认值为"已禁用"（已清除）
软限制下限值	当启用"软限制下限"时，可以输入限制值 软限制下限的范围是相对于在"运动和负载"配置页面的"每转脉冲数"中定义的值 注意：软限制下限必须小于软限制上限	"每转脉冲数"的默认值为 200.0 软限制下限值的默认范围（基于"每转脉冲数"的默认值）介于： （−2146435072/200 = −10732174）与（2146435072/200 = 10732174）之间 有效值包括： −2146435072 到 2146435072（步长） 单精度浮动格式 默认值为"0.0mm"
软限制上限	启用或禁用"软限制上限"参数	要启用此参数，请针对软限制上限输入一个值，然后选中该复选框 要禁用针对软限制上限参数的输入，请清除该复选框 默认值为"已禁用"（已清除）
软限制上限值	当启用"软限制上限"时，可以输入限制值 软限制上限的范围是相对于在"运动和负载"配置页面的"每转脉冲数"中定义的值 注意：软限制上限必须大于软限制下限	"每转脉冲数"的默认值为 200.0 默认范围（基于"每转脉冲数"的默认值）介于： （−2146435072/200 = −10732174）与（2146435072/200 = 10732174）之间 有效值包括： −2146435072 到 2146435072（步长） 单精度浮动格式 默认值为"0.0mm"

5）然后，可以在菜单中选择动态，然后对相应的参数进行设置，如图 13-18 所示。

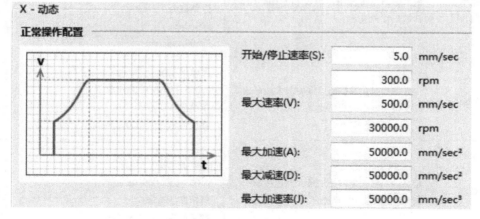

图 13-18　参数设置

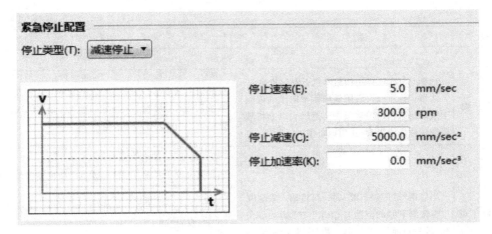

图 13-18　参数设置（续）

下面，对上面的各个参数进行说明，见表 13-9。

表 13-9　参数说明

字段	说　　明	值
	正常操作配置文件	
开始/停止速率	开始/停止（偏移）速率是指当轴开始运动时的初始运动速率以及在轴停止运动之前的最后速率 开始/停止速率以每秒用户单位和 rpm（每分钟转数）形式显示。以任一形式输入速率都会更新另一个值 提示：在"运动和负载"配置页面的"位置"参数中定义用户单位	有效值包括： 0.005 ~ 500.0mm/s 单精度浮动格式 默认值为： 5.0mm/s 300.0rpm 注意：开始/停止速率不能大于最大速率
最大速率	轴的目标或最大速率 最大速率以每秒用户单位和 r/min（每分钟转数）形式显示	有效值包括： 0.005 ~ 500.0mm/s 单精度浮动格式 默认值为： 500.0mm/s 30000.0m/min
最大加速	定义轴如何快速提高速度的最大加速速率 加速是指速率的变化比率	有效值包括： 0.005 ~ 50,000.0mm/s² 单精度浮动格式 默认值为：50,000.0mm/s²
最大减速	定义轴如何快速停止的最大减速速率 负加速通常描述为减速	有效值包括： 0.005 ~ 50,000.0mm/s² 单精度浮动格式 默认值为：50,000.0mm/s²

（续）

字段	说　明	值
最大加速度率	相对于时间的最大加速变化速率 加速度率是对生成驱动力的加速变化速率的测量。要最大程度地降低加速度率的效果，请避免加速中发生突然变化	有效值包括： 0 ~ 50,000.0mm/s³ 单精度浮动格式 默认值为：50,000.0mm/s³
紧急停止配置文件		
停止类型	如果选中"立即停止"，那么轴会立即停止。此停止类型没有配置参数 如果选中"减速停止"，则轴会基于针对"停止速率"、"停止减速"和"停止加速度率"定义的参数设置而停止	有效值包括： 立即停止 减速停止 默认值为"减速停止"
停止速率	轴在紧急停止期间的速率 速率以每秒用户单位和 r/min（每分钟转数）形式显示 如果以每秒用户单位输入速率，则 r/min 值将更新	有效值包括： 0.005 ~ 500.0mm/s 默认值为： 5.0mm/s 300.0r/min 注意：开始/停止速率不能大于最大速率
停止减速	轴在紧急停止期间的减速速率	有效值包括： 0.005 ~ 50,000.0mm/s² 单精度浮动格式 默认值为：5000.0mm/s² 注意："正常操作配置文件"参数与"紧急停止配置文件"参数是分开的 例如，紧急停止配置文件减速可能会大于"正常操作配置文件"最大减速
停止加速度率	轴在紧急停止期间的加速度速率	有效值包括： 0 ~ 50,000.0 mm/s³ 单精度浮动格式 默认值为：0.0mm/s³

6）然后，可以在菜单中选择归位，然后对相应参数进行设置，如图 13-19 所示。下面，对上面的各个参数进行说明，见表 13-10。

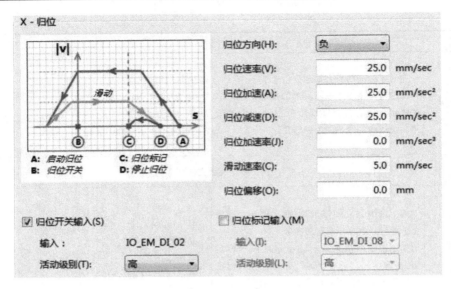

图 13-19　参数设置

表 13-10　参数说明

字段	说　　明	值
归位方向	返回归位位置时，移动轴的方向	选择包括： 正向（顺时针） 负向（逆时针） 默认值为"负向"
归位速率	轴的归位速率	有效值包括： $0.005 \sim 500.0 \text{mm/s}^2$ 单精度浮动格式 默认值为：25.0mm/s^2 注意：归位速率不能大于最大速率（在"动态"配置页面上定义）
归位加速	轴的归位加速	有效值包括： $0.005 \sim 50,000.0 \text{mm/s}^2$ 单精度浮动格式 默认值为：25.0mm/s^2 注意：归位加速不能大于最大加速
归位减速	轴的归位减速	有效值包括： $0.005 \sim 50,000.0 \text{mm/s}^2$ 单精度浮动格式 默认值为：25.0mm/s^2 注意：归位减速不能大于最大减速

（续）

字段	说　　明	值
归位加速率	轴的归位加速率	有效值包括： 0.0 ~ 50000.0mm/s³ 单精度浮动格式 默认值为：0.0mm/s³ 注意：归位加速率不能大于最大加速度率
滑动速率	轴的滑动速率 该值不能超过在"动态"配置页面上定义的"最大速率"	有效值包括： 0.005 ~ 25.0mm/s 单精度浮动格式 默认值为：5.0mm/s 注意：滑动速率不能大于最大速率
归位偏移	归位偏移是指从物理归位传感器打开位置到用户定义的归位位置之间的距离	有效值包括： -5368709 ~ 5368709mm/s 单精度浮动格式 默认值为：0.0mm/s
归位开关输入	该复选框用于启用或禁用归位开关输入参数	选中后，将启用该参数 要禁用针对归位开关输入参数的输入，请清除该复选框 默认值为"已启用"（已选中）
输入	归位开关的输入变量	只读
活动级别	该选择可确定从硬件设备（如开关）发送的输入信号的活动级别	当启用"归位开关输入"时，用户可以选择"上限"或"下限" 当禁用"归位开关输入"时，则无法配置此参数 默认值为"上限"
归位标记输入	该复选框用于启用或禁用归位标记输入参数	选中后，将启用该参数 要禁用针对归位标记输入参数的输入，请清除该复选框 默认值为"已禁用"（已清除）
输入	归位标记的输入变量	数字输入变量列表 即使控制器提供 16 个以上输入，也最多支持 16 个输入以供选择
活动级别	该选择可确定从硬件设备（如开关）发送的输入信号的活动级别	当启用"归位标记输入"时，用户可以选择"上限"或"下限" 当禁用"归位标记输入"时，则无法配置此参数 默认值为"上限"

13.3　基于 Micro850 的伺服控制

本节我们主要是结合之前讲过的 Micro850 和 Kinetix 3 伺服驱动器，进行简单的伺服控制实验，主要内容以实验为主。

13.3.1　触摸屏界面介绍

　　根据之前章节中介绍的触摸屏的操作，我们先对将在触摸屏的中的控制界面给大家进行介绍：

　　在伺服控制这个实例中，我们主要做了 3 个控制界面，分别包括：1-Home（归零控制），2-Relative（相对移动控制），3-MoveABS（绝对移动控制和触摸探头控制）。

　　首先我们对触摸屏全局变量配对进行预设定，大家可以通过具体实验时进行详细的变量设置，本文设置仅供参考。如图 13-20、图 13-21、图 13-22 和图 13-23 所示。

标签名称	数据类型	地址	控制器	描述
ABS1_Acc	Real	a_acc	PLC-1	绝对移动加速度的值
ABS1_Decc	Real	a_dec	PLC-1	绝对移动减速的的值
ABS1_Jerk	Real	a_jerk	PLC-1	绝对移动加速率的值
ABS1_Velocity	Real	a_velocity	PLC-1	绝对移动速率最大值
AbsDistance	Real	a_position	PLC-1	绝对移动目标位置
AxisHomed	Boolean	X_homed	PLC-1	X轴是否回零
AxisState	Unsigned 8 b...	X_axisState	PLC-1	X轴的当前状态
ErrorCode	Unsigned 16 ...	X_ErrorCode	PLC-1	X轴错误代码
Halt_Dece	Real	halt_dec	PLC-1	相对移动停止减速的值
Halt_Jerk	Real	halt_jerk	PLC-1	相对移动停止加速的值
Homing	Boolean	mov_hm	PLC-1	X轴归位按钮
PVCBargraph	Real	readPositionFB_Value	PLC-1	位置值
PvcCurrentSpeed	Real	readVelocityFB_Value	PLC-1	速度值
Rel_Acc	Real	r_acc	PLC-1	相对移动加速度的值
Rel_Decc	Real	r_dec	PLC-1	相对移动减速度的值
Rel_Jerk	Real	r_jerk	PLC-1	相对移动加速率的值
Rel_Velocity	Real	r_velocity	PLC-1	相对移动速率最大值
RelDistance	Real	r_distance	PLC-1	相对移动目标位置
ResetAxisError	Boolean	reset	PLC-1	X轴错误重置
servoON	Boolean	servoON	PLC-1	伺服开启
SwMvAbs	Boolean	a_mov	PLC-1	绝对移动X轴运动指令
SwMvRelative	Boolean	r_mov	PLC-1	相对移动X轴运动指令
SwStop	Boolean	X_halt	PLC-1	X轴停止按钮
TP_recordedPos	Real	TP_Position	PLC-1	触发事件发生的位置
TP_TProbe	Boolean	_IO_EM_DO_05	PLC-1	触摸探头位置
X_servoStatus	Boolean	_IO_EM_DO_02	PLC-1	驱动器输出

图 13-20　变量表

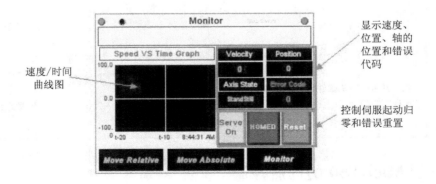

图 13-21　监视器界面

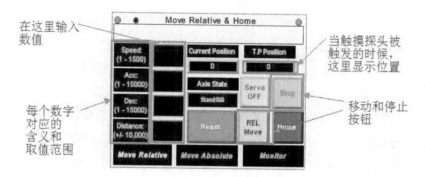

图 13-22　相对移动界面

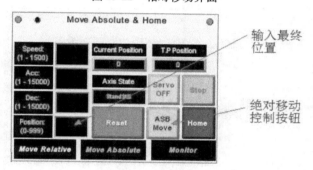

图 13-23　绝对移动界面

因为实验中用到的全局变量较多，下面列出的仅供参考，主要根据实验例程中的每个变量进行设置。如图 13-24 所示。

名称	数据类型	维度	别名	初始值	
_MOTION_DIAG	MOTION_D			...	读取
a_acc	REAL			5000.0	读/写
a_active	BOOL				读/写
a_busy	BOOL				读/写
a_cmdAbt	BOOL				读/写
a_dec	REAL			5000.0	读/写
a_dir	SINT				读/写
a_done	BOOL				读/写
a_error	BOOL				读/写
a_errorID	UINT				读/写
a_jerk	REAL				读/写
a_mov	BOOL				读/写
a_position	REAL			100.0	读/写
a_velocity	REAL			100.0	读/写
halt_active	BOOL				读/写
halt_busy	BOOL				读/写
halt_cmdAbt	BOOL				读/写
halt_done	BOOL				读/写
halt_error	BOOL				读/写
halt_errorID	UINT				读/写
hm_active	BOOL				读/写
hm_busy	BOOL				读/写
hm_cmdAbt	BOOL				读/写
hm_done	BOOL				读/写
hm_error	BOOL				读/写
hm_errorID	UINT				读/写
hm_mode	SINT				读/写

图 13-24　变量设置

hm_position	REAL	▼		130.0	读/写
mov_hm	BOOL	▼			读/写
r_acc	REAL	▼		5000.0	读/写
r_active	BOOL	▼			读/写
r_busy	BOOL	▼			读/写
r_cmdAbt	BOOL	▼			读/写
r_dec	REAL	▼		5000.0	读/写
r_distance	REAL	▼		100.0	读/写
r_done	BOOL	▼			读/写
r_error	BOOL	▼			读/写
r_errorID	UINT	▼			读/写
r_jerk	REAL	▼			读/写
r_mov	BOOL	▼			读/写
r_velocity	REAL	▼		100.0	读/写
serveON	BOOL	▼			读/写
TP_busy	BOOL	▼			读/写
TP_cmdAbt	BOOL	▼			读/写
TP_done	BOOL	▼			读/写
TP_error	BOOL	▼			读/写
TP_errorID	UINT	▼			读/写
TP_Position	REAL	▼			读/写
TP_recordedPosition	REAL	▼			读/写
TP_tright	USINT	▼			读/写
+ X	AXIS_REF	▼		...	读取
X_Active	BOOL	▼			读/写
X_Busy	BOOL	▼			读/写
X_cmdAbt	BOOL	▼			读/写
X_Done	BOOL	▼			读/写
X_Error	BOOL	▼			读/写
X_ErrorID	UINT	▼			读/写
X_halt	BOOL	▼			读/写
X_Status	BOOL	▼			读/写

图 13-24　变量设置（续）

13.3.2　Kinetix 3 驱动器设置

根据接下来的实验，提前对伺服驱动器 Kinetix 3 进行参数设置，见表 13-11。如需进行全新设置，可以参照官方手册进行。

表 13-11　参数设置

参数编号	说　明	默认值	新　值
［Pr- 0. 05］	辅助功能选择 1	0000	0001←完成设置后，对驱动器循环上电
［Pr- 0. 09］	串行端口组态	0005	1102
［Pr- 0. 10］	输入信号分配 1	4bb1	0bb1
［Pr- 0. 11］	输入信号分配 2	0765	4002
［Pr- 0. 12］	输入信号分配 3	0000	7650
［Pr- 0. 14］	输入信号分配 5	0000	0030
［Pr- 0. 22］	输出信号分配 1	0321	0230
［Pr- 0. 24］	输出信号分配 3	0000	0010
［Pr- 1. 01］	系统增益	50	161
［Pr- 1. 02］	速度调节器 P 增益	60	876
［Pr- 1. 03］	速度调节器 I 增益	26	2032
［Pr- 3. 00］	从	0000	1012
［Pr- 3. 01］	第 1 传动比，从计数	4	200

在执行自整定期间，参数［Pr- 1.01］、［Pr- 1.02］和［Pr- 1.03］是自整定的结果。请注意，以上整定值仅供本次实验参考。

13.3.3　Micro850 的运动控制组态

在进行 Micro850 控制之前，需要完成对运动轴的组态和参数设置。下面，进行相关设置：

1）Micro850 插件模块如图 13-25 所示设置：

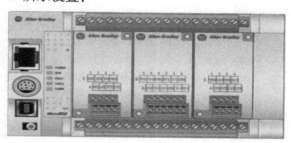

图 13-25　插件模块设置

2）创建运动轴 X，然后对运动轴的各个参数进行设置，如图 13-26 所示。

图 13-26　运动轴参数设置

3）对 X 运动轴的常规设置参数如下：

①DO2 已组态为"驱动器使能输出"。

②本实验已禁用"驱动器就绪输入"。

③"接触式探测输入"已启用并自动组态为 DI03。

4）对电动机和载荷参数进行设置，如图 13-27 所示。

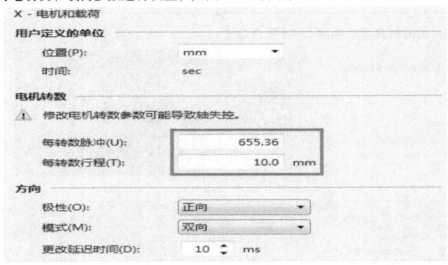

图 13-27　对电动机和载荷参数设置

①"每转数脉冲"改为 655.36；

②"每转数行程"改为 10.0；

5）对限制参数进行设置，如图 13-28 所示。

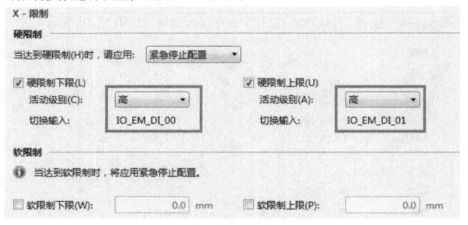

图 13-28　限制参数进行设置

6）对动态参数进行设置，如图 13-29 所示。

①"开始/停止速率"改为 0.5。

②"最大速率"改为 1500.0。

③"最大加速"、"最大减速"和"最大加速度"均改为 15000.0。

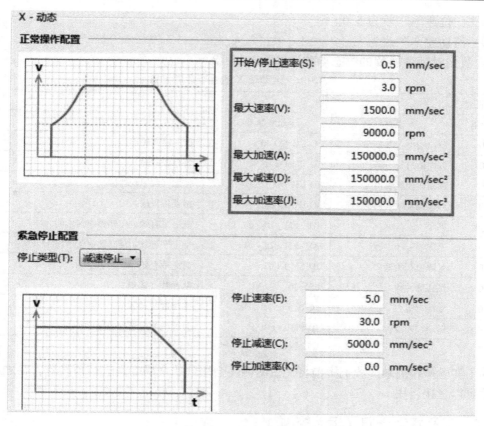

图 13-29　所示动态参数进行设置

7）对归位参数进行设置，如图 13-30 所示。

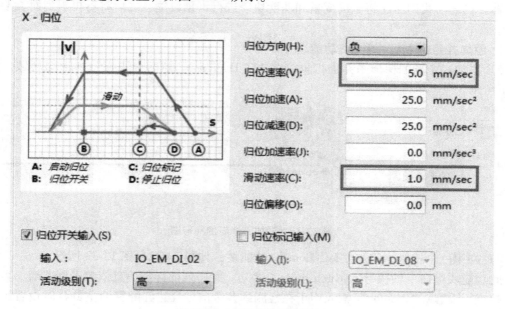

图 13-30　归位参数进行设置

① "归位速率"改为 5.0。

② "滑动速率"改为 1.0。

8) 我们对运动轴 X 的组态参数设置见表 13-12。

表 13-12　运动轴 X 的组态参数设置

X 的轴设置：

PTO 通道	说明	运动控制 I/O	备注
EM 0	脉冲输出	IO EM DO 00	脉冲序列输出
EM 0	方向输出	IO EM DO 03	符号或方向
EM 0	驱动器使能输出	IO EM DO 02	使能伺服驱动器位
EM 0	触摸探头输入	IO EM DI 03	捕获位置输入
EM _0	下限	IO _ EM _ DI _00	低电平有效。传感器应为常闭
EM _0	上限	IO _ EM _ DI _01	低电平有效。传感器应为常闭
EM 0	复原位开关输入	IO EM DI 02	高电平有效
EM 0	每转脉冲数	655.36	从参数（输出）
EM 0	每转行程	10.0	主参数（输入）
EM 0	运动控制复位	IO EM DO 01	复位伺服驱动器的输出

为了实验操作简单，我们提前将之后实例将会用到的全局变量进行预设置，在之后的工程中就可以直接运用。

13.3.4　工程实例—归零运动控制

从这里开始，将进入编程阶段，主要内容是使用不同的运动控制功能块来运行电动机和移动轴。在之前我们已经将全局变量和功能块等进行了预设置，之后将不再提到而直接进行使用。

1. 添加并组态 MC_Home 功能块

1) 添加一个新的梯形图并进行重命名为"Homing"。然后双击显示梯形图区域，如图 13-31 所示。

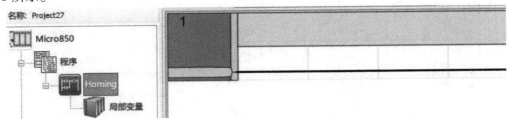

图 13-31　添加一个新的梯形图

2) 在第一个梯级中添加"MC-Home"功能块，如图 13-32、图 13-33 所示。

此功能块可命令轴执行 < search home > 序列。此序列的详细信息依赖于制造商，可根据轴参数进行设置。"Position"输入用于在检测到参考信号且达到配置的主偏移时设置绝对位置。见表 13-13。

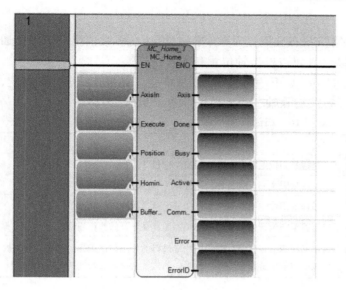

图 13-32　添加"MC-Home"功能块

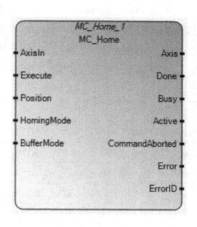

图 13-33　MC _ Home 功能块图

表 13-13　参数的具体信息

参数	参数类型	数据类型	说　　明
EN	输入	BOOL	功能块启用 当 EN = 真时，执行当前 MC _ Home 计算 当 EN = "假"时，不执行计算 仅适用于 LD 程序
AxisIn	输入	AXIS _ REF	
Execute	输入	BOOL	当为"真"时，在上升沿开始运动
Position	输入	REAL	当检测到参考信号且达到配置的主偏移时设置绝对位置 在位置从用户位置转换到 PTO 脉冲时，此输入的值范围为-0x40000000-0x40000000 实际值脉冲。设置软限制内的位置值 无效的输入值导致产生了错误 错误 ID = MC _ FB _ ERR _ PARAM
HomingMode	输入	SINT	
BufferMode	输入	SINT	未使用。该模式始终 mcAbort
ENO	输出	BOOL	启用输出 仅适用于 LD 程序
Axis	输出	AXIS _ REF	LD 程序中的轴输出为只读
Done	输出	BOOL	当为"真"时，归位操作会成功完成且轴状态设置为"静止"
Busy	输出	BOOL	当为"真"时，功能块未完成
Active	输出	BOOL	当为"真"时，表示功能块可控制轴
CommandAborted	输出	BOOL	当为"真"时，表示命令已被其他命令或 Error Stop 功能块中止
Error	输出	BOOL	当为"真"时，表示检测到一个错误
ErrorID	输出	单位	错误标识

MC _ Home 说明：

发布 MC _ Power 后，轴"已归位"状态被重置为 0（未归位）。在多数情况下，轴接通电源后，需要执行 MC _ Home 功能块，才可以校准轴位置和主参考。

MC _ Home 功能块仅可使用 MC _ Stop 或 MC _ Power 功能块中止。如果在完成之前中止，则先前搜索到的归位位置会被视为无效并清除轴"已归位"状态。见表 13-14。

表 13-14　归位模式

值	名称	说　明
0x00	MC _ HOME _ ABS _ SWITCH	通过搜索归位绝对开关进行的归位进程
0x01	MC _ HOME _ LIMIT _ SWITCH	通过搜索限位开关进行的归位进程
0x02	MC _ HOME _ REF _ WITH _ ABS	通过搜索归位绝对开关加上使用编码参考脉冲进行的归位进程
0x03	MC _ HOME _ REF _ PULSE	通过搜索限位开关加上使用编码参考脉冲进行的归位进程
0x04	MC _ HOME _ DIRECT	通过从用户参考直接强制归位位置进行的静态归位进程。功能块会将机制所在的当前位置设置为归位位置，其位置由输入参数"Position"决定

指令中各个参数的具体信息请查看手册或者帮助文档。

3）为 MC _ Home 功能块预分配以下全局变量和参数值，同时我们可以在梯级描述中加上以下注释："触发 mov _ hm 后，将进行运动控制复位序列。运动控制复位后，会将当前位置识别为 130.0"，如图 13-34 所示。

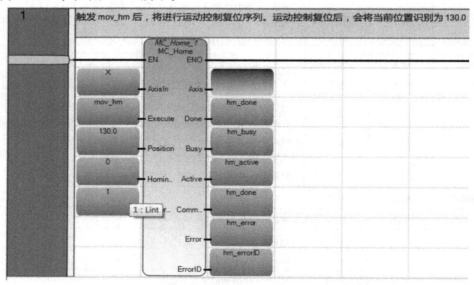

图 13-34　添加 MC _ Home 功能块

4）增加一个梯级，插入"1 gain"指令块。将"X"中的"X. AxisHomed"送给全局变量"mov _ hm"。添加以下注释："此梯级将归零状态映射到 HMI 变量。当轴归零后，将显示在 HMI 界面中。"如图 13-35 所示。

5）构建并下载项目，保存程序。

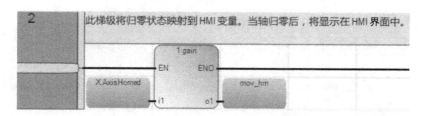

图 13-35　插入 "1 gain" 指令块

2. 使用 PanelView Component 应用程序演示归零

进入 "归零" 界面，进行如下操作：

1）按下 "伺服关闭"（Servo OFF），启用伺服。按下后，该按钮将变为 "伺服开启"（Servo ON）。

2）按下 "复位"（Home），将看到轴开始归零，如图 13-36 所示。

3）轴归零后，将看到 "归零"（Home）按钮切换为 "已归零"（HOMED），如图 13-37 所示。

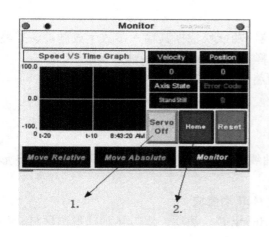

图 13-36　"归零" 界面（1）

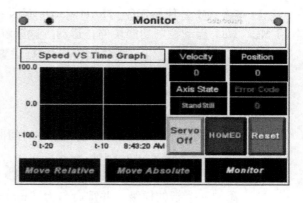

图 13-37　"归零" 界面（2）

4）归零之后，我们可以发现伺服电动机回到初始位置。

5）轴归零后，将处于位置 "130.0"，并且 "归零"（Home）按钮将显示 "已归零"（HOMED）。

备注：在归零过程中，可在 HMI 注意到，轴归零后会恰好 "跳" 到位置 130.0。因为该轴已编程为在归零（DIO2 触发）后显示位置 130.0。

在本实验中，使用的是 MC_Home 功能块。此功能块用于执行下述归零序列，如图 13-38。归零的速度参数已预定义。

在 MC_Home 功能块中，已定义了两个其他重要参数。

Position：轴归零后，需要显示绝对位置值。在本实验中，将显示位置 130.0。

Homing_Mode：下表显示了不同归零方式的对应值。本实验采用方法 "0"。

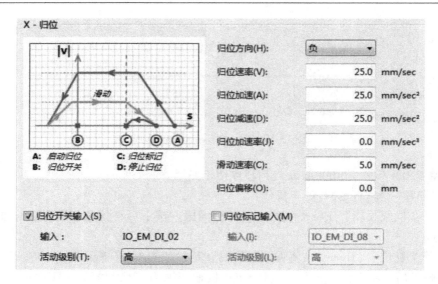

图 13-38　归零序列

13.3.5　工程实例—相对移动运动控制

在本实验中，使用 MC＿MoveRelative 运动控制功能块根据其输入参数生成脉冲，并使用 MC＿Halt 运动控制功能块停止运动。这里解释 MC＿MoveRelative 输入参数：

距离：指定距离。运动控制组态会根据设置将此距离转化为脉冲；

速度：指定脉冲输出的速率；

加速度：指定速度增大的速率；

减速度：指定速度减小的速率；

急停：当急停为"0"时，表示速度/时间曲线为梯形。否则，速度/时间曲线将为 S 形曲线。

1. 添加并组态 MC＿MoveRelative 和 MC＿Halt 功能块

1）添加一个新的梯级，并重命名为"moveRelative"。然后，双击显示梯形图区域，如图 13-39 所示。

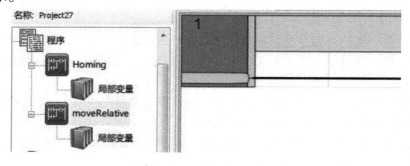

图 13-39　添加一个新的梯级

2）在第一个梯级中添加"MC＿MoveRelative"功能块，如图 13-40 和图 13-41 所示。此功能块可在执行时命令与实际位置相对的指定距离的受控制运动。

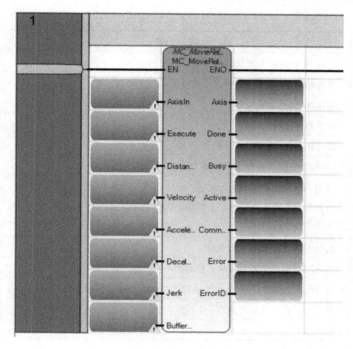

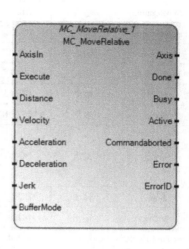

图 13-40　添加"MC ＿ MoveRelative"功能块　　　　图 13-41　MC ＿ MoveRelative 功能块

MC ＿ MoveRelative 说明：

● 由于 MC ＿ MoveRelative 功能块的运动方向取决于当前位置和目标位置，所以速率的符号被忽略。

● 如果 MoveRelative 功能块未被其他功能块中止，那么它会以零速率完成。

● 如果在 Micro800 控制器轴的状态为"静止"且移动相对距离为零时发布 MC ＿ Move-Relative 功能块，那么对功能块的执行将直接报告为 Done。

● 对于 Micro800 控制器，由于运动方向是由当前位置和目标位置决定的，所以会忽略 MC ＿ MoveRelative 功能块的输入速率符号。

具体参数见表 13-15。

表 13-15　参数的具体信息

参数	参数类型	数据类型	说　　明
EN	输入	BOOL	功能块启用 当 EN ="真"时，执行当前 MC ＿ MoveRelative 计算 当 EN ="假"时，不执行计算 仅适用于 LD 程序
AxisIn	输入	AXIS ＿ REF	
Execute	输入	BOOL	当为"真"时，在上升沿开始运动
Distance	输入	REAL	运动的相对距离(以技术为单元 [u])
Velocity	输入	REAL	速率最大值(不一定达到)[u/s]。由于运动方向取决于输入，因此速率的符号会被功能块忽略 注意：当加速率 =0 时可能不会达到最大速率

（续）

参数	参数类型	数据类型	说　　明
Acceleration	输入	REAL	加速的值(可增加电动机的能量)[u/s^2]
Deceleration	输入	REAL	减速的值(可减少电动机的能量)[u/s^2]
Jerk	输入	REAL	加速率的值[u/s^3]
BufferMode	输入	SINT	此参数未使用
ENO	输出	BOOL	启用输出。仅适用于 LD 程序
Axis	输出	AXIS_REF	LD 程序中的 Axis 输出为只读
Done	输出	BOOL	当为"真"时，将达到命令距离 当轴的原位输入启用时，在操作 = "真"之前，必须将原位输入符号设置为活动
Busy	输出	BOOL	当为"真"时，功能块未完成
Active	输出	BOOL	当为"真"时，表示功能块可控制轴
CommandAborted	输出	BOOL	命令已被其他命令或 Error Stop 功能块中止
Error	输出	BOOL	当为"真"时，表示检测到一个错误
ErrorID	输出	UINT	错误标识

3）为 MC_MoveRelative 功能块预分配以下全局变量和参数值，同时我们可以在梯级描述中加上以下注释："触发 r_mov 后，将根据 r_distance、r_velocity、r_acc、r_dec 和 r_jerk 生成脉冲序列输出（PTO）"，如图 13-42 所示。

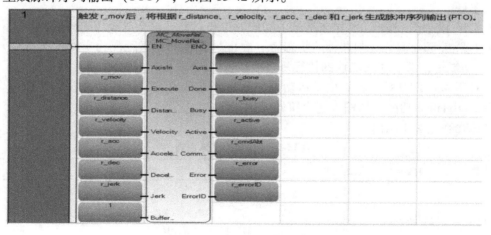

图 13-42　预分配全局变量和参数值

4）增加一个新的梯级，添加新的功能块"MC_Halt"，如图 13-43 和图 13-44 所示。

此功能块可命令受控制的运动停止。在正常操作条件下，使用 MC_Halt 停止轴。轴状态更改为 DiscreteMotion，直至速率为零。当速率达到零时，"完成"将设置为"真"，并且轴状态更改为"静止"。

MC_Halt 说明：

● 可以在删除中止 MC＿Halt 功能块的轴时执行另一个运动命令。

● 如果在轴的状态正在归位时发布 MC＿Halt 功能块，那么功能块会报告错误而归位进程不会被打断。

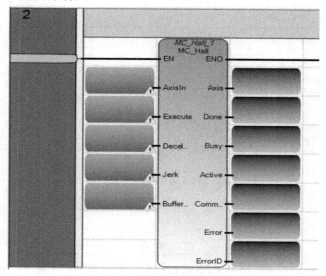

图 13-43　添加新的功能块"MC＿Halt"　　　　　图 13-44　MC＿Halt 功能块

具体参数见表 13-16。

表 13-16　参数的具体信息

参数	参数类型	数据类型	说　明
EN	输入	BOOL	功能块启用 当 EN ="真"时，执行当前 MC＿Halt 计算 当 EN ="假"时，不执行计算 仅适用于 LD 程序
AxisIn	输入	AXIS＿REF	
Execute	输入	BOOL	当为"真"时，在上升沿开始运动 注意：在归位时执行 MC＿Halt，MC＿Halt 将被设置为 MC＿FB＿ERR＿STATE，并且归位进程继续
Deceleration	输入	REAL	减速的值（始终为正值）（减少电机的能量） 注意：如果减速 < =0 且轴未处于"静止"状态，则 MC＿Halt 将被设置为 MC＿FB＿ERR＿RANGE
Jerk	输入	REAL	加速率的值（始终为正值） 注意：如果加速度率<0 且轴处于"静止"状态，则 MC＿Halt 将被设置为 MC＿FB＿ERR＿RANGE
BufferMode	输入	SINT	未使用。该模式始终 MC＿Aborting
ENO	输出	BOOL	启用输出 仅适用于 LD 程序

（续）

参数	参数类型	数据类型	说　　明
Axis	输出	AXIS_REF	LD 程序中的 Axis 输出为只读
Done	输出	BOOL	达到零速率
Busy	输出	BOOL	功能块未完成
Active	输出	BOOL	表示功能块可控制轴
CommandAborted	输出	BOOL	命令已被其他命令或 Error Stop 功能块中止
Error	输出	BOOL	假-没有错误 真-检测到一个错误
ErrorID	输出	UINT	错误标识

5）为 MC_Halt 功能块预分配以下全局变量和参数值如图 13-45 所示。

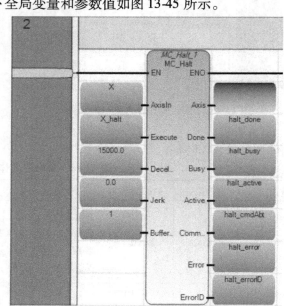

其中Deceleration和Jerk必须为十进制浮点小数。

图 13-45　预分配以下全局变量和参数值

6）构建并下载项目，保存程序。

2. 使用 PanelView Component 应用程序演示归零

1）按下菜单下的"相对移动"（Move Relatvie）以切换到"相对移动"（Move Relative）界面，然后按下"伺服关闭"（servoOFF）按钮起用伺服电动机，如图 13-46 所示。

2）将"速度"（Speed）和"距离"（Distance）分别改为 5 和 10。然后，按下"相对移动"（REL Move），如图 13-47 所示。

3）可通过不同的参数进行演示并观察其中的差异，并按"停止"（Stop）停止运动。

13.3.6　工程实例—绝对移动运动控制

在本实验中，使用 MC_MoveAbsolute 运动控制功能块根据其输入参数生成脉冲。这些脉冲根据最终和初始位置生成，因此在执行任何绝对移动前，务必都要使轴归零。

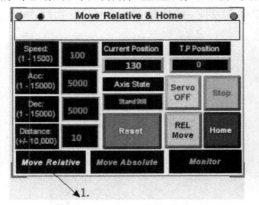

图 13-46　演示归零设置（1）

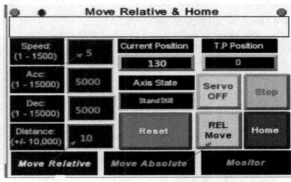

图 13-47　演示归零设置（2）

各输入参数的解释：

位置：指定最终位置；

速度：指定脉冲输出的速率；

加速度：指定速度增大的速率；

减速度：指定速度减小的速率；

急停：当急停为"0"时，表示速度/时间曲线为梯形。否则，速度/时间曲线将为 S 形曲线。

1. 添加并组态 MC _ MoveAbsolute 功能块

1）添加一个新的梯级，并重命名为"moveAbsolute"。然后，双击显示梯形图区域，如图 13-48 所示。

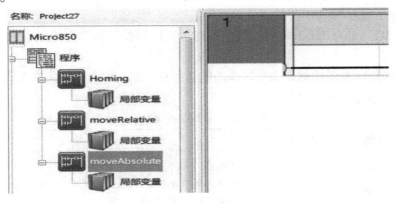

图 13-48　添加一个新的梯级

2）在第一个梯级中添加"MC _ MoveAbsolute"功能块，如图 13-49 和图 13-50 所示。此功能块可命令受控制的运动到指定的绝对位置。

MC _ MoveAbsolute 说明：

● 对于 Micro800 控制器，由于运动方向是由当前位置和目标位置决定的，所以会忽略

MC _ MoveAbsolute 功能块的输入速率符号。

● 对于 Micro800 控制器，由于仅有一个数学解答到达目标位置，所以会忽略 MC _ MoveAbsolute 功能块的输入方向。

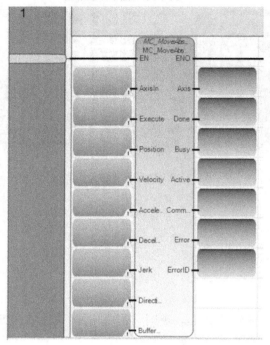

图 13-49　添加"MC _ MoveAbsolute"功能块　　　　图 13-50　MC _ MoveAbsolute 功能块

● 如果在 Micro800 控制器轴的状态为"静止"且移动相对距离为零时发布 MC _ MoveAbsolute 功能块，那么对功能块的执行将直接报告为"完成"。

● 如果将 MC _ MoveAbsolute 功能块发布到非"已归位"位置中的轴，那么功能块将报告错误。

● 如果 MoveAbsolute 功能块未被其他功能块中止，那么它会以零速率完成。

参数的具体信息见表 13-17。

表 13-17　参数的具体信息

参数	参数类型	数据类型	说　　明
EN	输入	BOOL	功能块启用 当 EN = "真"时，执行当前 MC _ MoveAbsolute 计算 当 EN = "假"时，不执行计算 仅适用于 LD 程序
AxisIn	输入	AXIS _ REF	
Execute	输入	BOOL	当为"真"时，在上升沿开始运动 当发出此执行命令或者出现错误 MC _ FB _ ERR _ NOT _ HOMED 时，轴应处于归位位置

（续）

参数	参数类型	数据类型	说　明
Position	输入	REAL	技术单元中运动的目标位置（负值或正值） 注意：技术单元在轴的"运动-常规"配置页面进行定义
Velocity	输入	REAL	速率最大值 当加速率=0 时可能不会达到最大速率 速率的符号会被忽略，运动方向由输入位置来决定
Acceleration	输入	REAL	加速的值（始终为正值-可增加电机的能量） 用户单位/sec^2
Deceleration	输入	REAL	减速的值（始终为正值-可减少电机的能量） u/sec^2
Jerk	输入	REAL	加速率的值（始终为正值） u/sec^3 注意：当输入加速率的值=0 时，Trapezoid 配置将由运动引擎来计算。 当加速率>0 时，将计算 S-Curve 配置
Direction	输入	SINT	此参数未使用
BufferMode	输入	SINT	此参数未使用
ENO	输出	BOOL	启用输出 仅适用于 LD 程序
Axis	输出	AXIS_REF	LD 程序中的 Axis 输出为只读
Done	输出	BOOL	当为"真"时，将达到命令位置 当此轴的原位输入配置为"已启用"时，则在此操作位变为"真"之前，驱动器需要将原位输入符号设置为活动 此操作完成，速率为零（除非操作中止）
Busy	输出	BOOL	当为"真"时，功能块未完成
Active	输出	BOOL	当为"真"时，表示功能块可控制轴
CommandAborted	输出	BOOL	当为"真"时，表示命令已被其他命令或 Error Stop 功能块中止
Error	输出	BOOL	当为"真"时，表示检测到一个错误
ErrorID	输出	UINT	错误标识

3）为 MC_MoveAbsolute 功能块预分配以下全局变量和参数值，同时可以在梯级描述中加上以下注释："触发 a_mov 后，将根据 a_position、a_velocity、a_acc、a_dec 和 a_jerk 生成脉冲序列输出（PTO）"，如图 13-51 所示。

4）构建并下载项目，保存程序。

2. 使用 PanelView Component 应用程序演示绝对移动

1）切换到"绝对移动"（Move Absolute）界面并按下"伺服关闭"（servoOFF）起动伺服电动机，如图 13-52 所示。

2）按下"归零"（HOME）。触发归零传感器后，轴将减速并停止，如图 13-53 所示。

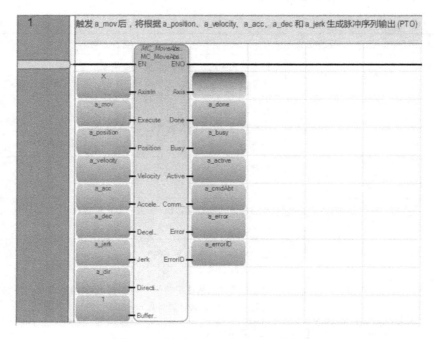

图 13-51　预分配以下全局变量和参数值

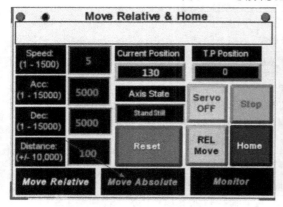

图 13-52　应用程序演示（1）

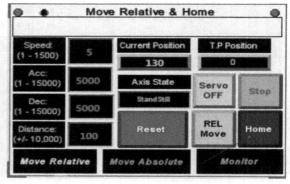

图 13-53　应用程序演示（2）

3）轴归零后，将"位置"（Position）改为 999，然后按下"绝对移动"（ABS Move），如图 13-54 所示。

观察：轴归零后，"归零"（Home）按钮将显示"已归零"（HOMED）。触发"绝对移动"（ABS Move）后，电动机将旋转，轴将向右侧移动并在右极限之前停止。

4）可通过不同的参数进行演示并观察其中的差异。

13.3.7　工程实例—触摸探头运动控制

触摸探头一项根据事件触发器记录轴位置的功能。在本实验中，将编写一条简单的指令，记录触发 DI3 时的位置。在本实验中，使用的是 MC _ TouchProbe 运动控制功能块。该功能块主要用于在触发 DIO3 时记录轴的命令位置，触发 DI3 时会几乎同时获得此命令位置。

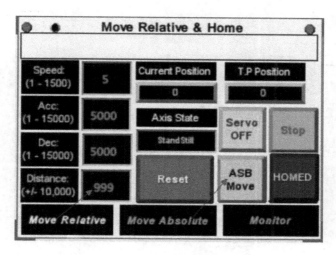

图 13-54　应用程序演示 (3)

1. 添加并组态 MC ＿ TouchProbe 功能块

1）添加一个新的梯级，并重命名为 "touchProbe"。然后，双击显示梯形图区域，如图 13-55 所示。

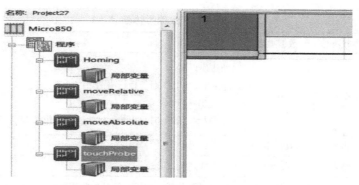

图 13-55　添加一个新的梯级

2）在第一个梯级中添加 "MC ＿ TouchProbe" 功能块，如图 13-56 和图 13-57 所示。

此功能块可在触发事件中记录轴位置。

MC ＿ TouchProbe 说明：

● 如果窗口方向（第一个位置→最后一个位置）与运动方向相反，那么不会激活触摸探针窗口。

● 如果窗口设置（第一个位置或最后一个位置）无效，那么 MC ＿ TouchProbe 功能块会报告错误。

● 如果 MC ＿ TouchProbe 功能块的第二个实例在同一个轴上发布且第一个功能块实例处于 "忙碌" 状态，那么第二个功能块实例将报告错误。

● 对一个轴仅可发布一个 MC ＿ TouchProbe 功能块实例。

参数的具体信息见表 13-18。

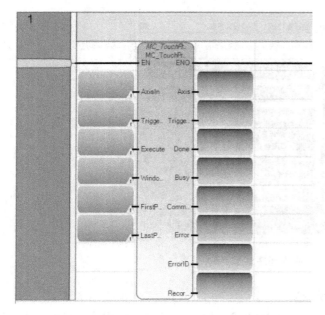

图 13-56　添加"MC _ TouchProbe"功能块

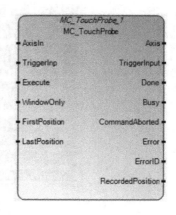

图 13-57　MC _ TouchProbe 功能块

表 13-18　参数的具体信息

参数	参数类型	数据类型	说　明
EN	输入	BOOL	功能块启用 当 EN = "真"时,执行当前 MC _ TouchProbe 计算 当 EN = "假"时,不执行计算。仅适用于 LD 程序
AxisIn	输入	AXIS _ REF	
TriggerInp	输入	USINT	仅支持嵌入式运动
Excute	输入	BOOL	当为"真"时,在上升沿开始触摸探头记录运动
WindowOnly	输入	BOOL	当为"真"时,仅使用窗口(此处定义)接受触发事件 运动分辨限制为运动引擎间隔,由用户来配置。对于 WindowOnly TouchProbe 功能,FirstPosition 和 LastPosition 均存在与运动引擎间隔相等 的最大响应时间延迟。触发位置(FirstPosition 和 LastPosition)中最可能 大的延迟可通过运动引擎间隔 * moving 速率来计算
FirstPosition	输入	REAL	触发事件从其接受的窗口的开始位置 窗口中包含值
LastPosition	输入	REAL	从其未接受触发事件的窗口的停止位置。窗口中包含值
ENO	输出	BOOL	启用输出 仅适用于 LD 程序
Axis	输出	AXIS _ REF	LD 程序中的 Axis 输出为只读
TriggerInput	输出	USINT	仅支持嵌入式运动

（续）

参数	参数类型	数据类型	说　明
Done	输出	BOOL	当为"真"时，会记录触发事件
Busy	输出	BOOL	当为"真"时，功能块未完成
CommandAborted	输出	BOOL	当为"真"时，表示命令已被 MC_Power（OFF）或 Error Stop 功能块中止
Error	输出	BOOL	当为"真"时，表示检测到一个错误
ErrorID	输出 =	UINT	错误标识
RecordedPosition	输出	REAL	触发事件发生的位置，运动为开环式运动。发生触发事件时的轴位置。如果轴运动是开环式运动，则为发生触发事件时的命令位置（不是实际位置），并假定驱动与电机之间没有运动延迟

3）为 MC_MoveAbsolute 功能块预分配以下全局变量和参数值，同时我们可以在梯级描述中加上以下注释："触发 DIO3 后，将执行此功能块。位置将记录在 TP_recordedPosition 中"，如图 13-58 所示。

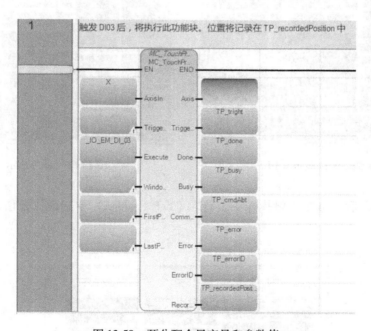

图 13-58　预分配全局变量和参数值

4）添加一个新的梯级，插入一个直接接触按钮，将其分配给 DIO3，然后在触点旁插入"1 gain"指令块，并为其输入分配"TP_recordedPosition"，为其输出分配"TP_Position"。添加注释："DI3 触发后，会将"TP_recordedPosition"移动到"TP_Positon"如图 13-59 所示。

5）构建并下载项目，保存程序。

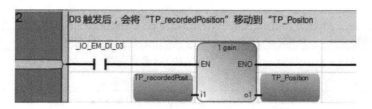

图 13-59　插入 "1 gain" 指令块

2. 使用 PanelView Component 应用程序演示绝对移动

1）切换到"绝对移动"（Move Absolute）界面，按下"伺服关闭"（servoOff）并使轴归零。触发归零传感器后，轴将减速直至停止，如图 13-60 所示。

2）将"速度"（Speed）和"位置"（Position）分别改为 50 和 999，然后按下"绝对移动"（ABS Move）。随着轴向右移动，接通 DI3 以触发"触摸探头"，如图 13-61 所示。

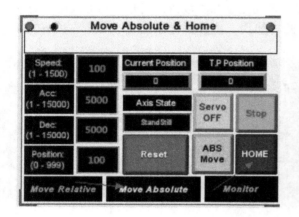

图 13-60　程序演示（1）

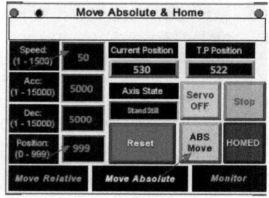

图 13-61　程序演示（2）

3）触发 DI3 后，将在"触摸探头位置"（T. P Position）中记录位置值，如图 13-62 所示。

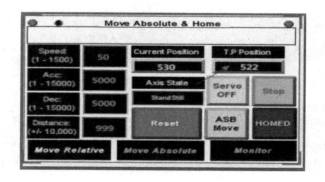

图 13-62　程序演示（3）

13.4　习题

1. Micro850 控制器有哪些硬件特性?
2. Micro850 控制器的输入/输出有几种类型?
3. Micro850 控制器的本地 I/O 有哪些功能?
4. Micro850 控制器支持哪些嵌入式、扩展式模块?
5. Micro850 控制器有几种通信端口?
6. 简述 Kinetix3 伺服驱动器的调试过程。

参 考 文 献

[1] 何文雪，刘华波，吴贺荣. PLC 编程与应用[M]. 北京：机械工业出版社，2010.
[2] 于海生. 微型计算机控制技术[M]. 北京：清华大学出版社，2009.
[3] 钱晓龙，李晓理. Micro800 控制系统[M]. 北京：机械工业出版社，2013.
[4] 于海生. 计算机控制技术[M]. 北京：机械工业出版社，2007.
[5] 邓李. ControlLogix 系统实用手册[M]. 北京：机械工业出版社，2007.
[6] 钱晓龙. 循序渐进 Micro800 控制系统[M]. 北京：机械工业出版社，2015.
[7] 陈伯时，陈敏逊. 交流调速系统[M]. 北京：机械工业出版社，2005.
[8] 钱晓龙. 循序渐进 Kinetix 集成运动控制系统[M]. 北京：机械工业出版社，2008.
[9] 张燕宾. SPWM 变频调速应用技术[M]. 北京：机械工业出版社，2009.